NEW MILLENNIUM VERSION

새천년 신세계 21C 판

# 디지털방송

西澤 台次·田崎 三郎 監修

社團法人 映像情報미디어學會 編

한국전자통신연구원 譯

성안당

日本 옴사·성안당 공동 출간

# 디지털 방송

Original Japanese edition

Sentangijutsu no Tehodoki Shiriizu : Dijitaru Housou

Edited by Eizou Jouhou Media Gakkai

Supervised by D. Nishizawa and S. Tazaki

Copyright © 1996 by Eizou Jouhou Media Gakkai

published by Ohmsha, Ltd.


This Korean language edition is co-published by Ohmsha, Ltd. and SEONG AN DANG Publishing Co.

Copyright © 2000

All rights reserved.

# 머리말

　방송의 디지털화는 1970년대 전반부터의 VTR용 타임 베이스 코렉터, 프레임 싱크로나이저, 특수효과장치 등의 도입으로 시작되어 ITU-R 권고 601에 기초한 컴포넌트신호를 이용한 D-1 VTR 도입과 포스트 프로덕션 부분의 디지털화로 진행되었으며, 그 후 NTSC 컴포넌트 신호용의 D-2, D-3 VTR 도입, 내부 전송까지 포함한 국내(局內) 시스템의 디지털화로 진전해 왔다. 그리고 현재로서는 넌리니어 편집과 서버로 대표되는 컴퓨터 기술을 기초로 한 국내 시스템의 디지털화가 급속히 진행되고 있다. 최근에는 가정용 수신기에도 디지털 기술이 도입되어 NTSC 신호의 디코드, 주사방식변환, 멀티 화면표시 등에 사용되어 수신기의 고화질화와 기능향상이 꾀해지고 있다.

　한편, 통신분야에서는 이동무선과 위성통신의 아날로그 전송에서 디지털 전송으로의 이행이 최근 현저히 진행되고 있다. 이것은 디지털 변복조 기술 등의 진전에 힘입은 바가 크며 디지털화에 의해 주파수의 효율적인 이용과 이동통신 송수신의 고성능화를 실현할 수 있게 되었다. 이러한 디지털 변복조기술에 덧붙여 MPEG은 대표되는 영상신호와 음성신호의 고능율 압축기술의 진전은 방송전파의 디지털화, 즉 디지털 TV 방송과 디지털 음성방송 도입의 원동력이 되고 있다. 방송국 내의 디지털화는 이미 거의 달성되었고, 또한 수신기 내부의 신호처리의 디지털화도 상당히 진전되어 있기 때문에 전파 부분이 디지털화되면 방송 시스템이 전체적으로 디지털화된다.

　일본 텔레비전 학회에서는 디지털 TV방송에 대한 세상의 관심이 높은 가운데 1994년 1월부터 12월까지, 12회에 걸쳐 학회지에서 「디지털 TV방송의 기초기술」이라는 제목으로 강좌를 연재했다. 본서는 이 강좌를 토대로 최근의 동향도 첨가하여 디지털 방송의 기술을 해설한 것이다.

본서에서는 우선 TV방송의 디지털화에 대한 개요와 시스템의 기본방향에 대해 설명한 뒤 디지털 TV방송 시스템을 구성하는 주요 요소기술인 영상신호와 음성신호의 고성능 부호화 기술, 신호의 다중화기술, 오류정정기술, 파형전송기술, 변복조기술에 대해 그 개요를 설명하였다. 이것에 이어 디지털 TV방송의 수신을 위한 기술에 대해 설명하고, 이와 함께 방송국 내의 스튜디오의 디지털화와 방송 프로그램 소재의 중계 등 전송 시스템의 디지털화에 대해서도 그 개요를 설명하였다.

또한 일본에서도 1996년 10월부터 통신위성을 이용한 위성 디지털 다채널방송이 시작되었고, 이를 위한 기술기준이 우정성에 의해 제정되어 있기 때문에 본서에서는 구체적인 디지털 방송 시스템의 예로서 부록에서 이 기술기준의 개요에 대해 설명했다.

디지털 방송은 이제 막 실용화가 시작된 새로운 기술 시스템으로, 현재도 새로운 기술의 연구개발이 활발히 이루어지고 있다. 따라서 앞으로 좀 더 새로운 디지털 방송 시스템이 각국에서 실용화될 것이라고 예상된다. 본서에서는 가능한 한 기본적인 사항을 설명하면서 최신 기술에 대한 설명과 장래의 문제, 전망에 대해서도 기술했다. 본서가 디지털 방송에 관심이 있는 기술자, 학생들에게 도움이 되고, 앞으로의 디지털 방송의 발전에 조금이라도 기여할 수 있었으면 하는 것이 필자의 마음이다. 끝으로 본서의 기획에 전력한 텔레비전학회 편집위원회 및 옴사 출판부 관계자들에게 감사를 드린다.

저자 일동

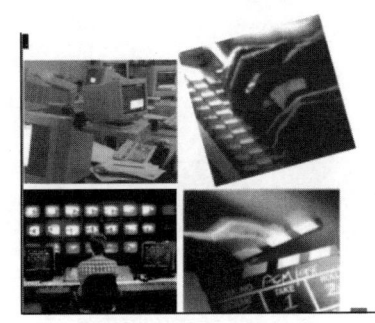

# 차 례

## 1장 방송의 디지털화

## 2장 디지털 방송 시스템

## 3장  영상신호의 고효율 부호화

## 4장  오디오신호의 고효율 부호화

## 5장　다중화 전송기술

## 6장　디지털 방송과 오류정정기술

## 7장  파형전송기술

## 8장  디지털 변복조 기술

## 9장  디지털 TV의 수신

## 10장  방송국의 디지털화

## 부록 : 위성용 디지털 방송 기술기준

# Digital Broadcasting

## 1

## 방송의 디지털화

디지털 압축기술, IC기술, 컴퓨터기술, 디지털 저장기술, 디지털 전송기술 등의 비약적인 발전에 의해 스튜디오에서 방송파, 수신기까지의 종합디지털 방송의 실현이 현실로 다가오고 있다. 그림 1.1은 21세기 초에 실현이 예상되는 종합디지털 방송의 개념도이다. 이것이 실현되면 스튜디오에서 얻을 수 있는 것과 거의 동일한 품질의 화상신호, 음성신호를 가정에 보낼 수 있게 된다. 나아가 위성방송, 지상방송, CATV가 모두 디지털화 되면 프로그램의 방송채널은 현재의 몇 배에서 수십 배가 될 것이며, 보고 싶은 프로그램을 언제라도 볼 수 있게 된다. 또한 고성능 홈 컴퓨터, 홈 데이터베이스 기능을 갖춘 디지털 종합수신기의 등장으로 화상, 음성, 데이터, 컴퓨터를 혼합한 새로운 방송형태가 탄생할 것이다. 이것이 멀티미디어화, 디지털 종합방송시스템화의 진행인 셈이다. 또한 머지않아 입체 TV까지도 실현될 수 있을 것이다. 디지털 방송은 기술자에게 있어서 좋은 연구의 테마이기도 하지만, 그것을 실현하기 위해서는 많은 과제가 남아 있다.

본 장에서는 디지털 방송기술의 국내외의 동향, 해결해야 할 기술적 과제, 디지털 종합방송시스템 (ISDB : Integrated Services Digital Broadcasting)의 구성 예에 대해 개략적으로 설명하기로 하겠다.

## 1.1  각국의 디지털 방송의 실용화 현상

각국의 디지털 방송의 실용화 현상은 표 1.1과 같다.

### [1] 미국

(1) **위성**    1994년 3월 미국의 PRIMESTAR사는 위성을 이용한 다채널 디지털 방송을 세계 최초로 시작하였다. 같은 해 6월에는 DirecTV/USSB도 방송을 시작하였다. 프로그램은 525개 방식으로 방송되고 있으며, 그 수는 3개사를 합치면 200개 이상이 된다. 수신기 대수도 3개사 합쳐 300만대 이상에 달하고 있다.

변조방식은 모두 QPSK(Quadrature Phase Shift Keying)이지만 화상의 압축방식, 다중화방식은 서로 다르며, PRIMESTAR, Direc TV/USSB간 수신기의 호환성은 없다. 또한 뒤 이어서 EchoStar사가 1996년 3월 70개 채널의 방송을 시작한데 이어 다양한 사업화 계획을 공표하고 있다.

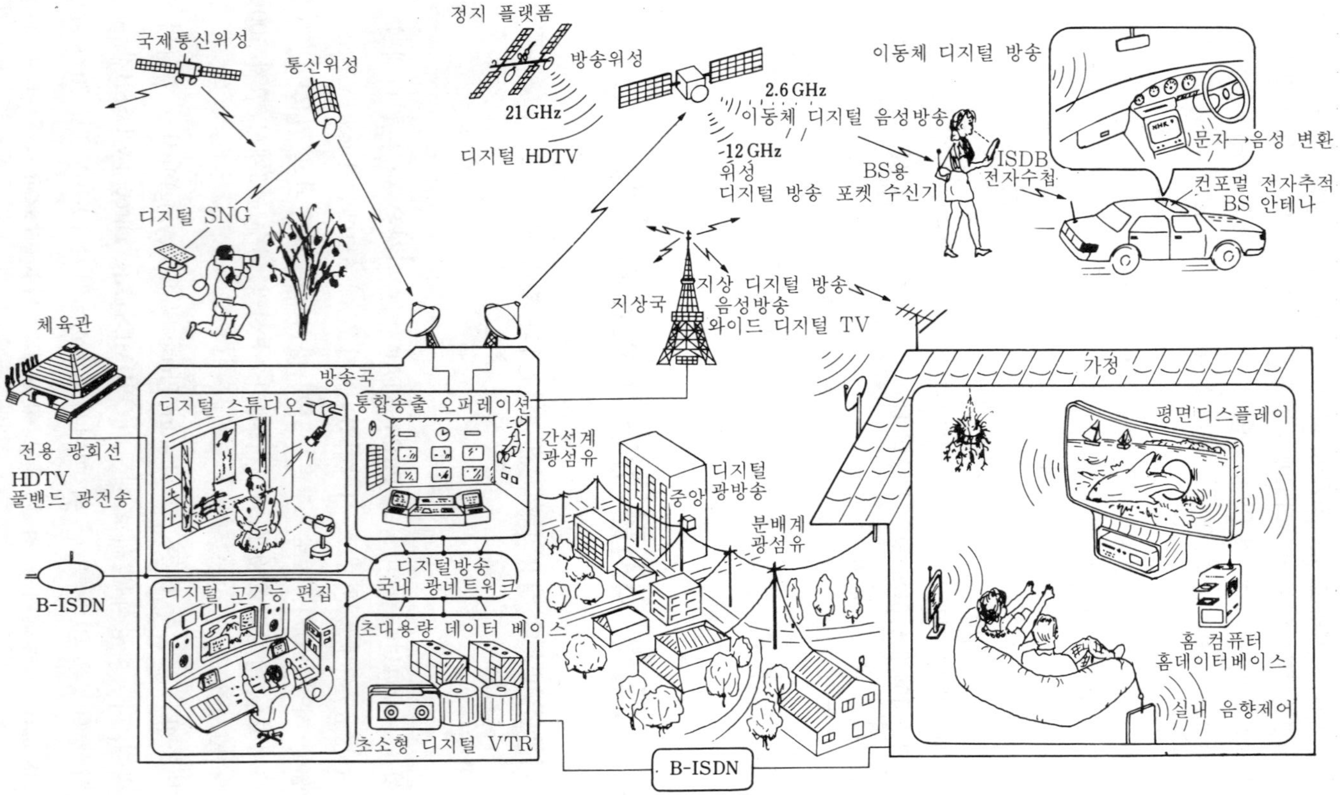

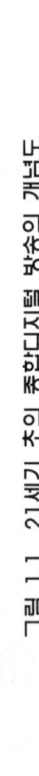

그림 1.1 21세기 초의 총합디지털 방송의 개념도

## 표 1.1  각국의 주요 디지털 방송의 개요

(a) 디지털 위성방송방식의 예

| 지역 | | 미국 | | 유럽 | | 일본 |
|---|---|---|---|---|---|---|
| 사업자 | | Prime Star | Direc TV/USSB | Canal Plus | DF1 | Perfec TV! |
| 방송개시 | | 1994년 3월 | 1994년 6월 | 1996년 4월 | 1996년 7월 | 1996년 6월 |
| 프로그램 수 | | TV : 80 음성 : 15 | TV : 171 음성 : 29 | TV : 20 정도 | TV : 20 정도 | TV : 63 음성 : 105 |
| 중계기당 프로그램 수 | | | 4~8 프로그램 | | | 4~8 프로그램 |
| 방송방식 | 압축방식 | 디지사이퍼 | MPEG-2 | MPEG-2 | MPEG-2 | MPEG-2 |
| | 다중화방식 | 독자방식 | 독자방식 | MPEG-2 Systems | MPEG-2 Systems | MPEG-2 Systems |
| | 변조방식 | QPSK | QPSK | QPSK | QPSK | QPSK |
| | 중계기 대역 폭〔MHz〕 | 54 | 24 | 33 | 33 | 27 |
| | 페이로드 비트레이트 〔Mb/s〕 | 19.3 | 23(일반 모드) 30(고속 모드) | 23.8~41.6 | 23.8~41.6 | 19.4~34.0 |
| 비고 | | | | DVB-S방식 | DVB-S방식 | DVB-S방식 에 준함 |

(b) 디지털 지상방식의 예

| 지역 | 미국 | 유럽 |
|---|---|---|
| 사업자 | 기존사업자 | BBC, On Digital |
| 방송개시 | 2000년경 | 1997년말 |
| 채널당 프로그램 수 | HDTV : 1 SDTV : 3~4 | SDTV : 3~6 |

| 방송방식 | 압축방식 | 화상 : MPEG-2<br>음성 : AC-3 | 화상 : MPEG-2<br>음성 : MPEG-2 |
|---|---|---|---|
| | 다중화방식 | MPEG-2 Systems | MPEG-2 Systems |
| | 변조방식 | TCM 8VSB | OFDM |
| | 대역폭〔MHz〕 | 6 | 8 |
| | 페이로드 비트레이트〔Mb/s〕 | 19.28 | 14.1~32.05 |
| | 비고 | ATSC방식 | DVB-T방식 |

(c) 디지털 CATV방식의 예

| 지역 | | 미국 | | 유럽 | 일본 |
|---|---|---|---|---|---|
| 사업자 | | 미정 | 미정 | 미정 | 미정 |
| 방송개시 | | – | – | – | – |
| 채널당 프로그램 수 | | 4~8 | 6~12 | 3~5 | 4~8 |
| 방송방식 | 압축방식 | MPEG-2 | MPEG-2 | MPEG-2 | MPEG-2 |
| | 다중화방식 | | MPEG-2<br>Systems | MPEG-2<br>Systems | MPEG-2<br>Systems |
| | 변조방식 | 64QAM | 16VSB | 16/32/64QAM | 64QAM |
| | 대역폭〔MHz〕 | 6 | 6 | 8 | 6 |
| | 페이로드<br>비트레이트〔Mb/s〕 | 26.9 | 38.6 | 25.2~38.1 | 29.16 |
| | 비고 | 디지사이퍼Ⅱ방식 | ATSC방식 | DVB-C방식 | |

**(2) 지상**　　미국연방통신위원회(FCC : Federal Communication Commission)는 어스펙트비(aspect ratio)가 16 : 9인 HDTV를 방송할 수 있는 차세대 TV( ATV : Advanced Television)를 현재 지상 TV의 빈 채널을 이용하여 실 현 하려 하고 있다. 방식은 화상압축방식, 다중화방식에 MPEG-2규격 (Moving Picture Experts Group)을 채용했는데, 음성의 부호화 방식에는 AC-3, 변조방식에는 8VSB(Vestigial Side Band)와 미국의 독자적인 방식을 채용했다.

　　지상방송에서는 다중경로때문에 디지털신호를 전송할 수 없는 상황이 발생하기도 하는데, ATV방식에서는 고정수신의 경우에는 8VSB와 에코

제거기술을 채용함으로써 이 문제를 해결하고 있다.

　FCC는 ATV방식을 1996년 가을 경 미국의 방송방식으로서 정식으로 표준화하고 1998년부터 방송을 개시하였다.

(3) **CATV**　위의 ATV규격의 변조방식을 8VSB에서 16VSB로 하고 오류정정방식을 변경하여 전송용량을 2배인 38Mb/s로 하는 시스템과 변조방식을 64QAM(Quadrature Amplitude Modulation)으로 하는 방식 등이 검토되고 있지만 아직은 실험 단계이다.

## [2] 유럽

1993년에 방송사업, 통신사업, 기기제조, 행정 등의 4개 단체로 구성된 협의체인 DVB(Digital Video Broadcasting)라는 조직이 발족하여 디지털 방송방식의 규격화가 진행되었다. DVB는 화상의 부호화와 다중화방식에 MPEG-2를 채용하고 위성, 지상, CATV에 가능한 한 공통 규격을 채용하고 있다.

(1) **위성 DVB-S**　위성디지털 방송의 규격은 DVB-S(DVB via Satellite)라 불리며, 변조방식에 QPSK를 채용하고 오류정정방식은 요구되는 전송용량이나 소요 C/N에 의해 변경할 수 있도록 되어 있다.

　위성디지털 방송은 1996년 4월에 Canal Plus에 의해 시작되었다. 이 방식에서는 하나의 중계기로 약 6채널의 표준 TV를 방송할 수 있다.

(2) **지상 DVB-T**　DVB-T(DVB via Terrestial)방식은 지상방송에서 문제가 되는 다중경로의 영향을 피하기 위해 변조방식에 OFDM(Orthogonal Frequency Division Multiplexing)을 채용한 것이 특징이다. OFDM에 대해서는 본 장에서 상세히 설명하도록 하겠다. 캐리어 수는 2000개와 8000개 등 2가지 규격이 있다. 8000개 방식은 동일주파수로 전국을 서비스하는 SFN(Single Frequency Network)에 적합한 것이다. 2000개 방식은 수신기의 비용이 저렴하다. 영국 BBC는 2000개 방식으로 1997년부터 방송을 실시하고 있다.

(3) **CATV DVB-C**　DVB-C방식에서는, 변조방식은 16QAM, 32QAM, 64QAM 중에서 케이블시설의 능력에 따라서 선택할 수 있도록 되어 있다. 64QAM을 이용한 경우 8MHz대역폭 중에서 38.1Mb/s의 페이로드 비트율을 얻을 수 있다.

유럽에서도 CATV의 디지털화는 현재로서는 아직 구체화되어 있지 않다.

**(4) 디지털 음성방송**　1987년에 발족한 유레카 147프로젝트가 중심이 되어 지상파나 위성을 이용하여 이동체에서도 수신할 수 있는 디지털 음성방송 DAB(Digital Audio Broadcasting)가 개발되었다. 이 방식을 이용하여 1995년 9월 영국과 스웨덴에서 세계 최초로 지상디지털음성방송이 시작되었다. 이 방식에서는 대역폭 1.5MHz에서 CD와 같은 품질의 스테레오 음성 6채널을 방송할 수 있다. 이동체용 디지털 방송에서 문제가 되는 것은 다중경로의 영향이나 수신점의 이동에 따른 페이딩의 영향이다. 이 점을 해결하기 위해 OFDM변조방식을 채용하고 있다.

방식의 개요는 **표 1.2**와 같다.

**표 1.2　유럽에서 검토중인 DAB방송의 개요**

| 전송모드 파라미터 | I | II | III |
|---|---|---|---|
| 유효 심벌 기간 | 1ms | $250\mu s$ | $125\mu s$ |
| 가드 인터벌 | 0.25ms | $62.5\mu s$ | $31.25\mu s$ |
| 반송파 수 | 1536 | 384 | 192 |
| 상한 RF주파수 | 375MHz | 1.5GHz | 3GHz |
| 상용 시스템 | 지상 SFN (단일 주파수 네트워크) | 지역방송 위성/지상 중간규모 SFN | 케이블 위성 위성/지상 |

## [3] 일본

일본에서는 1984년 5월부터 위성방송을 실용화하기 시작했는데, 여기에 사용된 음성 전송방식은 디지털 방식이 채용되고 있다. 32kHz샘플, 14/10비트 준(準)순간 압축 A모드와 48kHz샘플, 16비트 직선 부호화 B모드가 있다. 특히 B모드는 음질이 우수하다.

이 방식을 기초로 B모드 스테레오 6채널을 방송할 수 있는 다채널 음성방송이 통신위성을 이용하여 1992년 6월부터 실시되었다.

게다가 화상, 음성뿐만 아니라 데이터를 종합하여 하나의 고속디지털 전송로로 방송하여, 미래의 멀티미디어에도 유연하게 대응할 수 있는 ISDB가 1983년부터 NHK를 중심으로 연구되고 있다.

**(1) 위성**    통신위성(12.2~12.75GHz대)의 디지털 방송 규격의 골자가 1995년 7월 전기통신기술심의회에서 발표되어 1996년 6월부터 525개 60채널의 방송이 실용화되었으며 다른 사업화 계획도 발표되고 있다.

방식은 압축방식, 다중화방식에 MPEG-2를 채용하는 등 전송속도, 유료방식을 제외하고 DVB-S방식과 유사한 방식으로 이루어져 있다. 상세한 것은 본서의 부록에 기재되어 있다.

**(2) 지상**    일본에서는 구미와 달리 지상에서 디지털 방송을 실현하기 위한 주파수 확보가 어렵다. 그 때문에 일본의 주파수사정에 적합한 방식이 개발되고 있지만 아직 규격화에는 이르고 있지 않다.

**(3) CATV**    변조방식을 64QAM으로 한 방식이 1996년 6월에 전파기술심의회에서 발표되었다.

변조방식을 제외하고 통신위성방식과 공통성을 갖게 하고 있다. 6MHz의 대역폭 중에서 약 30Mb/s전송용량이 있으며 525개라면 약 6채널 방송이 가능하다. 즉, 50채널의 보통 도시형 CATV가 디지털화로 일시에 300채널의 거대 미디어가 되는 셈이기 때문에 앞으로의 동향이 주목되고 있는 실정이다.

구체적인 사업화 계획에 대해서는 아직 불명확한 상태이다.

# 1.2  해결해야 할 기술적 과제

## [1] 압축기술

화상, 음성 모두 MPEG를 중심으로 검토되고 있지만 방송에 적용할 경우에는 아직 여러 가지 문제가 남아 있다.

### (1) 화상압축기술

(a) **화질**    현행 TV에 대해서는 현재 6Mb/s정도로 상당히 양질을 얻을 수 있다는 것이 판명되었다. 그러나 방송에 이용할 경우, 대역압축을 위한 부호화, 복호화 신호처리에 필요한 시간을 가능한 한 단축할 필요가 있다. 또한 방송에서는 정보량이 많은 그림을 취급하는 경우도

있어서 대역 압축한 화질을 실제의 방송프로그램 신호로 장시간에 걸쳐 충분히 검증할 필요가 있다.

특히 HDTV는 고화질이 특징인 미디어이기 때문에 디지털화에 있어서는 특히 이 점에 대해 충분한 검토가 이루어져야 한다.

(b) **지연시간**　　MPEG-2의 압축방식의 기본은 동일 프레임(또는 필드, 이하의 설명에서는 프레임으로 통일)내의 신호를 DCT(Discrete Cosine Transform)를 사용하여 압축한 I화상, 이것을 기초로 작동하여 예측하는 P화상, 그 사이에 있는 B화상은 I, P양쪽의 화상으로부터 예측신호를 만들어 그 차이분을 DCT로 압축하는 방식이다. 전송효율을 높이기 위해 I화상은 1초에 몇 회밖에 전송하지 않는다. 압축률을 높이려면 P, B화상의 정보량을 내려서 전송속도를 낮추어야 하는데, 이 경우 I화상을 전송하는데 필요한 시간이 길어진다. 이렇게 압축률을 높이려고 하면 화상의 지연시간이 길어져서 150~300ms에나 달하게 된다. 방송으로서 어느 정도의 지연시간을 허용할 수 있는지에 대해서는 앞으로 검토할 필요가 있다.

(c) **리커버리 타임**　　채널 교체시나 신호 교체시에 화상이 나오기까지 필요한 리커버리 타임은 I화상의 삽입주기에 의존한다. MPEG-2에서는 I화상이 수신되지 않으면 신호를 복원할 수 없다. I화상을 증가시키면 리커버리 타임은 짧아지지만, 압축효율은 저하된다. 이 점에 대해서도 충분한 검토가 이루어져야 한다.

(d) **계층 부호화**　　디지털 방송의 특징인 Extensibility(확장성), Interoperability(상호 운용성), Scalability(품질가변성)를 확보하기 위해 화상의 부호화에 계층 부호화를 도입하려는 움직임도 있다. 그림 1.2는 현행

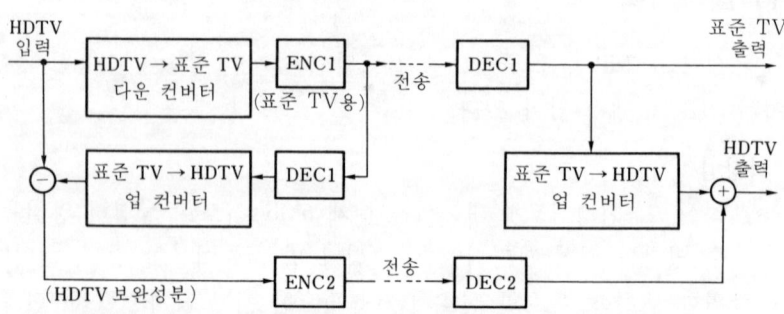

**그림 1.2 계층 부호화 방식의 예**

방식과 HDTV가 계층 부호화된 예이다. 그림에서는 HDTV의 입력신호를 현행 TV로 방식을 변환하여, 그것을 압축부호화해서 전송한다. 현행 TV를 수신할 경우에는 이것을 복호하면 된다. 현행 TV용으로 압축한 신호는 복호하고, 다시 HDTV로 변환하여 입력신호와의 차이분을 압축부호화해서 전송한다. HDTV를 수신할 때에는 위의 현행 TV의 수신신호와 HDTV용 차분 신호를 합쳐 HDTV 신호로 한다.

이러한 부호화 방식을 피라미드 부호화라고 하는데, 부호화 효율이 저하되거나 수신기가 복잡해지는 것이 문제이다.

**(2) 음성압축방식**    고품질 2채널 스테레오 음성의 부호화에 대해서는 이미 MPEG-1 레이어 I, II, III로서 규격화되어 있다. 다채널 스테레오에 대해서도, MPEG-1과 호환성이 있는 BC(Backward Compatible)방식에 대해서는 1994년 11월에 MPEG-2로 표준화되었다. 현재 MPEG와는 호환성이 없는데, 나아가 압축효율이 좋은 NBC(Non-Backward Compatible)방식의 표준화와 초저(超低) 비트레이트 부호화 방식의 개발이 과제로 남아 있다.

## [2] ISDB의 계층구조 검토

디지털 방송의 전송로로서는 위성(12GHz, 21 GHz, 2.6 GHz), 지상방송파, CATV, ISDN 등을 생각할 수 있다. 이러한 전송로는 각각 사용조건이 다르기 때문에 비트레이트나 변조방식이 각기 다르다. 이러한 다른 시스템간의 상호접속이나 공통의 수신기를 실현하기 위해서는 방송시스템을 화상, 음성의 입출력에서부터 전송로까지의 사이를 몇 개의 계층으로 나누어 검토하는 것이 좋다. MPEG-2를 수용한 ISDB(Integrated Service Digital Broadcasting) 방송시스템을 계층모델로 나타낸 예는 **그림 1.3**과 같다. 계층구조의 도입에 의해 각 계층의 기능분담과 계층간 인터페이스를 통일적으로 결정할 수 있게 됨으로써 상호접속이나 장래의 확장성 등을 확보할 수 있다.

계층 1~2는 전송로에 의존하는 부분이기 때문에 전송로별로 최적의 방식을 정할 필요가 있으며, 계층 3~6에 대해서는 전송로에 의존하지 않고 공통의 방식으로 하는 것이 바람직하다.

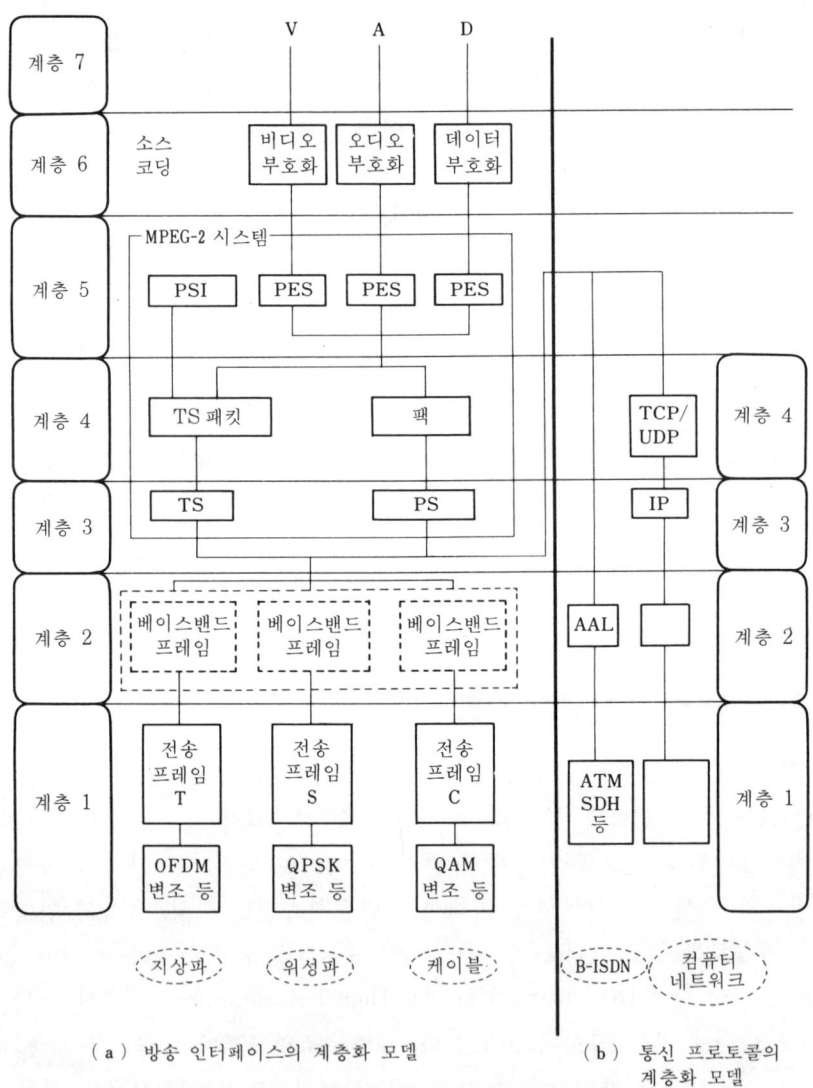

(a) 방송 인터페이스의 계층화 모델   (b) 통신 프로토콜의
계층화 모델

**그림 1.3  ISDB의 계층화 모델의 예**

# 1.3 방송 실시상의 과제

## [1] 위성 디지털 방송

(1) 12GHz대   위성을 이용한 방송서비스에서 가장 활발히 이용되고 있

는 것이 이 대역이다. 방송위성(BS)을 이용하여 NHK, JSB 외에 HDTV 서비스도 실시되고 있다. 또한 통신위성(CS)을 이용한 방송서비스로서 TV 13ch, PCM음성방송 14ch이 실시되고 있다.

방송위성의 수신기는 1000만대에 달하고 있다. BS-4 단계에서는 방송위성은 8파 전부가 이용되도록 되어 있다. 이 단계에서 수신기는 1500만대를 초월하게 될 것이다.

이 주파수대를 이용하여 디지털 방송을 한다고 할 때, 이미 보급되어 있는 안테나의 다운 컨버터의 주파수 드리프트 등이 디지털수신기에서 문제가 되지 않는다는 검증이 필요하다. 앞으로 문제발생을 최소화하기 위해 그 도입에 대해서는 충분한 논의가 필요하다.

한편 CS에는 아직 중계기에 여유가 있어 CS를 이용한 디지털 방송이 앞서 진행되고 있다.

**(2) 21GHz대**    1992년 2월의 WARC'92에서 방송 위성용 주파수로서 새롭게 21GHz대가 할당되었다. 실제로 사용할 수 있는 것은 2007년 이후로, 그때까지 구체적인 주파수나 대역폭을 국제적으로 결정하도록 되어 있다.

이 대역은 12GHz에 비해 1채널당 2배 이상의 대역폭을 확보할 수 있어서 HDTV를 디지털로 방송하는 데에 적합하다. 앞서 언급했듯이 디지털화의 특징 중의 하나는 고품질화인데 21GHz대에서는 충분한 전송대역폭을 확보할 수 있기 때문에 스튜디오 품질에 가까운 화질의 HDTV를 방송할 수 있다. 21GHz대는 12GHz대에 비해 강우에 의한 전파의 감쇠가 4배 이상이나 된다. 이 점을 극복하기 위해 **그림 1.4**와 같이 일본전국을 6빔으로 분할하여 강우량에 따라서 각 빔의 전력을 제어하는 방법이 제안되고 있는데, 실험에 의한 확인에는 이르고 있지 않다. 나아가, 21GHz의 1채널당 대역폭, 비트레이트, 계층화변조방식 등을 국제적인 장에서 검토할 필요가 있다.

**(3) 2.6GHz대**    위성방송이라고 하면 고정 파라볼라 안테나로 수신한다는 것이 일반적인 개념이다. 최근에는 자동차 지붕 위에 안테나를 달아서 자동 추적하는 수신기도 나와 있지만, 이동 수신용으로는 장치가 너무 크다. 이것에 대해서 2.6GHz대는 주파수가 낮기 때문에 수신안테나에 큰 지향성을 기대할 수 있다. 그만큼 위성으로부터의 송신전력을 높일 수 있

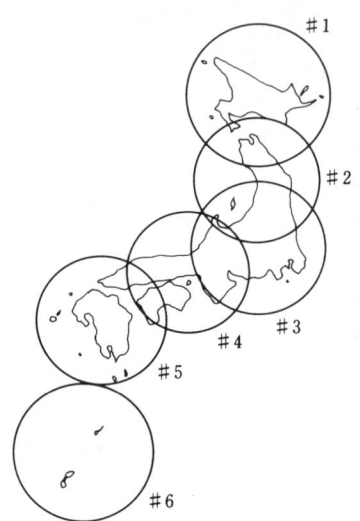

**그림 1.4   멀티 빔에 의한 21GHz 위성방송서비스의 예**

게 됨에 따라 수신기는 간단한 휩 안테나로도 수신할 수 있어 위성방송을 이용한 이동수신이 본격적으로 실시될 것이다.

이 주파수대에서는 수신안테나의 지향성이 낮아 다중경로의 영향을 받을 수도 있으므로 OFDM 등의 다중경로에 강한 전송방식의 개발이 필요하다.

또한 위성본체의 송신전력이나 송신안테나는 12GHz대의 위성보다 상당히 커질 것이기 때문에 위성의 중량이나 전력면에서 아직 해결해야 할 문제가 남아 있다.

## [2] 지상 디지털 방송

**(1) 지상 디지털 음성방송**     2.6GHz대의 위성에 의한 이동체용 음성방송은 위성 규모가 매우 커지기 때문에 실현까지는 시간이 걸릴 것 같은데, 이동체용 디지털 음성방송을 지상파를 이용하여 실시하는 검토도 진행되고 있다. 유럽에서는 비트레이트가 약 2.3Mb/s, 대역폭 1.5MHz에서 OFDM 변조방식으로 방송하는 방식이 실용화되고 있다. OFDM을 이용함으로써 지상파의 특징인 다중반사의 영향을 최소한으로 할 수 있다. 이 경우 저가격의 수신기 개발과 더불어 이 목적에 이용할 수 있는 주파수대역에

대한 검토가 시급하다.

(2) **지상 디지털 TV방송**    OFDM 변조방식을 이용하여 VHF, UHF대의 지상파에 의해 TV를 디지털로 방송하는 연구도 진행되고 있다. 변조방식을 현행 VSB-AM에 의한 아날로그전송에서 OFDM에 의한 디지털전송으로 하면, 수신기의 소요 C/N을 20dB이상으로 내릴 수 있다. 따라서, 방송기의 송신출력도 1/100이하로 할 수 있어서 기존의 방송파에 미치는 영향이 줄어든다.

## [3] CATV

CATV도 현재의 동축케이블에서 광섬유를 이용한 광CATV시대가 다가오고 있다. 전송방식도 디지털화 된다. 광CATV의 이미지로서는

① 간선계를 현재의 동축케이블에서 광섬유로 바꾸고, 가입자계는 동축케이블에서 분배하는 광 동축 하이브리드 방식.

② 간선과 같은 규격의 광섬유를 각 가정까지 배선하는 전광(全光)분배방식.

③ 간선계는 광섬유로 하지만, 간선에서 각 가정으로의 분배는 허브라 불리는 소형 채널

섹터를 통해서 가입자가 선택한 프로그램만을 간단한 광섬유로 실시하는 디맨드 액세스방식(그림 1.5) 등 세가지 방식을 들 수 있다.

어느 쪽이든 간에 광CATV가 실현되면 전송용량은 150~300채널로 비약적으로 증가하며 광대역 ISDB 등의 디지털 방송도 전송할 수 있게 된다.

# 1.4 ISDB의 구성 예

ISDB는 그림 1.6과 같이 HDTV, 현행 TV, 컴퓨터프로그램, 각종 데이터베이스 등 다양한 정보를 패킷 형식으로 하나의 전파에 다중 종합하여 방송하는 시스템이다. 이것에 의해 미디어의 경계가 없어지고, 종래에 없었던 화상, 음성, 데이터, 컴퓨터프로그램을 혼합한 새로운 방송형태가 출현할 것이 예상된다. 이는 방송멀티미디어의 시작이라 볼 수 있다.

ISDB방송의 전송로로서는 위성방송(12GHz, 21GHz, 2.6GHz), 지상방송, CATV 를 생각할 수 있다. 12GHz 위성방송을 상정한 실험시스템은 이미 지상실험이 실시되고 있다.

패킷 구조 등을 공통으로 하여 전송로가 달라도 수신기는 공통으로 하는 방향 으로 검토가 이루어지고 있다. 그림 1.7은 ISDB에 의한 방송서비스의 예이다. ISDB에 의해 방송의 고품질, 다채널, 멀티미디어, 양방향, 이동수신을 실현할 수 있다.

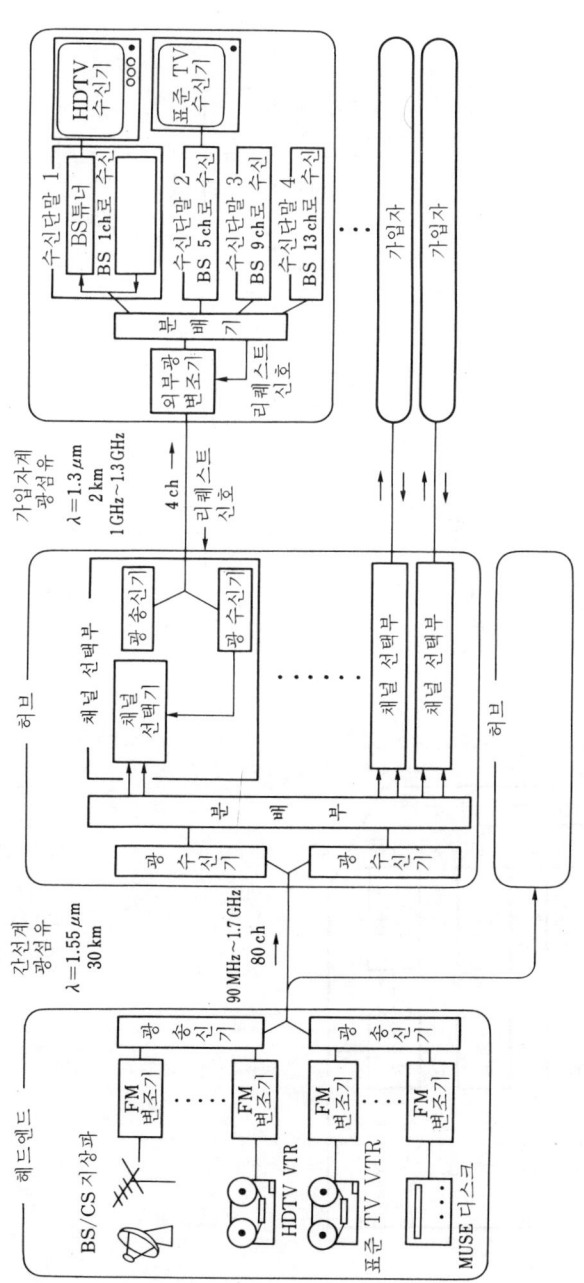

그림 1.5 디멘드 액세스방식 광CATV

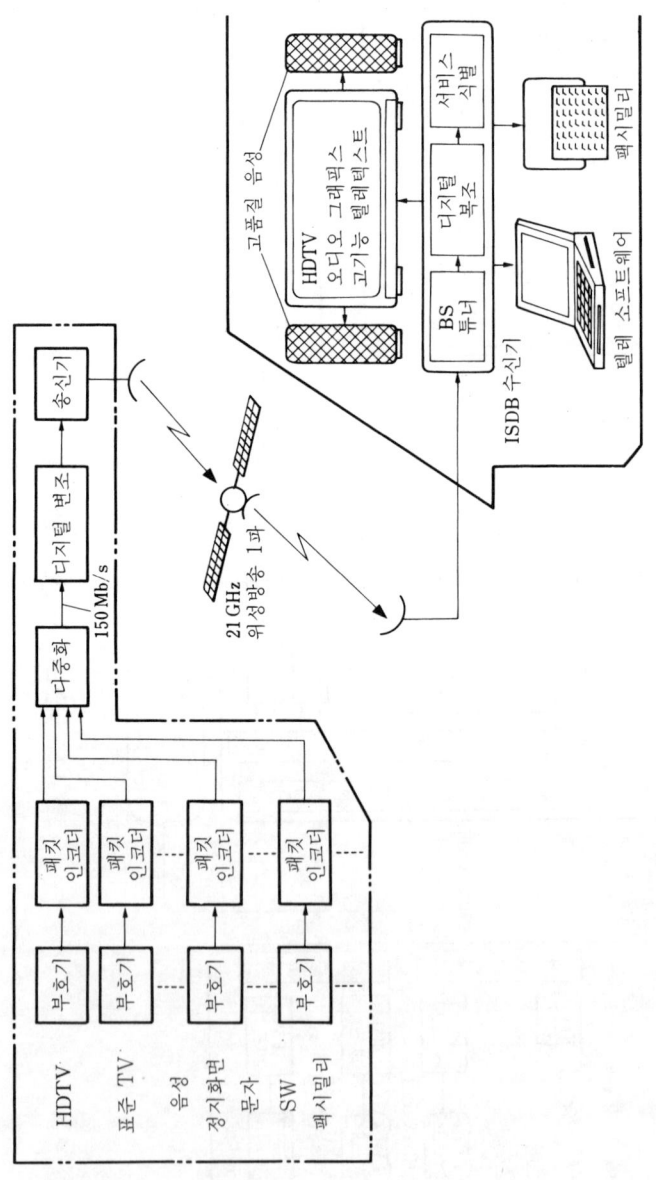

그림 1.6 ISDB 송수신 시스템의 구성 예

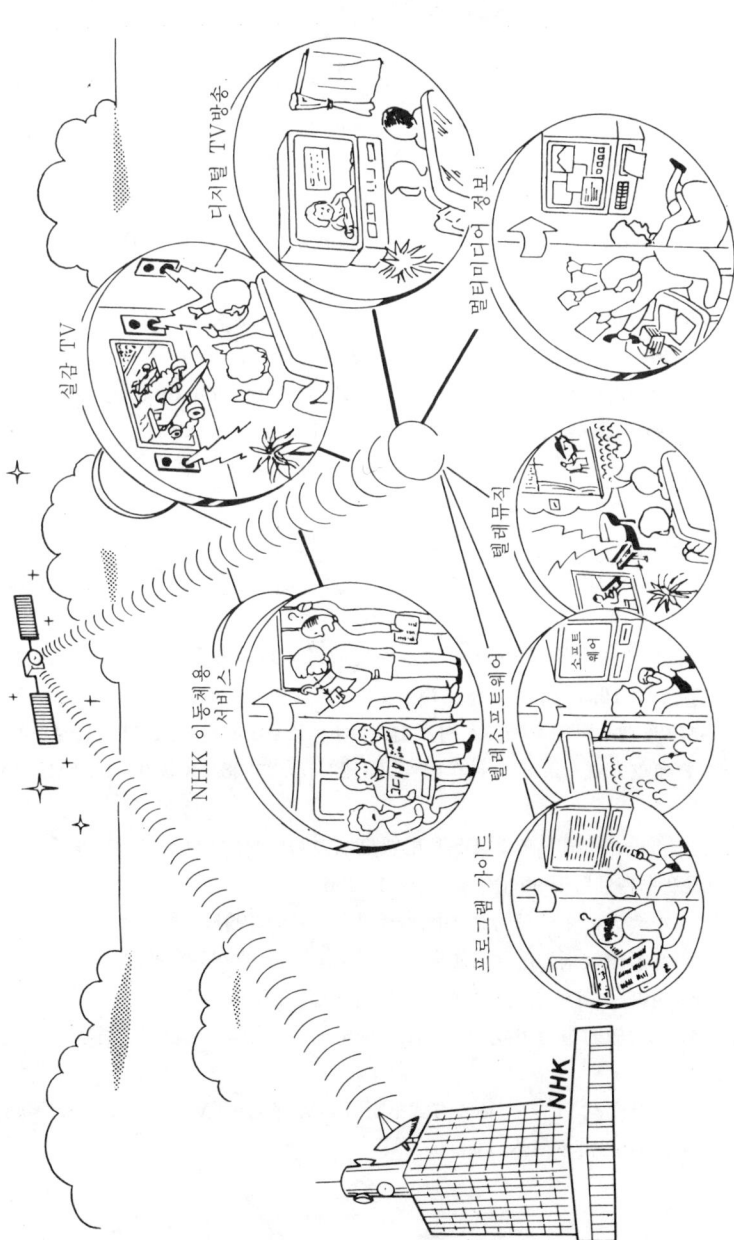

그림 1.7 ISDB의 서비스 개념도

# 참고문헌

（ 1 ）　吉野武彦：“ディジタル放送技術の創造をめざして”，NHK 放送技術研究公開講演会予稿集（June 1993）

（ 2 ）　ユーレカ 147 プロジェクト（1987）

（ 3 ）　B. Le Floch：“Channel Coding and Modulation on DAB”, EBU Proc. 1st Int. Symp. on DAB, Montreux, p. 99（1992）

（ 4 ）　吉野武彦，近江克郎，河合直樹：“テレビジョン衛星放送ディジタル音声伝送方式”，テレビ誌，**37**，11, pp. 935-941（Nov. 1983）

（ 5 ）　T. Yoshino：“Technical Aspects of The PCM Broadcasting System via Satellite”, Telecom Tokyo Forum’ 92, pp. 3.5.1-3.5.11（Jan. 1992）

（ 6 ）　吉野武彦，外 ：“統合ディジタル放送（ISDB）伝送系の一試案”，信学総全大（1987）

（ 7 ）　電波技術審議会：“電波利用の長期展望”，電波振興会（1984）

（ 8 ）　河合直樹，外 ：“ISDB 放送方式の検討”，テレビ学技報，**15**, 35, pp. 31-36（June 1991）

（ 9 ）　河合直樹，外 ：“12 GHz 帯ディジタル衛星放送における ISDB 伝送方式の検討”，テレビ学技報，**16**, 7, pp. 13-18（Jan. 1992）

（10）　上原道宏，高田政幸，黒田 徹，木村武史：“地上 ISDB 放送方式の検討—BST-OFDM 方式と多重方式—”，テレビ学技報，**20**, 22, pp. 23-28, BCS’ 96-16（March 1996）

（11）　高田政幸，土田健一，黒田 徹：“BST 用狭帯域の OFDM ブロックのマルチパス歪み下での誤り率特性”，1996 信学総全大，B-456

（12）　安田 浩：“マルチメディア符号化の国際標準”，丸善（1991）

（13）　安田 浩：“画像通信技術の応用と展望”，信学技報, IT 92-85（1992）

（14）　郵政省 “平成 7 年度 電気通信技術審議会答申 諮問第 74 号”

（15）　正源和義，外 ：“放射電力可変型 21 GHz 帯全国放送衛星の検討”，信学秋季大，B-196（1992）

（16）　前田幹夫，外 ：“デマンドアクセス方式 FM-FDM 光 CATV システム”,信学誌，**J75-B-1**, 5, pp. 362-371（May 1992）

# Digital
# Broadcasting

## 2
## 디지털 방송 시스템

디지털 방송 시스템은 세계 각국에서 활발히 개발되고 있는데, 단순히 종전의 아날로그 방송을 디지털로 바꾸는 것이 아니라, 디지털의 특징을 살린 시스템 구축이 필요하다. 수신자가 사용하기 쉬운 고품질, 고기능, 저비용의 방송 시스템 개발과 도입이 과제로 남아 있다. 이를 위해서는 장기적 관점에서 시스템 개발에 임하는 자세가 바람직하다. 동시에 방송, 통신, 컴퓨터간의 규격 조화를 도모하는 것도 필요하다. 본 장에서는 이러한 디지털 방송 개발에 즈음하여 고려해야 할 제 조건과 이것에 관련된 활동에 대해 살펴 본다.

## 2.1 디지털 방송과 미래의 미디어융합

### [1] 방송의 디지털화에 의한 장점

(1) **서비스**　　방송국에서의 프로그램제작과 송출에 대해서는 이미 디지털화가 실현되고 있기 때문에, 방송전파의 디지털화가 실현되면 방송의 종합 디지털화를 실현할 수 있다. 방송전파의 디지털화에 의해 방송서비스 면에서는,

① 화상과 음성 품질의 향상 : 스튜디오 수준의 품질, 장소에 상관없이 동일한 품질의 향수

② 프로그램의 종류와 양의 증대 : 다채널화

③ 새로운 서비스의 실현 : 멀티미디어, 인터랙티브(interactive) 서비스

④ 새로운 수신형태 : 이동수신, 포터블수신, 자동수신 녹화

등이 가능하다.

현재의 아날로그방송에서는 화상, 음성, 데이터에 대해서 각기 다른 변조방식을 채용하고 있는데, 디지털 방송에서는 하나의 변조방식으로 이러한 것들을 전송할 수 있다. 따라서 방송파를 어떻게 사용할 것인가 하는 자유도는 아날로그방송의 경우에 비해 훨씬 커서, 새로운 서비스를 도입하는 것도 비교적 쉬워질 것이다.

(2) **주파수의 효율적인 이용**　　디지털변조는 아날로그변조에 비해 낮은 C/N으로 수신 가능한 데다가 소요되는 혼신보호비도 아날로그변조에 비해 낮기 때문에, 아날로그변조의 경우에는 이용할 수 없었던 채널도 이용할 수 있게 된다. 이렇게 디지털 방송은 주파수의 효율적인 이용면에 있어서도 장점이 있다. 또한 동일주파수의 국을 배치하여 광역 네트워크를 조합

하는 SFN(Single Frequency Network)도 가능하다.

(3) **공통규격의 이용**    디지털 방송에서는 화면과 음성의 압축과 신호다중, 변조가 실시되는데, 상이한 디지털 방송 시스템에서 공통의 압축기술과 다중기술을 사용할 수 있어, 이러한 요소기술의 공통화에 의해 수신기의 비용절감과 수신기의 다기능화를 실현할 수 있다.

또한 이러한 요소기술은 디지털 방송뿐만 아니라, 통신과 컴퓨터에도 공통으로 사용할 수 있다. 이로써 방송, 통신, 컴퓨터도 쉽게 융합할 수 있게 된다.

## [2] 방송, 통신, 컴퓨터간 규격의 조화

(1) **스튜디오신호 포맷 규격의 조화**    ITU-R에서는 TV 스튜디오 신호규격에 대해서 표준 TV는 권고 601, HDTV는 권고 709를 제정하였다. 권고 709 에는 일본의 1125개 방식과 유럽의 1250개 방식이 기재되어 있으며, 이 권고에 기초하는 스튜디오용 기기가 널리 이용되고 있다.

미국의 SMPTE는 광범위한 산업분야에서 공통으로 사용할 수 있는 디지털화상의 아키텍처를 검토하기 위해 Task Force on Image Architecture 를 만들고 있다. 검토시 interoperability, Hierarchy, Scalability, Extensibility 등이 중요한 개념이 된다. 이 경우도 기존 규격과의 정합성 문제가 과제로 남게 될 것이다.

(2) **화상 음성의 압축, 다중방식의 공통화와 조화**    스튜디오신호의 공통화에 덧붙여 화상 음성의 압축방식과 신호다중방식의 공통화, 나아가 멀티미디어 서비스를 위한 규격화가 실시되고 있다. 화상과 음성의 압축에 관해서는 ISO/IEC의 합동 작업부회인 MPEG이 규격화를 진행해 왔다. 그 결과, MPEG는 1994년 11월에 MPEG-2로서 방송, 통신, 축적 미디어, 컴퓨터 등에 널리 이용할 수 있는 영상신호와 음성신호의 압축 규격을 ISO(International Standardization Organization) 규격으로 규정했다.

MPEG-2에서는 압축한 화상과 음성 등의 데이터를 방송으로 전송하거나 패키지 미디어에 기록할 때의 이들 데이터의 다중법에 대해서도 MPEG-2의 규격 내에 규정하였다. MPEG-2의 화상 음성의 압축기술에 대한 자세한 사항은 본서의 3장과 4장을 참조하기 바란다.

화상과 음성, 부가 데이터를 관련지어 멀티미디어로 사용하기 위해서는 이러한 정보의 상호관계와 시간적인 제시법(提示法) 등의 정보가 필요하며, 멀티미디어 단말에서는 이러한 정보를 토대로 화상, 음성, 데이터를 유기적으로 표시한다. 멀티미디어를 위한 규격화 작업은 ISO/IEC(International Electrical Conference) 합동작업부회인 MHEG(Multimedia Hypermedia Expert Group)에서 실시하고 있다. MHEG는 이미 MHEG 오디오 Part1이라는 규격을 1995년 7월에 작성했다. Part1 규격은 멀티미디어 부호화의 기본사항에 대해 규정한 것이다. 또한 7월에는 VOD(Video On Demand)에 이용하는 MHEG 규격이 성립되었다. MHEG는 또한 보다 복잡한 멀티미디어 조작에 필요한 기술용 언어의 표준화 외에 ISO가 전자문서의 상호교환을 위해서 표준화한 ODA(Open Document Architecture)를 확장하여 멀티미디어, 하이퍼미디어를 취급하도록 하기 위한 Hyper-ODA를 만드는 작업도 실시하고 있다. 이러한 MHEG 활동은 MPEG만큼 많이 소개되어 있지는 않지만, 방송에 있어서도 멀티미디어 서비스에는 이러한 규격이 필요해질 것이기 때문에 MHEG규격을 방송에 어떻게 사용할 수 있을지 충분한 검토가 있어야 할 것이다.

(3) **디지털 시스템의 계층 모델**　　디지털통신 시스템의 다양한 레벨간 상호접속을 용이하게 실시하기 위해 각각의 레벨과 그 기능을 정의한 OSI(Open Systems Interconnection) 계층모델(Layer Model)이 ISO에서 표준화되었다. 이 모델은 물리층에서 응용층까지 일곱 계층으로 이루어져 있는데, 방송 분야에서도 이것에 따라서 데이터방송에 대한 계층 모델이 ITU-R 권고 807로서 작성되었다. 앞으로 지상, 위성, 케이블 등을 이용한 다양한 디지털 방송방식을 개발하는데 있어서 디지털 방송의 계층 모델을 만드는 것이 각종 디지털 방송 시스템간 신호의 상호접속 및 종합수신기 설계 등에 유용해질 것이다. 계층 모델에 대한 검토는 ITU-R의 SG11 내의 작업 그룹 WP11D(현재는 WP11D는 해산되었고, WP11A가 계승하고 있다)에서 실시해 왔는데, 표 2.1은 일본에서 제안한 모델의 예이다. 계층 모델은 디지털 방송과 통신, 컴퓨터간 신호의 상호교환을 원활하게 실시하는 데에도 유용하다.

(4) **디지털 화상 시스템 이용에 있어서의 조화**　　ITU-R의 SG11은 방송과 비방송 분야에서의 TV신호 규격의 조화를 도모할 목적으로 다른 국제적인

**표 2.1  디지털 방송의 계층 모델안**

| 계 층 | 기 능 | |
|-------|-------|---|
| 7(Application) | 서비스의 이용 | 프로그램 제작<br>멀티미디어 응용<br>인터랙티브 동작 |
| 6(Presentation) | 프레젠테이션을 위한 변환 | 정보원 부호화<br>제어데이터 부호화<br>프레젠테이션 제어 |
| 5(Session) | 데이터 선택 | 데이터 식별<br>데이터 분배<br>데이터 그룹 분배 |
| 4(Transport) | 계층 7~5와 계층 3~1의 조정 | 전송속도 변환<br>지연보정<br>전송품질 제어 |
| 3(Network) | 논리 채널 포맷 | 논리 채널 식별<br>서비스 다중<br>스크램블 |
| 2(Data Link) | 전송신호 포맷 | 프레임 동기<br>오류 정정<br>신호 랜더마이즈 |
| 1(Physical) | 물리적인 전송 | 변복조<br>클록 동기<br>스펙트럼 정형 |

표준화 기관과 정보교환 및 조정 작업을 실시해 오고 있다. 현재 이 작업은 ITU-R의 SG10과 SG11의 각 그룹이 분담하여 실시하고 있다. HDTV와 디지털 화상 이용과 관련해서 아래의 사항을 그 대상으로 하고 있다.

① TV방송과 TV회의, TV전화간 규격의 조화

② TV와 컴퓨터 시스템간 조화

③ 디지털 기술을 이용한 TV 서비스의 가정으로의 분배 시스템간 규격의 조화

④ 어스펙트비(aspect ratio) 16 : 9 포맷 화상의 TV 방송 이외 분야에서의 이용

## 2.2 디지털 방송 시스템과 그 기본방향

### [1] 프로그램제작에서 수신까지의 종합 시스템

ITU-R의 SG11에서는 방송의 프로그램제작에서부터 송신 수신까지의 전 시스템을 구성하는 각 그룹의 특성을 전체적인 관점에서 어떻게 조정할 것인가, 측정 및 평가방법을 전체적인 입장에서 어떻게 조정할 것인가 하는 등에 관한 새로운 Question 225/11을 1993년 ITU-R총회에서 채택하여, 종합 디지털 시대를 대비한 방송 시스템의 기본방향에 대해 연구하기 시작했다.

(1) **멀티포맷에의 대응**　앞으로의 시스템은 표준 TV와 HDTV가 혼재하고, 화상 어스펙트비는 4 : 3과 16 : 9, 해상도도 표준 TV와 HDTV 레벨이 혼재된 형태일 것이다. 이 때문에 어스펙트비, 주사선 수, 신호형식의 변환 등 다양한 변환이 프로그램제작에서부터 수신에 이르는 각 그룹에서 이루어진다. 이러한 상황은 어스펙트비가 4 : 3인 NTSC와 PAL 신호만 존재하던 시대와는 크게 달라서 멀티포맷시대에 적합한 새로운 방송국 시스템을 구축할 필요가 있다. 새로운 시스템은 화질 보호기능 및 시스템의 양호한 운용성, 경제성 등을 갖추어야 한다.

(2) **방송 시스템의 각 블록에서 사용하는 압축방식과 품질의 배분**　프로그램 제작, 전송, 송신, 수신에 이르는 종합 디지털화 시대에는 디지털 압축이 방송 시스템의 각 블록에서 이용된다. 이 때문에 디지털압축장치의 종속(縱續)접속에 의한 화질열화가 발생하기 쉽다. 따라서 종합 디지털화를 진행하는 데 있어서는 종속접속에 의한 열화와 그 외의 문제가 최소화되도록 하는 배려와 열화를 예측한 품질배분이 필요하다. 방송 시스템의 각 블록에서 사용하는 압축방식으로는 MPEG-2규격이 고려되고 있는데, MPEG-2의 압축규격에는 **표 2.2**에 나타낸 것처럼 5종류의 Profile과 4종류의 Level이 있기 때문에 이 가운데 어떤 프로파일과 레벨을 사용할지는 방송 시스템 각 블록에서의 화상 음성 품질 및 기능면에 대한 요구조건에 기초하여 선택하게 된다. 각 그룹에 요구되는 품질은 시스템 전체의 허용 열화를 각 블록에 배분하는 것에 의해 결정되는데, ITU-R에서는 각 블록에 요구되는 품질과 그 외의 요구조건에 대해 아래와 같은 권고를 작성하였다.

표 2.2  MPEG-2의 Profile과 Level

| Level<br>Profile | Simple | Main | SNR | Spatial | High |
|---|---|---|---|---|---|
| High Level | X | | | | X |
| High 1440 | | X | | X | X |
| Main Level | X | X | X | | X |
| Low Level | | X | X | | |

(주) 표 안의 'X' 로 표시된 Profile과 Level이 정의되어 있다.

　　High Level은 HDTV에서 유효 수평 샘플 수 1920.

　　High 1440 은 HDTV에서 유효 수평 샘플 수 1440.

　　Main Level은 권고 601, Low Level은 CIF 포맷.


## [2] 종합 디지털화와 방송국 시스템

(1) **방송국내 신호방송과 배분**　　현재의 방송국내 기기간 화상과 음성신호의 전송에 있어서는 하나의 전송로에 복수의 소재와 프로그램 신호를 다중하는 방법은 아직 이용되고 있지 않다. 그러나 앞으로 멀티미디어 방송과 멀티프로그램 방송 등이 도입될 경우에는 국내 전송에서도 신호를 다중전송하도록 하는 새로운 루팅 시스템이 필요해질 것이다. 유럽에서는 파장다중과 TDM을 이용한 2.5Gb/s의 초고속 비트레이트의 광섬유 루팅 시스템이 RACE 2001 프로젝트로서 개발되고 있다. 이러한 연구개발은 일본에서도 이루어지고 있으며, ITU-R에서는 금후 세계적으로 통일된 방식을 검토할 예정이다.

　　ITU-R에서는1993년 총회에서 멀티프로그램의 국내 전송을 위한 인터페이스 규격에 대해서도 연구하기 위해 Question65/11 개정과 더불어 멀티프로그램 VTR에 의한 기록에 대한 새로운 Question229/11을 채택하였다. 이러한 Question에서는 디지털 압축 신호의 다중전송과 기록도 그 대상이 되고 있다.

(2) **효율적인 프로그램 제작지원 시스템과 프로그램 데이터베이스**　　디지털 방송에 의한 다채널화, 멀티프로그램 서비스, 멀티미디어 서비스의 도입

은 필연적으로 대량의 프로그램을 필요로 한다. 디지털화에 의한 단위 프로그램당 전송비용의 감소는 프로그램 비용의 절감에 대한 요구와 연결될 수도 있다. 프로그램 내용과 종류에 대해서도 다양하면서도 양질의 것이 요구된다. 따라서 디지털 방송시대에 적합한 새로운 프로그램제작 시스템을 구축해야 한다. 이것을 기술적으로 지탱하는 프로그램지원 시스템으로서 DTPP(Desk Top Program Production) 시스템도 개발되고 있다. 이것은 워드프로세서와 DTP로 문장이나 출판물을 작성하도록 TV 프로그램을 제작하는 시스템이다. DTPP에는 프로그램 소재가 되는 화상, 음성, 부가정보에 대한 고도의 데이터베이스와 화상합성을 위한 화상부품 데이터베이스가 불가결하다. 데이터베이스의 구축과 효율적인 이용은 미래의 방송, 통신, 컴퓨터 등의 융합시대에 프로그램 제작은 물론 시청자에 대한 멀티미디어, 인터랙티브 서비스를 제공하기 위해서도 중요하다.

## 2.3 프로그램 소재의 전송 시스템에 대한 이용자 요구

### [1] 소재전송

ITU-R 권고 601의 표준 TV 디지털 신호의 소재전송에 대해서는 ITU-R 권고 723에서 34 및 45Mb/s의 전송방식, 권고 721에서 140Mb/s의 전송방식이 규정되어 있다. 또한 소재전송이 충족시켜야 할 화질 및 그 외의 요구조건(이용자 요구)에 대해서는 ITU-R 권고 800에 규정되어 있다.

HDTV에 대해서도 소재전송이 증가하고 있으며, 전송방식의 권고작성을 위한 작업도 ITU에서 실시되고 있고, 이것에 맞추어 표 2.3과 같은 HDTV 소재전송에 대한 이용자 요구의 ITU-R 권고 1121도 1993년에 작성되었다.

### [2] SNG

SNG(Satellite News Gathering)가 널리 이용되는 상황이므로 전송방식에 대한 ITU-R 권고가 작성되고 있다. 표준 TV와 관련해서는 이미 권고 1007이 작성되었고, HDTV에 대해서는 권고화를 위한 작업이 계속되고 있다. SNG에 대한 이용자 요구의 ITU-R 권고 1205가 1995년에 작성되었기 때문에 앞으로 이 이용자 요구를 충족시키는 방식에 대한 심의가 이루어져야 할 것이다. SNG에서는 송신전력과 송신안테나 크기의 제약 때문에 소재전송 차원의 고화질 전송이 불가능한 경우가 발생한다. 그러나 방송을 하는 입장에서는 송신조건이 나빠 화질이 충분치 않아도 전송하고자 하는 경우도 많기 때문에 이용자 요구의 권고안에서는 이러한 조건에서의 화질에 대한 규정도 마련되어 있다.

## 2.4 디지털 방송 시스템의 성능, 기능 요구

### [1] ISDB에 의한 디지털 방송

(1) ISDB의 컨셉    디지털 방송에 의해 2.1절 [1]항에서 설명한 것처럼 방송에 새로운 기능과 새로운 서비스를 도입할 수 있게 된다. 이러한 디지털 방송의 이점을 충족시킨 것으로서 ISDB가 개발되고 있다. ISDB의 컨셉은 일본이 제안했지만, ITU-R에서는 ISDB에 관한 두 개의 Question을 작성하여 검토하고 있다.

미국, 유럽 등에서 개발되고 있는 디지털 방송방식은 당초에는 아날로그 TV방송과 아날로그 음성방송의 치환적인 발상이 제기되었지만, 개발

**표 2.3 HDTV의 소재전송에 대한 이용자 요구**

| 성능 항목 | 요구값 |
|---|---|
| 코덱의 종속단수(縱續段數) 기본 화질 | 3단의 종속<br>DSCQS법[*1]으로 평가하여 12% 이내<br>테스트 화상은 미정 |
| 화상크기의 변화와 슬로모션시의 화질 | DSCQS법[*1]으로 평가하여 18% 이내<br>테스트 화상은 미정 |
| 열화특성, 내(耐)에러특성 | BER≤10⁻⁴(30비트 이하의 버스트 에러를 포함)<br>화질열화 : DSIS법[*2]으로 평가하여 1그레이드 이내<br>테스트 화상 : 미정 |
| 회선 절단 후의 회복시간 | 50ms 절단 후 500ms 이내 |
| 신호지연시간의 변동 | 가능한 한 작게 한다(연구중) |
| 화상과 음성의 최대시간차 | 코덱 1대당 ±2ms |

*1 : 2중 자극 연속품질 척도법
*2 : 2중 자극 열화 척도법

이 진행됨에 따라 ISDB의 컨셉과 마찬가지로 영상, 음성, 데이터의 유연한 다중을 목적으로 하는 방향으로 변하게 되었다.

ISDB는 디지털 방송의 기본적인 컨셉이기 때문에 **표 2.4**와 같이 ISDB를 다양한 전송채널을 이용하여 상이한 RF대역 폭과 전송 비트레이트에서 실현할 수 있다.

**(2) ISDB의 파라미터**    ISDB에 있어서의 파라미터에 대한 ITU-R Question 205/11에서는

① 유연성 있고 효율적이며 경제적인 영상, 음성, 데이터의 다중법
② 고속 데이터의 액세스법
③ ISDB 전송포맷규격의, 그 밖의 통신미디어 포맷과의 조화(interoperability)
④ ISDB를 이용한 새로운 서비스
⑤ ISDB에서 사용하는 컨디셔널 액세스법

등을 연구 항목으로 하고 있다.

방송위성을 이용한 ISDB에 관한 ITU-R Question 101/11에서는 ISDB를 위한 변조, 오류정정, 혼신보호비 등이 주요 연구항목이 되고 있다.

#### 표 2.4  각종 전송로를 이용한 ISDB

| | |
|---|---|
| 위성 ISDB | $1 \sim 3GHz$대($\sim$수 Mb/s/ch)[*1] |
| | $12GHz$대($\sim 40Mb/s/ch$)[*2] |
| | $21GHz$대($\sim 150Mb/s/ch$)[*3] |
| 지상 ISDB | FM대($\sim$수 Mb/s/ch)[*1] |
| | VHF, UHF TV대($\sim 25Mb/s/ch$)[*4] |
| 케이블 ISDB | 동축 케이블($\sim 30Mb/s/ch$)[*5] |
| | 광섬유 케이블($\sim 150Mb/s/ch$)[*6] |

*1 : RF대역폭 1.5MHz 정도의 QPSK 상정
*2 : RF대역폭 27MHz 정도의 QPSK 상정
*3 : RF대역폭 100MHz 정도의 QPSK 상정
*4 : RF대역폭 6MHz 정도의 16QAM 상정
*5 : RF대역폭 6MHz 정도의 64QAM 상정
*6 : 21GHz대 위성 ISDB와 합쳤을 경우

## [2] 대화형 TV

CATV는 양방향전송과 다채널전송이 가능하기 때문에 대화형 TV에 적합하며, VOD는 대화형 TV의 하나로서 아날로그전송 CATV에서도 도입하려 하고 있다. 디지털전송 CATV에 있어서 대화형 TV는 보다 고도의 멀티미디어 서비스로 발전할 가능성이 있다.

전파에 의한 방송에서는 양방향전송을 위한 가정에서 방송국으로의 업 스트림 전송로로서 일반적으로는 전화와 ISDN회선이 고려되고 있다. 그러나 이러한 케이블회선이 아니라, 가정에서의 무선전송에 의해 업 스트림 전송로를 구성하는 방법을 연구하기 위한 Question 232/11이 ITU-R에서 작성되고 있다. 이 Question에서는 수신 안테나를 업 스트림 전송용의 송신안테나로 이용할 수 있는 가능성, 업 스트림 전송을 위한 주파수대, 변조방식, 비트레이트 등이 과제로 남아 있다. 또한 대화형 위성방송에 대한 Question 241/11도 작성되고 있다.

## [3] 디지털 TV방송에 대한 이용자 요구

지상디지털 TV방송, 위성디지털 TV방송, 나아가서는 케이블에 의한 TV신호가 가정에 전송(2차 분배)되는데 있어서 소요 화질 등에 대한 이용자 요구에 대해 ITU-R 권고 1122는 1995년에 개정되었다. 이 권고의 개요는 **표 2.5**와 같다.

## [4] 지상디지털 TV방송

(1) **디지털 TV방송 도입에 대한 기본 목표**　기존의 VHF와 UHF의 6, 7, 8MHz의 TV채널을 이용하는 지상디지털 TV방송에 대해 ITU-R은 Question 121/11을 1992년에 채택하여 검토하였다. TV방송이라고 명명되어 있지만, 시스템검토에 있어서는 디지털의 특징을 살려서 화상, 음성, 데이터를 유연성 있게 전송하는 것이 목표이다. 따라서 지상디지털 TV방송은 지상 ISDB방송이라고도 할 수 있다. 방식의 권고는 6MHz 채널을 사용하는 시스템에 대해서는 1995년까지, 7 및 8MHz를 사용하는 시스템은 1998년까지 작성하도록 되어 있는데, 구체적인 권고로는 디지털 TV방송에 이용되는 몇 개의 주요한 요소기술에 대해 각각 권고를 작성하기로 하고 있다.

ITU-R에서는 가능한 한 각국에서 사용하는 지상디지털 TV방송 시스템

**표 2.5 디지털 방송과 2차 배분 화질에 대한 이용자 요구**

| 성능 항목 | 요구도 |
|---|---|
| 입력신호 포맷 | 표준 TV : 권고 601의 4 : 2 : 2 신호<br>HDTV : 권고 709의 스튜디오 신호 |
| 코덱의 종속단수 | 소재전송, 1차 배분, 방송(2차 배분)의 각 코덱 1대<br>종속접속 |
| 기본화질 | DSCQS법으로 평가하여 18% 이내<br>테스트 화상은 미정 |
| 전송에 혼란이 있을 경우의 오버<br>올 지연의 변화 | 20$\mu$s 이내 |
| 신호원으로부터의 전(全)지연시간 | 미정 |
| 방송용 코덱 1단에서의 양호한 수<br>신조건에서의 화질 | DSCQS법으로 평가하여 12% 이내<br>테스트 화상은 미정 |
| 방송용 코덱 1단에서의 저(低)수<br>신 조건에서의 화질[*1] | DSCQS법으로 평가하여 36% 이내<br>테스트 화상과 관시(觀視) 조건은 위와 동일 |
| 저해상도 디스플레이에서의 수신<br>화질[*2] | 다운 컨버트 화상을 기준으로 하여 DSCQS법으로<br>평가하여 12% 이내 |
| 회선 절단 시의 회복시간 | 50ms의 절단에 대해 500ms |
| 화상과 음성의 열화 상태 | (C/N 저하시)화상이 먼저 열화 |
| 화상과 음성의 상대 시간차 | ±2ms 이하 |
| 하드웨어의 복잡도 | 코더는 복잡하더라도 디코더는 간단히 하는 것이<br>바람직하다. |

*1 : 계층 부호화로 수신조건이 나빠졌을 때에 저해상도 모드로 수신하고, 업 컨버트로 해서
　　디스플레이에 표시
*2 : 수신기가 계층 부호화신호의 저해상도 디코드와 디스플레이밖에 할 수 없는 경우

　　규격의 많은 부분이 세계 공통이 되기를 원하며, 또한 그렇게 하기 위한
권고안도 작성되고 있다. 현재 검토중인 권고안에서는 지상디지털 TV방
송 시스템이 만족시켜야 할 사항으로서 다음과 같은 것을 들고 있다. 즉,
① 시스템은 위성과 케이블 같은 것 이외의 분배시스템과 최대한의 공통
　성을 가질 것

② 화상압축과 다중에는 MPEG-2를 사용할 것

③ 시스템은 HDTV의 한 개 프로그램 또는 표준 TV의 몇 개 프로그램을 전송할 수 있는 단일계층 부호화 시스템을 기본으로 할 것

④ 변조는 OFDM 또는 VSB 중 한쪽을 사용할 것

등의 항목이 고려되고 있다.

(2) **요소기술에 관한 권고 초안**    지상디지털 방송방식에 사용하는 요소기술에 대해 1995년 ITU-R총회에서 스펙트럼 형성법, 데이터 액세스법, 영상 부호화법, 다중화법, 음성 부호화법에 대한 다섯 개의 권고 즉 ITU-R 권고 1206, 1207, 1208, 1209, 1196이 성립하였다. 오류정정기술, 컨디셔널 액세스기술, 변조기술 등의 요소기술에 대한 여덟 개의 권고안에 대해서도 검토가 이루어져 1997년 성립할 예정이다.

# [5] 12GHz대와 21GHz대 위성디지털 방송

위성디지털 방송에 대해서도 시스템개발이 각국에서 이루어지고 있고, ITU-R에서도 방식의 권고책정을 위한 검토가 진행되고 있다. 12GHz대 및 21GHz를 이용하는 위성디지털 방송은 전송 가능한 비트율이 높기 때문에 HDTV를 포함한 멀티미디어 서비스, 멀티프로그램TV 서비스 등 다양한 서비스가 가능하다.

위성디지털 방송에 있어서의 화질 등 품질에 관한 필요 조건에 대해서는 2.4절 [3]항에서 설명한 이용자 요구가 적용되는데 이것을 실현하는 방송시스템에 대해서 ITU-R에서는

① Question 92/11 : 방송위성 서비스에 있어서의 디지털기술

② Question 100/11 : HDTV의 위성방송

③ Question 101/11 : 방송위성에 의한 ISDB

④ Question 217/11 : 위성의 한 트랜스폰더에 의한 멀티프로그램 디지털 방송

⑤ Question 241/11 : 대화형 기능을 갖는 위성방송 시스템에 따라 검토를 하고 있다.

디지털위성방송에 대해서는 미국에서의 DirecTV와 유럽의 Canal-Plus 등이 실용화되고 있는데, ITU-R은 멀티프로그램의 디지털위성 방송방식에 관한 ITU-R 권고 1211을 1995년에 제정하였다. 이 권고는 유럽의 디지털위성 방송 규격인 DVB-S에 준거한 것인데, 금후 미국을 비롯한 그 밖의 지역에서 사용될 규격도 이 권고에 추가하는 것을 검토하고 있다.

디지털 위성방송 시스템의 검토에 있어서는

① 표준 TV와 HDTV의 화상압축방식, 음성압축방식
② 표준 TV와 HDTV를 소요 화질로 전송하는데 필요한 비트율
③ 유연성 있는 화상, 음성, 데이터의 다중화법
④ 사용 주파수대에 맞는 변조기술과 오류정정기술
⑤ 혼신 보호비

등을 확실히 함과 동시에 각각 12GHz와 21GHz대에서 어떠한 서비스를 실시할 것인지를 상정하여 시스템에 필요한 비트레이트와 주파수 설계(planning)를 할 필요가 있다. 또한 주파수 계획과 관련해서는 1997년의 WRC(World Radiocommunication Conference)에서 12GHz대의 WARC-BS 플랜(plan)을 재검토할 예정이다. 21GHz대에 대해서는 1992년의 WARC에서 제1, 3지역에 21GHz대가, 제2지역에는 17GHz대가 할당되었지만 설계는 아직 이루어지고 있지 않다.

## 2.5  시스템 평가

방송시스템의 특성은 기능, 품질, 주파수 계획 등의 면에서 평가하지만, 디지털 방송시스템에서는 기능에 대한 평가가 특히 중요해 질 것이다. 이 점이 디지털 방송시스템의 특징이라고도 할 수 있다.

**표 2.6  디지털 방송시스템의 기능평가항목**

| | |
|---|---|
| 수신기능 | • 채널과 프로그램 교체시 대기시간<br>• 프로그램 선택의 용이함<br>• 서비스품질 선택의 가능성(scalability)<br>• 공통 수신기 사용 가능성<이종 방송미디어, 통신미디어와의 상호운용성(interoperability)><br>• 이동수신, 포터블수신의 가능성 |
| 시스템의 유연성과 확장성 | • 한정수신(컨디셔널 액세스)의 가능성<br>• 송신계에서의 통신, 컴퓨터와의 인터페이스의 용이성<br>• 멀티미디어 서비스 기능<br>• 양방향 서비스(인터랙티브) 기능<br>• 서비스의 확장성<br>• 신서비스 도입의 용이성 |

시스템의 평가항목의 예를 기능평가항목에 대하여 **표 2.6**에 나타냈다. 기능 평가에 대해서는 새로운 사항이 많기 때문에 평가항목을 비롯해 평가방법, 평가 기준 등 앞으로 충분한 검토가 필요하다.

## 2.6 향후의 과제

방송의 디지털화에 의해 다채널, 다프로그램 서비스의 실현과 더불어 멀티미 디어 서비스와 대화형 서비스도 가능해질 것이다. 현재는 아직 시스템이 개발되 고 있는 상태로 바람직한 시스템의 구축에 전력을 기울여야 하는 단계이지만, 일단 시스템이 완성되면 많은 가능성을 내포한 시스템을 어떻게 잘 사용할 것인 지가 중요한 과제로 될 것이다. 디지털 방송의 미래는 이 점에 달려 있다고 해도 과언이 아니다. 이를 위해서는 프로그램 소프트웨어의 수요 증대에 대한 정확한 대응, 새로운 기능을 살린 프로그램 개발 등을 방송 시스템 개발과 병행하여 진 행해 나갈 필요가 있다.

또한 이것과 동시에 방송과 통신의 융합이 진행되는 가운데 각각의 미디어가 그 특징을 잘 살려 이용자의 요구에 부응해 나가도록 시스템을 구축하여 이용해 야 할 것이다.

# 참고문헌

（ 1 ）  "特集 ディジタル放送の技術動向", テレビ誌, **47**, 4 （1993）

（ 2 ）  "特集 マルチメディア", テレビ誌, **47**, 11 （1993）

（ 3 ）  "小特集 次世代画像通信", テレビ誌, **47**, 3 （1993）

# Digital Broadcasting

## 3
### 영상신호의 고효율 부호화

디지털 방송을 목적으로 한 영상부호화 방식으로서 우선 부호화의 기본인 기술분류 및 시각특성, 부호화 기술의 관계에 대해 설명하도록 한다. 이어서 대표적인 부호화 방식인 동적 보상 프레임간 DCT부호화 방식에 관해 개략적으로 설명한다. 그리고 이 방식을 기본으로 ISO, IEC가 국제표준 부호화 방식으로 책정한 MPEG-2방식의 특징을 정리하고, 끝으로 그 외의 영상부호화 방식을 2, 3에 소개한다.

# 3.1 영상 부호화의 기본

## [1] 부호화 기술의 분류

(1) **컴포넌트 부호화와 콤포지트 부호화**　TV신호의 부호화 처리에는 휘도 신호와 두개의 색차 신호를 따로따로 부호화하는 컴포넌트 부호화와 휘도 신호에 색 신호를 다중한 NTSC, PAL, SECAM의 복합컬러신호를 직접 부호화하는 콤퍼지트 부호화가 있다.

　　현재는 TV전화에서 HDTV에 이르기까지 각각의 해상도는 다르지만, 콤퍼지트 부호화가 처리하기 쉬워 그 주류를 이루고 있다. 그렇지만 방송 TV와 관련해서는 스튜디오용 기재가 콤퍼지트 신호로 주로 운용되고 있기 때문에 휘도/색차 신호의 분리, 합성이 필요없고, 그것에 의한 화질열화도 없는 콤퍼지트 부호화가 적합하다고 할 수 있다. 그러나 부호화에는 색 신호변조를 위한 부반송파의 영향을 고려해야 되기 때문에 컴포넌트 부호화에 비해 처리하기가 어렵다는 결점이 있다.

(2) **예측 부호화와 직교변환 부호화**　예측 부호화는 인접하는 최소의 상관이 0.9이상으로 매우 높은 것에 주목하여 이미 부호화가 끝난 화소에 의해 다음에 오는 화소를 예측하고, 예측오차를 전송하는 것을 기본으로 한다. 예측방식으로는 **그림 3.1**과 같은 동일화면(필드) 내의 이미 부호화된 화소를 이용하여 예측하는 필드 내 예측, 직전의 화면 속의 화소를 이용하는 필드간 예측(1필드 전 예측), 프레임간 예측(2필드 전 예측) 등이 있다. 필드 내 예측은 영상신호가 평탄하고 변화가 적은 경우와 움직임이 빨라서 흐트러져버린 화상에 대해서 효과적이다. 한편 필드간이나 프레임간 예측은 정지면에 대해 효과적이다. 따라서 양자를 화면 속의 국소적인 성질의 차이에 따라서 적응적으로 변환하여 이용하면 보다 효과적인

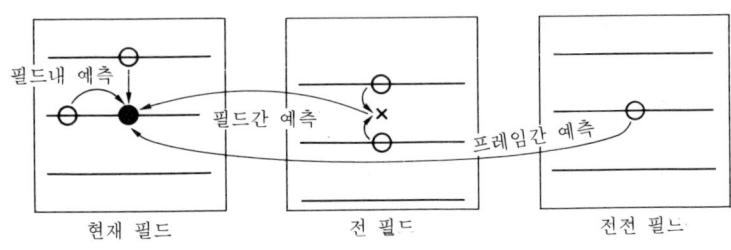

**그림 3.1 예측방식의 예**

예측을 할 수 있다.

또한 최근에 특히 압축효율을 높이는 기술로서 주목을 받고 있으며, 예측 부호화뿐만 아니라 후술할 직교변환 부호에도 응용되고 있는 기술로서 동적 보상 예측이라 불리는 기술이 있다. 이것은 **그림 3.2**와 같이 화면간에 국소적인 동적 스펙트럼을 먼저 구하고, 이 동적 스펙트럼에 위치하는 앞 화면(필드 혹은 프레임)의 화소를 예측 값(동적 보상)으로 하는 것으로, 화면이 움직이더라도 높은 예측효율을 실현할 수 있다. 동적 스펙트럼의 검출방법으로는 블록 매칭법과 균배법을 들 수 있는데, 예측 오차가 최소인 점에서 보면 전자가 특성적으로 뛰어나다. 게다가 이미 LSI칩으로 만들어지고 있다는 점에서도 지금까지 개발된 대부분의 부호화 시스템은 블록 매칭법을 채용하고 있다. 또한 보다 높은 예측효율을 얻기 위해 가능한 한 어파인 변환, 그것의 간략형인 헬마트 변환에 대한 연구도 활발히 진행되고 있다.

예측부호화가 영상신호를 직접 시간영역에서 처리하는 것에 대해, 직교변환 부호화에서는 신호를 주파수 영역으로 일단 변환하여 부호화 처

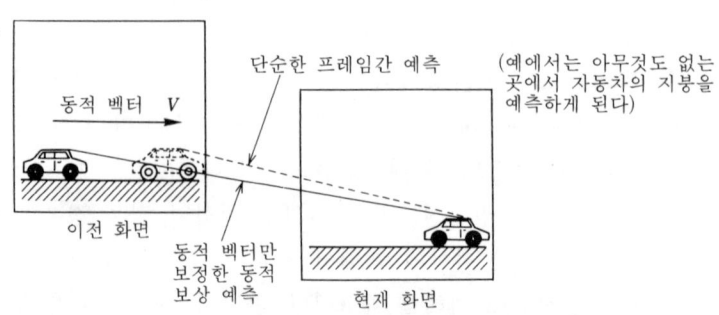

**그림 3.2 동적 벡터 검출과 동적 보상**

리를 한다. 예를 들면 화면을 8(라인)×8(화소)의 64화소로 이루어지는 작은 블록으로 분할하고, 각 블록별로 화소를 주파수 영역으로 변환하여 64개의 변환 계수를 얻는다. 예측 부호화와 같이 영상신호가 가지는 전력을 감소시키는 것이 아니라, 변환된 각 계수의 전력에 편향을 발생시켜서, 특정한 낮은 차수의 변환계수에 전력을 집중시킨다. 이 편향을 이용하여 큰 전력을 가지는 계수에 가능한 한 효율적으로 정보를 할당함으로써 필요한 비트 수를 줄일 수 있다. 따라서 될 수 있으면 적은 수의 변환계수에 어떻게 전력을 집중시킬 것인가에 따라서 각종 변환방식의 우열이 결정된다. 영상신호와 같이 높은 주파수일수록 전력이 단조롭게 감소하는 경우에는 처리 연산량의 관점에서도 식(3.1)에서 주어진 (NN) 2차원 이산적 코사인 변환(DCT)이 적합하다. 따라서 후술할 대부분의 부호화 방식은 이 DCT에 기초하고 있다.

$$F(u, v) = \frac{4C(u)C(v)}{N^2} \sum_j \sum_k f(j, k) \cos\left\{\frac{(2i+1)u\pi}{2N}\right\} \cos\left\{\frac{(2k+1)u\pi}{2N}\right\}$$

(3.1)

단,

$$C(w) = \begin{cases} \dfrac{1}{\sqrt{2}} & (w=0) \\ 1 & (w=1\cdots N-1) \end{cases}$$

직교변환 부호화도 예측 부호화와 마찬가지로 화면 내와 화면간 처리가 있는데 전자는 입력화상을 직교변환하고, 후자는 프레임 혹은 필드 사이에서 이를 이용하여 예측 오차신호를 변환한다. 또한 동적보상 예측기술도 예측 부호화의 것과 마찬가지로 매우 유효해진다. 나아가, 예측 부호화에는 없는 직교변환 부호화의 큰 이점은 주파수영역에서 논의되는 인간의 시각특성을 양자화에 충분히 반영할 수 있다는 점을 들 수 있다. 이 결과 LSI기술의 진보와 더불어 동적 보상 프레임간 DCT부호화 방식이 확립되었다.

## [2] 시각특성

(1) **공간영역상의 시각특성**    화상신호에 중첩되는 잡음은 화상신호 자체의 변화정도에 따라서 인간의 인지 정도가 다르다. 이것을 마스킹 효과라고 하며, 그림 3.3의 스텝을 이용하여 그 효과를 설명할 수 있다. 즉 진폭차

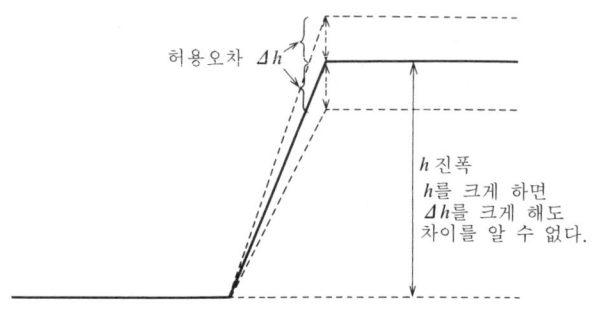

허용오차 $\Delta h$

$h$ 진폭
$h$를 크게 하면
$\Delta h$를 크게 해도
차이를 알 수 없다.

**그림 3.3  스텝신호에 대한 마스킹 효과**

가 h인 스텝신호(edge)상에서 그 진폭차의 값을 조정해 간다. 이 때 사람이 조정한 것을 의식하지 못하는 최대의 허용오차 $\Delta h$는 h가 커지면 커질수록 진폭차가 커진다는 것이 알려져 있다. 즉 신호 변화가 클수록 그 신호에 잡음이 실려도 그 열화가 인지되기 어려워진다.

이것을 예측 부호화에 적용시키면 큰 진폭의 예측 오차신호만큼 잡음을 허용할 수 있기 때문에 스텝사이즈가 엉성한 양자화를 할 수 있다. 한편, 직교변환 부호화에서는 2차원의 블록단위로서 이 마스킹 효과를 고려할 필요가 있다. 블록의 변화 정도를 나타내는 지표로서 블록 내 화소의 분산 $\sigma^2$(직류성분을 제외한 블록 내 전력)이 적당하다고 한다. 잡음 마스킹 함수는 이때 식(3.2)에서 대충 주어진다.

$$F_M = \frac{1}{\log \sigma^2} \tag{3.2}$$

**(2) 공간주파수 영역상에서의 시각특성**    인간의 공간주파수 영역상에서의 시각특성에 관해서는 지금까지 여러 가지 연구가 실시되어 왔는데, 그림 3.4와 같은 특성으로 정리할 수 있다. 즉 횡축에 공간주파수를, 종축에 정규화한 상대감도를 취하면 잡음의 주파수가 높아질수록 감도는 저하되어 인간의 눈에 띄기 어려워진다. 반대로 주파수가 너무 낮아도(직류 근방) 감도는 저하된다. 이렇게 인간의 눈은 대역 통과형 필터의 특성을 가지고 있다고 할 수 있다. 그것을 일반식으로 근사 표현하면 다음과 같은 식을 얻을 수 있다.

$$H(f) = a(b + cf)\exp(-cf)^d \tag{3.3}$$

단, f는 공간주파수를 나타내며 a, b, c, d는 정수이다. 예를 들면 Mannos가 제안한 고주파수의 차단특성이 가장 완만한 시각 감도 곡선은 a=2.6,

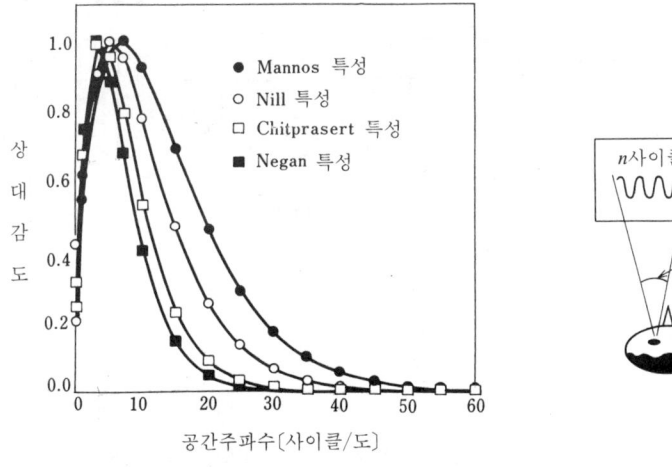

**그림 3.4 시각감도곡선의 대표적인 예**

b=0.192, c=0.114, d=1.1에서 주어진다. 예측 부호화에서는 기본적으로 이 공간주파수 영역상에서의 시각특성을 양자화에 반영시키는 것은 어렵다. 한편 직교변환 부호화에서는 변환계수 자체가 주파수 성분에 대응하고 있기 때문에 각 계수별로 시각특성에 맞는 양자화를 적용하면 된다. 그림 3.5는 DCT계수상에서의 상대시각감도의 예를 나타낸 것이다.

## [3] 동적 보상 프레임간 DCT 부호화 방식

대표적인 부호화 방식으로 국제표준방식의 기본으로도 되어 있는 동적 보상 프레임간 DCT 부호화 방식에 대하여 **그림 3.6**의 구성에 따라서 그 신호의 흐름을 개설한다. 입력화상신호는 ITU에서 보고된 스튜디오용 디지털 규격인 (4 :

저차 ▶

| | | | | | | | |
|---|---|---|---|---|---|---|---|
| 0.8479 | 1.0000 | 0.8508 | 0.5627 | 0.3288 | 0.1779 | 0.0913 | 0.0450 |
| 0.9882 | 0.4950 | 0.3987 | 0.2639 | 0.1552 | 0.0846 | 0.0436 | 0.0216 |
| 0.9072 | 0.4196 | 0.3270 | 0.2190 | 0.1313 | 0.0728 | 0.0382 | 0.0192 |
| 0.6562 | 0.3021 | 0.2374 | 0.1629 | 0.1005 | 0.0573 | 0.0307 | .0.0157 |
| 0.4212 | 0.1952 | 0.1566 | 0.1107 | 0.0706 | 0.0415 | 0.0229 | 0.0120 |
| 0.2513 | 0.1174 | 0.0961 | 0.0700 | 0.0462 | 0.0281 | 0.0160 | 0.0086 |
| 0.1426 | 0.0670 | 0.0560 | 0.0419 | 0.0285 | 0.0719 | 0.0105 | 0.0058 |
| 0.0779 | 0.0368 | 0.0312 | 0.0239 | 0.0168 | 0.0109 | 0.0066 | 0.0038 |

고차 ▼

**그림 3.5 (8×8)DCT계수상에서의 시각감도**

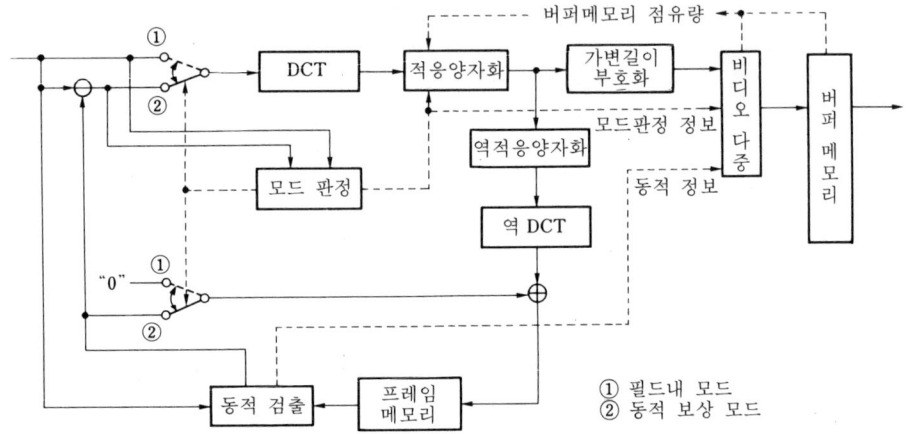

**그림 3.6 동적 보상 프레임간 DCT방식의 기본 구성**

2 : 2) 컴포넌트 신호<표준화주파수가 13.5MHz(휘도)와 6.75MHz(두개의 색차), 양자화 정밀도가 8비트/화소>가 일반적이다. 단, TV회의 등의 낮은 화질에 대해서는 625/50과 525/60 등 양 TV 방식의 중간 공통 포맷인 CIF (Common Intermediate Format : (2 : 1 : 0)에 상당)가 이용되고 있다. 이 입력신호와 프레임 메모리에 축적되어 있는 전(前) 프레임의 화상신호 사이에서 블록단위(예를 들면 16화소 8라인)로 동적 벡터가 검출되며, 동시에 프레임간 동적 보상값을 얻을 수 있다. 입력신호(그림 속의 ① : 필드 내 모드) 및 입력신호와 동적 보상값의 차이 값(그림 속의 ② : 프레임 간 모드)은 블록단위로 모드 판정부에 입력되고, 정보량이 적은 모드(1 or 2)를 선택한다. 선택된 신호는 DCT로 변환되며, 적응 양자화에 의해 시각특성을 이용하여 다시 정보량이 삭감된다.

일반적으로 양자화 특성은 버퍼 메모리의 점유량(BMO), 휘도/색차(Y/C), 동적 보상 프레임간/필드 내 부호화 모드(MC/INTRA), 블록 내 분산(ACT), DCT계수 위치(CO)로 변환된다. 구체적으로는 BMO가 높을수록, ACT가 클수록, CO가 고차일수록 양자화 스텝사이즈가 엉성해진다. MC/INTRA에 관해서 동적 보상 프레임간 모드에서는 낮은 차수의 DCT계수에 대하여, 필드 내 모드에서는 고차계수에 대하여 양자화 스텝사이즈를 보다 엉성하게 한 쪽이 화질면에서 좋다는 것은 주지의 사실이다. 또한 Y/C에 대해서는 색차 신호에 대해 보다 엉성한 양자화 특성이 허용되지만, 특정한 포화 색에 대해서는 오히려 휘도 신호보다 가늘게 할 필요가 있다는 보고도 있다.

양자화 출력의 레벨번호는 **그림 3.7**과 같은 2차원 지그재그 스캔에 의해 가

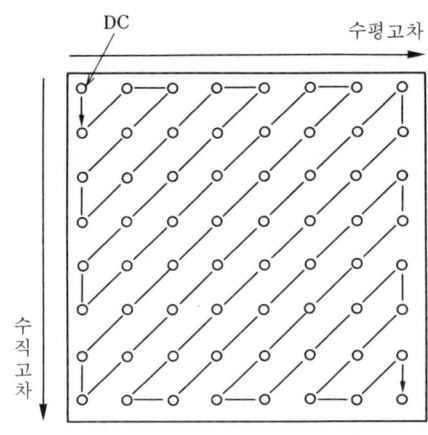

고차 DCT 계수 (그림에서는 오른쪽 하단부)일수록, 연속해서 유의한 정보를 얻는 일이 드물기 때문에, 직류성분부터 순번대로 차수가 낮은 DCT계수순으로 양자화 대표값의 인덱스를 주사해 간다.

**그림 3.7 (8×8)DCT계수상에서의 지그재그 스캔**

변길이 부호화가 이루어진다. 즉 제로 런렝스와 양자화 대표값 레벨을 조합하여 2차원적으로 부호할당이 이루어진다. 제로 런렝스란 각 계수의 양자화 대표값이 연속하여 0이 되는 수를 말한다. 또한 어떤 계수 이하의 양자화 대표값이 모두 0인 경우는 EOB(End of Block)부호를 마지막이 0이 아닌 양자화 대표값 레벨의 뒤에 붙여 그 뒤의 불필요한 정보발생을 피한다.

가변길이 부호 데이터, 모드판정, 동적 스펙트럼과 같은 제어정보는 버퍼 메모리에 입력된다. 버퍼 메모리에서는 발생 정보량을 평활화(平滑化)시키며, 고정 비율로 전송로에 정보를 송출함과 동시에 평활화를 위한 양자화 특성을 제어한다. 또한 양자화 레벨번호는 역(逆)적응 양자화에 있어서 양자화 대표값에 되돌

**표 3.1 동적보상 프레임간 DCT부호화에 의한 전송률 삭감효과**

| 전송 화상 | | 소스 | 전송률 | 압축비 |
|---|---|---|---|---|
| HDTV | 고품질 | 1.2Gb/s | 120Mb/s | 1/10 |
| | 일반 | 600Mb/s | 60~120Mb/s | 1/5~1/10 |
| 방송TV | 소재전송 | 216Mb/s | 15~45Mb/s | 1/5~1/15 |
| | 프로그램 배분 | 216Mb/s | 10~15Mb/s | 1/15~1/20 |
| SNG, CATV | | 216Mb/s | 5~10Mb/s | 1/20~1/40 |
| TV회의 | | 100Mb/s | 384 kb/s~2Mb/s | 1/50~1/250 |
| TV전화 | | 100Mb/s | 48~64kb/s | 1/1500~1/2000 |

려, 역DCT에 의해 시간영역신호로 되돌린다. 그 후 동적 보상모드의 블록에 대해서는 동적 보상값으로 가산되어, 다시 한번 복호값을 얻고 다음 프레임의 예측을 위해 프레임 메모리에 축적된다.

표 3.1에는 본 부호화 방식에 의해 표현할 수 있는 압축효율을 정리하였다.

# 3.2 MPEG-2

## [1] MPEG-2 개요

MPEG-2는 축적계 미디어뿐만 아니라 방송/통신에의 응용을 목적으로 ISO가 책정한 국제표준의 부호화 방식이다. 이 방식은 전술한 동적 프레임간 DCT를 기본으로 하고 있으며 아래와 같은 특징을 가지고 있다.

① 고도의 동적보상 예측기술 도입에 의한 부호화 효율의 향상

② Scalability(품질가변성)라 불리는 개념을 부호화에 도입하여 공간적/시간적 해상도와 화질의 계층화를 실현

③ 프로파일과 레벨을 정의하고 광범위한 부호화 방식을 구축

기본적인 부호화 구조는 높은 압축률과 축적계에서의 랜덤 액세스를 실현하기 위해 그림 3.8과 같은 I, P, B-picture를 이용한 구조로 되어 있다. I-picture란 화면 내 (프레임 내)의 DCT부호화를 하는 것으로 랜덤 액세스 포인트와 에러 회복 포인트로서 이용된다. 또한 장면 변환점 등에서는 예측 부호화를 이용한 P, B-picture보다 부호화 효율이 높다. P-picture는 이미 부호화된 I 또는 P-picture에

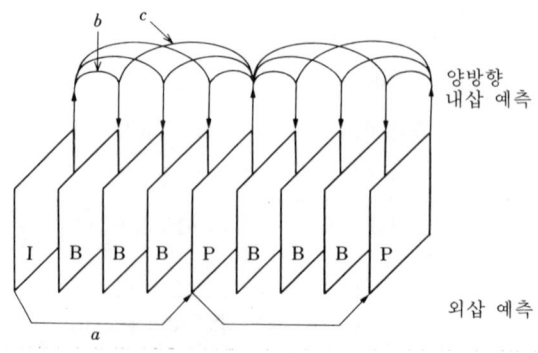

그림 3.8  IPB부호화 구조 예

비해 전방향($a$)의 동적 보상예측을 이용한 DCT부호화가 실시된다. B-picture는 시간적으로 전후에 위치하는 I 또는 P-picture를 참조화면으로 하여 전방($b$), 후방($c$) 혹은 양방향($b+c$)의 동적 보상예측을 실시하여 DCT부호화가 이루어지고 있다.

## [2] 동적보상 예측기술

MPEG-2에서는 고압축을 실현하기 위해 통상의 프레임간 동적보상에 비해 고도의 동적보상 예측기술이 검토되고 있다. 즉 프레임 동적보상 예측, 필드 동적보상 예측 및 Dual-Prime이라 불리는 고능률 동적보상 예측 등 세가지가 기본이 되고 있다.

(1) **프레임 동적보상 예측**　　인터레이스된 두개의 필드가 합성된 프레임 단위로 동적보상 예측을 하는 것으로 휘도 신호는 인터레이스된 16화소×16라인의 블록마다 예측된다(그림 3.9(a)). 그림은 1프레임 떨어진 참조 프레임에서 전(前)방향의 동적 보상예측을 실시하는 예를 나타냈다. 프레임 동적보상 예측은 비교적 여유있는 움직임으로, 프레임 내에서의 상관이 높은 상태로 등속도로 움직이고 있는 경우에는 효과적인 예측 방식이다.
　　프레임 동적보상 예측은 인터레이스 구조인 점을 제외하면 MPEG-1과 같은 예측 방식이다.

(2) **필드 동적보상 예측**　　필드마다 동적보상을 하는 것으로 그림 3.9(b)와

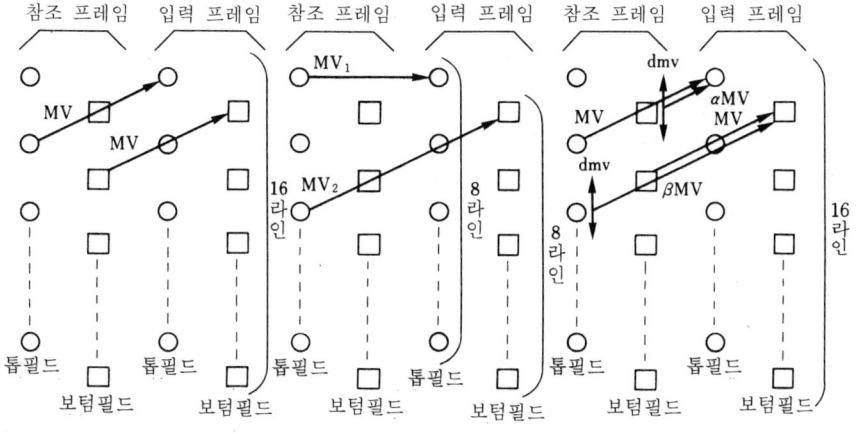

(a) 프레임 동적보상 예측　　(b) 필드 동적보상 예측　　(c) 듀얼 프라임 예측

**그림 3.9　동적보상 예측**

같이 top (홀수) 필드에는 MV1, bottom (짝수) 필드에는 MV2를 이용하여 예측하고 있다. 또한 참조 필드는 top 필드든 bottom 필드든 상관없다. 그림 3.9(b)에서는 top 필드, bottom 필드 양쪽에 top 필드가 참조 필드로서 이용되고 있다. 필드 동적보상 예측은 매크로 블록 내의 각 필드 단위로 예측되기 때문에 휘도 신호의 경우 16화소×8라인의 필드 블록이 예측 단위가 된다.

필드 동적보상 예측에서는 프레임 동적보상 예측과 달리 프레임 내의 각 필드별로 예측을 할 수 있기 때문에 스포츠와 같은 국소적인 움직임이나 가속도적인 움직임에 대해서 예측효율을 높일 수 있다. 다만, 동적 스펙트럼 수가 프레임 동적보상에 비해 2배가 되기 때문에 종합적인 부호화 효율은 저하될 수도 있다.

**(3) 듀얼 프라임 예측**   각 필드 블록에 대해서 두개의 참조 필드 블록의 평균치에 의해 예측을 하는 것이다(그림 3.9(c)). 그림에서 top 필드 블록(16화소×8라인)은 동적 벡터 MV에서 지정되는 참조화면의 top 필드 블록(16×8)의 평균값으로 예측된다. 또한 bottom 필드 블록에 대해서는 MV에서 지정된 참조화면의 bottom 필드 블록과 $\beta MV + dmv$로 지정되는 top 필드 블록의 평균값으로 예측한다. 여기에서 $\alpha$, $\beta$는 필드간 거리의 비(比)로 동적 스펙트럼을 스케일링하기 위한 스케일링 팩터이며 $\alpha = 1/2$, $\beta = 3/2$이다. 또한 $dmv$는 미조정(微調整)용 동적 스펙트럼으로 수평/수직방향으로 ±0.5화소의 범위에서 조정한다. 따라서 실제로 전송되는 벡터 수는 기본이 되는 $MV$와 미조정 벡터 $dmv$뿐이다.

듀얼 프라임 예측의 특징은 하나의 필드 블록에 두개의 필드 블록을 이용한 시간방향 필터링 작용과 미조정 벡터에 의한 공간해상도의 향상에 의해 예측효율을 크게 향상시킬 수 있다는 것이다. 또한 전송에 필요한 동적 스펙트럼이 매크로 블록마다 한 개의 벡터와 부호화 정보량이 작은 미조정 벡터가 1개면 되기 때문에 부호화 정보량을 포함하여 종합적으로 부호화 효율을 높이고 있다.

하드웨어의 구조는 두개의 블록에서 예측을 한다는 점에서 B-picture의 양방향예측과 같은 정도의 처리속도가 요구된다. 따라서 만일 듀얼 프라임을 양방향예측에 이용했을 경우 그 외의 예측방식에서의 양방향 예측보다 2배의 처리량이 요구된다. 이 경우 특히 프레임 메모리 액세스의 빈

도가 매우 커지며, 그 결과 매 고속의 하드웨어가 요구되기 때문에 듀얼 프라임 예측은 예측되는 화상과 참조화상 사이에 B-picture가 없는 I, P뿐인 구조(예를 들면 SP@ML)에서만 이용할 수 있다.

지금까지의 평가에서는 프레임 필드 듀얼 프라임 예측성능은 B-picture가 들어간 경우의 프레임 필드 예측방식(예를 들면 MP@ML)과 거의 같은 성능을 얻을 수 있다는 것이 몇 개의 평가화상에서 확인되고 있다.

## [3] Scalability

Scalability란 해상도와 에러 내성에 있어서 그 품질을 가변하기 위한 수단을 의미하며 부호화 구조에 계층화의 개념을 부여한 것이다.

예를 들면 4Mb/s의 부호화 비트스트림이 1.5Mb/s의 정보량을 가지는 하위층과 2.5Mb/s의 상위층으로 구성되어 있을 경우 하위층에서는 해상도가 360(화소)×240(라인)인 MPEG-1레벨의 화상이 재생되며, 이 화상과 상위층의 정보를 이용함으로써 보다 좋은 품질인 720화소×480라인의 화상을 얻을 수 있어 4Mb/s의 정보로 두개의 다른 해상도의 화상정보를 제공하는 유연성을 가질 수 있다.

또한 하위층 정보를 이용하여 상위층을 구성하기 때문에, 단순히 각 품질마다 부호화 데이터를 전송하는 사이멀 캐스트(동시방송)방식에 비해 높은 전송효율로 복수의 품질을 제공할 수 있다.

Scalability모드로서는 공간 Scalability, SNR Scalability를 이용한 프로파일이 정의되어 있다. 아래에 각각의 특징과 부호화 구조에 대해 설명하겠다.

**(1) 공간 Scalability**　　공간 Scalability에서는 복수의 해상도를 제공하기 위한 부호화가 실시되고 있다. 이 경우 앞의 예와 같이 하나의 부호화 비트스트림에서 다른 해상도의 서비스를 실시할 수 있을 뿐 아니라 베이스가 되는 계층에 전송로 에러대책을 실시한 부호를 부여하여 일종의 에러 내성을 얻을 수도 있다.

공간 Scalability의 구조를 복호화한 경우에 대하여 설명하면(그림 3.10), 하위층에서는 단독 복호화에 의해 예를 들면 표준 TV레벨의 화상이 복원된다. 상위층에서는 베이스층에서 얻은 복호 재생신호를 업 샘플 화소 보간 한 화소에 의한 공간예측(*a*)과 상위층의 동적 보상에 의한 시간예측(*b*) 중 하나, 혹은 그것들의 합성에 의해 예측신호(*c*)를 만들고, IDCT된 예측오차신호를 이용하여 상위층의 복호 화상이 출력된다.

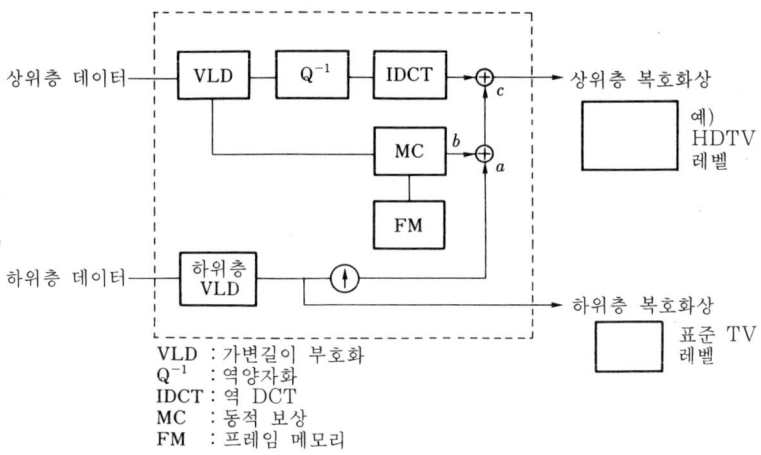

그림 3.10 공간 Scalability

**(2) SNR Scalability** SNR Scalability에서는 어떤 계층에서나 동일한 해상도로 화질(SN비)이 다른 화상을 효율적으로 전송하는 기능을 갖는다. 부호화된 DCT계수상에서의 계층구조를 이용하는 것에 의해 계층이 상위가 됨에 따라 품질을 향상시키는 방법으로, 다른 품질의 서비스를 제공할 수 있을 뿐만 아니라 공간 Scalability와 마찬가지로 에러 내성을 갖게 할 수도 있다.

SNR의 복호화 블록을 **그림 3.11**에 나타낸다. 하위층에 대해서는 하위층의 데이터만을 이용하여 독립된 부호화 절차로 동적보상과 IDCT에 의해 저화질의 화상을 복호화할 수 있다. 상위층에 대해서는 하위층의 양자화 데이터($a$)가 상위층의 양자화 데이터($b$)에 의해 정밀도가 높은 데이

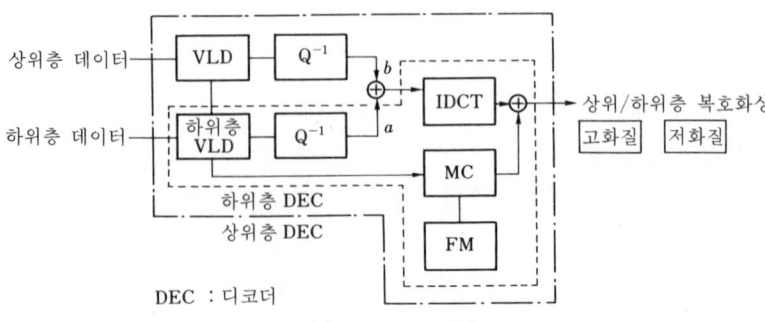

그림 3.11 SNR Scalability

터로 갱신되며, 이하 IDCT와 동적 보상에 의해 하위층에 비해 양호한 화
질을 얻을 수 있다. 이 경우 복호화 하드웨어는 VLD와 역양자화 부분만
이 새롭게 첨가될 뿐이므로 처리량이 큰 IDCT나 동적보상에 대해서는
동일하기 때문에 공간 Scalability와 비교하면 하드웨어 규모는 작아진다.

**(3) 데이터 파티셔닝(partitioning)**    데이터 파티셔닝은 주로 에러 내성
을 목적으로 하며 화질에의 영향이 적은 높은 차수의 DCT계수를 우선순
위(priority)가 낮은 채널로 전송하여 중요한 저주파수 DCT계수, 동적 정
보, 헤더정보를 우선순위가 높은 채널로 전송함으로써 채널에러에 대해
서 완만한 점차적 열화(Graceful Degradation)를 확보할 수 있다. SNR
Scalability와의 차이점은 데이터 파티셔닝이 하나의 계층으로 부호화된
비트스트림을 DCT계수의 저차/고차로 계층으로 분할하는 것에 대해,
SNR Scalability에서는 기본적으로 2계층으로 부호화되고 있다. 이 때문에
부호화 정보 오버헤드 등의 면에서 데이터 파티셔닝 쪽이 부호화 효율이
높고, 또한 부호화기의 하드웨어 구성도 간편하다고 할 수 있다.

그림 3.12와 같이 복조기에서는 높은 우선순위 데이터와 낮은 우선순
위 데이터는 정렬되고, 그 후에는 계층구조가 없는 경우와 같은 복호화
처리가 이루어진다.

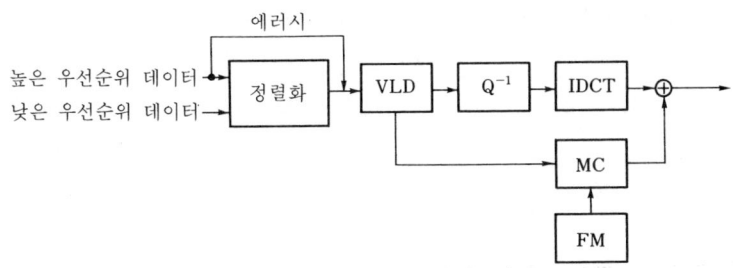

**그림 3.12  데이터 파티셔닝**

**(4) 시간 Scalability**    복수의 시간해상도를 실현하는 방식이다. 예를 들
면 30프레임/초의 인터레이스 화상(720화소×480라인)을 하위층에, 60프
레임/초의 인터레이스 화상(프로그레시브 화상)을 상위층에 설정할 수 있
다. 이것에 의해 **그림 3.13**과 같이 상위층에서는 시간적인 해상도를 향
상시킬 수 있다. 또한 상위층의 복호는 하위층의 복호화상을 예측화상으
로 이용하고 있다. 게다가 다른 계층방식과 마찬가지로 하위층을 우선순

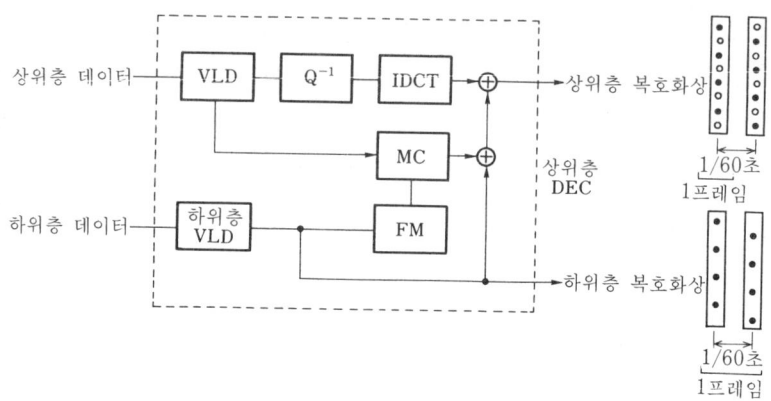

그림 3.13 시간 Scalability

위가 높은 채널로 전송함으로써 에러 내성을 갖게 할 수도 있다.

## [4] 프로파일과 레벨

전술했듯이 MPEG-2는 다양한 어플리케이션의 요구 조건을 만족시킬 만한 범용표준을 지향하고 있다. 그렇지만 모든 요구 조건을 만족시키는 표준은 때로는 복잡하고, 게다가 특정 어플리케이션에는 불필요한 부분이 나올 수도 있어 실용적이지는 않다.

또한 부호화의 대상이 되는 화상 사이즈에 관해서도 하드웨어 규모를 직접 좌우하기 위해 어떠한 경우에나 최대의 화상 사이즈를 복호할 수 있는 복호기를 이용하는 것은 실용적이지 못하다. 이 때문에 MPEG-2에서는 현재의 영상 어플리케이션의 시장성을 고려하여 부호화 기능을 나타내는 프로파일과 부호화 대상이 되는 화상 사이즈를 나타내는 레벨을 파라미터로 한 양식을 분류하였다. 이 양식 분류에 의해 각 어플리케이션에 맞는 필요한 복수 양식의 표준을 실현할 수 있었다. 표 3.2는 현재 규정되어 있는 16종류의 어플리케이션과 레벨 양식을 나타낸 것이다. 그 외의 양식에 대해서는 금후 필요하면 ISO가 수정안 (Amendment)으로 추가작업을 실시할 것이다. 이들 양식은 모두 계층적인 관계로 이루어져 있으며, 어떤 양식의 복호기는 그것보다 하위의 레벨, 프로파일의 양식에 기초하는 부호화 비트스트림을 재생할 수 있어야 한다. 예를 들면 메인 프로파일(Main Profile)의 메인 레벨(Main Level)(MP@ML이라 부른다)의 복호기는 MP@ML의 비트스트림 뿐만 아니라 MP@LL(메인 프로파일 : Main Profile, 로

레벨 : Low Level의 양식)과 SP@ML(심플 프로파일 : Simple Profile, 메인 레벨 : Main Level 양식)의 비트스트림을 복호할 수 있어야 한다.

또한 프로파일은 모두 7개로 나뉘어져 있는데 크게 나누면 Scalability기능이 없는 심플(SP), 메인(MP), 4:2:2(4:2:2)와 Scalability기능이 있는 SNR Scalability(SNP), 공간 Scalability(SP), 하이 프로파일(HP) 및 멀티 뷰(MVP) 등 두 종류가 된다. ITU의 디지털 스튜디오 기준인 (4:2:2) 컴포넌트 신호에 대해서 메인 프로파일에서는 두개의 색차 신호를 라인별로 홀수 라인에는 *R-Y*를, 짝수 라인에는 *B-Y*를 번갈아 보내는 (4:2:0)신호를 복호화 대상으로 정하고 있다. 또한 메인 프로파일에서는 전술한 I, P, B의 모든 부호화 프레임을 복호할 수 있는 것을 필수 조건으로 하고 있다. 한편 심플 프로파일에서는 부호화에 의한 지연을 적게 하고 동시에 하드웨어의 간이화를 도모하기 위해 B프레임 설정은 하지 않는다.

SNR Scalable 프로파일에서는 (4:2:0)신호에서 2계층의 Scalability가 가능하며, 공간 Scalable 프로파일에서는 3계층까지의 Scalability가 허용된다. 하이 프로파일은 (4:2:0) 또는 (4:2:2)신호에 있어서 SNR과 공간 등 두개의 Scalability 기능을 가지며 공간 Scalability로 분할된 두 계층의 신호 중 어느 한 계층에 SNR Scalability를 적용하여 최대 세개 계층까지의 Scalability를 실현할 수 있다.

4:2:2 프로파일과 멀티프로파일은 Amendment로서 최근에 추가된 프로파일이다. 4:2:2 프로파일은 스튜디오용 디지털 영상 부호화용에 규정된 프로파일로 (4:2:0)신호를 대상으로 하고 있는 MP@ML을 하위층으로 하여 상위층에 (4:2:2) 신호에 필요한 색차 정보를 더하고 있다.

멀티뷰 프로파일은 스테레오 화상과 같은 다시점 화상을 부호화하기 위한 기능으로 하위층은 좌측 화상을 메인 프로파일로 부호화하고, 상위층은 시간

**표 3.3  프로파일과 레벨**

| 레벨/<br>프로파일 | 심플<br>(SP) | 메인<br>(MP) | SNR<br>Scalability<br>(SNP) | 공간<br>Scalability<br>(SP) | 하이<br>(HP) | 4:2:2<br>(4:2:2) | 멀티<br>뷰(MVP) |
|---|---|---|---|---|---|---|---|
| 하이(HL) | | ○ | | | ○ | | ○ |
| 하이-1440<br>(H-14) | | ○ | | ○ | ○ | | ○ |
| 메인(ML) | ○ | ○ | ○ | | ○ | ○ | ○ |
| 로(LL) | | ○ | ○ | | | | ○ |

Scalability기능을 이용하여 우측 화상을 부호화하고 있다.

레벨은 부호화의 대상이 되는 화상의 수평 화소 수, 수직 라인 수, 매초 프레임 수 등의 각 상한을 규정하고 있다. 예를 들면 메인 프로파일의 경우 LL에서 최대 4Mb/s, ML에서 최대 15Mb/s, HL에서 최대 80Mb/s가 된다. 표 3.2의 시방 분류 중 MP@ML은 디지털 방송이나 디지털 비디오디스크와 같은 광범위한 어플리케이션을 의식한 것으로 통신, 방송, 패키지 미디어 등 다양한 분야에서의 이용이 기대되고 있다.

## 3.3  국제표준 부호화 방식

ITU에서는 지금까지 소재 및 분배용의 디지털 부호화 방식으로서 J.80(구 Rec.721)과 J.81(구 Rec.723) 을 권고하고 있다. J.80은 140Mb/s 전송용으로, 2차원 필드 내 DPCM과 6비트 고정길이 양자화(왕복 양자화에 의해 127레벨을 실현)의 조합으로 (4:2:2)신호를 부호화하는 것이다.

한편 J.81은 2장에서 설명한 동적 보상 프레임간 DCT방식의 권고로 유럽 (34Mb/s)과 미국/일본(45Mb/s)의 제3 디지털 계층에서의 TV전송을 목적으로 하고 있다.

이들 권고에 기초하는 하드웨어화는 이미 실시되고 있으며, 특히 J.81에 관해서는 유럽에서 상용 서비스로 공급되고 있다. 따라서 일본을 비롯하여 유럽, 미국이 MPEG-2를 디지털 방송 규격으로 인정함으로써 프로그램 소재용 J.81과 MPEG-2와의 디지털 접속 형태가 발생한다. 이 종속접속에서는 부호화 잡음이 뒷단의 부호화 효율을 크게 저하시키는 요인이 되기도 하기 때문에 점차적 열화 대책이 과제로 남아 있다.

ITU에서는 이밖에 TV회의용 저비율(P×64kb/s) 부호화를 위해 H.261을 권고하고 있다. 이것은 MPEG-1이나 MPEG-2의 베이스가 된 것으로 J.81과 마찬가지로 동적보상 프레임간 DCT방식을 채용하고 있다. 그렇지만 입력신호로서 J.81은 (4:2:2)신호인 것에 대해서 H.261에서는 전술한 CIF를 부호화의 대상으로 하고 있다.

# 3.4 부호화 방식의 전망

DCT를 이용하는 고능률 부호화에서는 모기 잡음이라 불리는 윤곽부분에 발생하는 흔들림과 같은 왜곡과 블록 왜곡 등 두개의 잡음이 특히 시각적으로 눈에 잘 띄기 쉬워 문제가 된다. 이러한 왜곡을 줄이는 방법에 대해 활발한 논의가 진행되고 있다. 서브밴드 부호화는 화상신호를 필터처리에 의해 몇 개의 주파수 대역으로 분할하여 각 주파수 대역에 적합한 부호화 알고리즘을 적용하고 다시 필터처리를 함으로써 화상을 재생하는 방법이다.

이 서브밴드 부호화 방식의 이점은 변환과정에서 블록화 처리를 하지 않기 때문에 DCT에서 볼 수 있는 블록 왜곡은 원칙적으로 발생하지 않는다. 게다가 DCT보다도 정밀하게 주파수 대역에 분할되기 때문에 전술한 인간의 시각 특성을 보다 정확하게 양자화에 반영하기 쉽다는 이점이 있다. 또한 응용면에서는 HDTV와 현행 TV와 같이 해상도가 다른 화상을 계층적으로 부호화하는 데에도 적합하다고 할 수 있다.

이 서브밴드방식에서 그림 3.11과 같이 특히 저역 측에만 재귀적으로 분할해 가면 웨이브렛 변환을 실현할 수 있다. 이 변환에서는 전술한 DCT에 의한 두 개의 주요한 잡음이 크게 경감된다. 즉 주파수가 낮아질수록 세밀한 주파수 분할이 이루어지기 때문에 기저(基底) 함수의 표본점의 간격이 길어지며, 변환처리를 하는 단위 블록의 크기는 주파수에 반비례한다. 이 때문에 특히 고주파 성분에서 발생하는 양자화 잡음이 저주파 성분의 블록 전체로는 확대되지 않으며, DCT 특유의 모기 잡음이 눈에 띄지 않는다. 또한 그 기저에 인접하는 블록에서 오버랩 되기 때문에 블록 왜곡도 발생하지 않는다.

한편 DCT나 서브밴드 부호화와 같이 화상을 시간적인 신호로 파악하는 것이

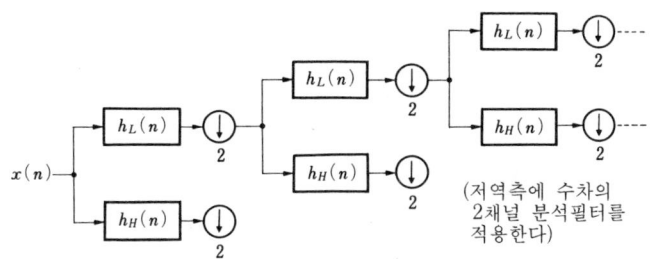

**그림 3.14 웨이브렛 변환**

아니라, 여러 가지 패턴의 확대축소 등과 같은 사상의 집합체로 파악하여, 사상의 기능과 패턴 생성규칙을 부여함으로써 화상을 재생하는 fractal을 응용한 부호화방식이다.

자연계에는 눈송이, 토성의 고리, 인간의 장벽 등 도처에서 자신과 닮은 fractal 도형을 관찰할 수 있다. 이것을 부호화의 관점에서 보면 기본이 되는 형상만 추출할 수 있으면 똑같지는 않더라도 비슷한 도형을 그 기본형상을 기초로 하여 재생할 수 있을 것이다.

아주 적은 부호량으로 매우 복잡한 화상을 표현할 수 있는 가능성이 있어, 미래의 부호화 방식으로 기대되고 있다.

# 참고문헌

（1） 村上仁己：“テレビ信号の高能率符号化”, テレビ誌, **39**, 11, pp. 1110-1117 （1985）

（2） 松本修一, 羽鳥好律, 村上仁己：“テレビジョン信号の中央値予測方式―フレーム間, フィールド間, フィールド内適応予測符号化の応用―”, 信学論(B), **J66-B**, 4, pp. 421-428 （1983）

（3） 二宮佑一, 大塚吉道：“フレーム間における動き補正”, 信学技報, IE 78-6 （1978）

（4） J. O. Limb and J. A. Murphy : “Estimating the velocity of moving images from television signals”, Comput. Graph. Inf. Process, pp. 311-327 （1975）

（5） A. Netravali and B. Prasada : “Adaptive quantization of picture signals using spatial masking”, Proc. IEEE, **65**, pp. 536-548 （1977）

（6） J. L. Mannos and D. J. Sakrison : “The effect of a visual fidelity criterion on the encoding of images”, IEEE Trans. Inform. Theory, **IT-20**, 7, pp. 525-536 （1974）

（7） ITU 勧告 BT. 601-4 : “Studio Encoding Parameters of Digital Television for Standard 4 : 3 and Wide-Screen 16 : 9 Aspect Ratios” （1995）

（8） 浜田高宏, 松本修一：“画像の局所的変化度による雑音マスキング効果を考慮した直交変換係数の最適量子化法”, 信学論 (B-I), **J75-B-I**, 12, pp. 791-801 （1992）

（9） “Information Technology―Generic Coding of Moving Pictures and Associated Audio Recommendation H. 262 ISO/IEC 13818”, Draft International Standard （1994）

（10） 中島康之：“画像圧縮の本命方式 MPEG 2 の全貌”, データ圧縮とディジタル変調 95 年版, 日経エレクトロニクスブックス, pp. 59-86 （Oct. 1994）

（11） 中島康之, 尾高敏則, 田原勝己：“ビデオ圧縮”, テレビ誌, **49**, 4, pp. 435-466 （1995）

（12） 安田　浩編著：“MPEG/マルチメディア符号化の国際標準”, 丸善 （1994）

（13） 尾高敏則, 山影朋夫, 山口　昇：“インタレース対応動き補償予測方式, Dual-Prime”, 情処研報 （オーディオビジュアル複合情報処理）, **94**, 53, pp. 17-24 （June 1994）

（14） “Information Technology―Generic Coding of Moving Pictures and Associated Audio Information ― Part 2 : Video Amendment 2 : 4 : 2 : 2 Profile”, Draft Amendment ISO/IEC 13818-2 : 1995/DAM 2 （1995）

（15） “Information Technology―Generic Coding of moving Pictures and Associated Audio : Video ISO/IEC 13818-2 Amendment 3”, ISO/IEC 13818-2 : 1996/ DAM 3 （1996）

(16)  ITU 권고 J. 80 : "Transmission of Component—Coded Digital Television Signals for Contribution—Quality Applications at Bit Rates Near 140 Mbit/s" (1993)

(17)  ITU 권고 J. 81 : "Transmission of Component—Coded Digital Television Signals for Contribution—Quality Applications at the Third Hierarchical Level of CCITT Recommendation G. 702" (1993)

(18)  ITU 권고 H. 261 : "Video Codec for Audiovisual Services at P×64 kbit/s" (1990)

(19)  "Information Technology—Coding of Moving Picture and Associated Audio for Digital Storage Media at Up to about 1.5 Mbit/s", ISO/IEC 11172 (1993)

(20)  J. W. Woods and S. D. O'Neil : "Sub-band Coding of Images", IEEE Trans. **ASSP-34**, pp. 1278-1288 (1986)

(21)  S. G. Mallat : "A Theory for Multiresolution Signal Decomposition : The Wavelet Representation", IEEE Trans., **PAMI-11**, pp. 69-87 (1989)

(22)  斉藤隆弘, 鄭 且根 : "新しい画像符号化技術—フラクタル理論を中心として—", 信学誌, **75**, 12, pp. 1343-1355 (1992)

# Digital Broadcasting

## 4

### 오디오신호의 고효율 부호화

디지털 신호처리기술을 이용한 오디오부호화의 기본에 대한 것과 MPEG 오디오 알고리즘에 대해 살펴보기로 한다. MPEG-1 오디오 알고리즘은 복잡도와 부호화 품질에 따라서 계층 I/II와 계층 III로 분류된다. 계층 I/II는 서브밴드 부호화에, 계층 III는 서브밴드 부호화와 적응변환 부호화를 조합한 하이브리드 부호화에 기초하고 있다. 그래서 본 장에서는 우선 오디오 부호화의 기본 방식인 서브밴드 부호화와 적응변환 부호화에 대해 설명하도록 한다. 적응변환 부호화에서는 프리에코 억제를 위해 적응 블록길이 선택기술이 채용되어 있다. 또한 블록경계 왜곡은 변형이산 코사인 변환을 이용하여 억제되고 있다. 게다가 이들 부호화 방식에서는 종합적인 부호화 품질을 개선하기 위해 인간의 청각특성을 이용한 비트할당이 적용되고 있다. 이러한 기본적인 요소기술을 소개한 뒤, 최신 오디오 부호화 요소기술을 모아 표준화할 수 있고 각종 오디오 부호화 기술의 기본이 되는 MPEG-1 오디오 알고리즘에 대해 설명한다.

## 4.1 고효율 부호화가 필요해진 배경

최근의 비약적인 디지털 신호처리기술의 진보와 함께 디지털 방송기술이 주목을 받고 있다. 방송의 디지털화는 위성방송, 지상방송, CATV 등에 있어서의 채널 수의 증가, HDTV로 대표되는 영상품질향상을 가능케 한다. 영상품질향상과 더불어 영상과 함께 전송되는 음성신호에 대한 품질향상이 요구되는 것은 매우 자연스러운 현상이다. 즉 광대역화에 의한 고품질화로, 음성신호가 아니라 오디오(광대역음향)신호의 전송이 요구되고 있다. 방송에서의 오디오 신호방송은 지금까지 ITU-R (구 CCIR : 국제무선통신자문위원회)에서 표준화가 진행되어 왔지만, 실제로는 ISO에서 표준화된 오디오 부호화 알고리즘 즉, MPEG 오디오 알고리즘의 일부가 권고되고 있어 그 중요성이 커지고 있다.

## 4.2 오디오 부호화의 대표적인 알고리즘

오디오 부호화에서는 서브밴드 부호화(Sub-band Coding : SBC) 방식과 적응변환 부호화(Adaptive Transform Coding : ATC) 방식이 대표적인 알고리즘이다. 양쪽 모두 음성신호보다 훨씬 넓은 대역내에 존재하는 신호 에너지의 편재를 이용하여 부호화 효율을 높일 수 있다.

## [1] 서브밴드 부호화

서브밴드 부호화는 입력신호를 복수의 주파수대역으로 분할하여, 각 대역에 편재된 전력을 이용하면서 각 대역에서 독립적으로 부호화를 실시한다. 즉 서브밴드에 분할함으로써 각 서브밴드 내에서의 신호 에너지의 편재를 감소시켜 다이내믹 레인지를 감소시켜, 각 서브밴드의 신호 에너지에 맞는 비트를 할당한다. 대역분할은 복수의 직교경상(直交鏡像) 필터(QMF)를 이용하여 대역의 2분할을 반복하는 트리 구조에 의해 달성할 수 있다. 분할된 저대역과 고대역의 신호 샘플은 각각 1/2로 줄어들어 샘플링 주파수가 1/2이 된다. 이렇게 QMF를 이용하

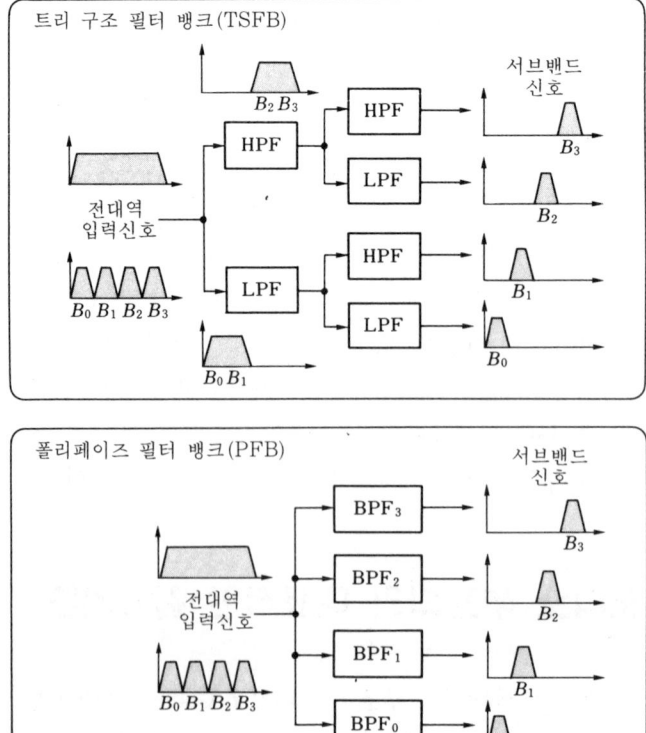

그림 4.1 QMF 필터 뱅크에 의한 서브밴드 분석

여 대역분할/합성을 하는 필터들은 트리 구조 필터 뱅크(Tree Structured Filter Bank : TSFB)라 불린다. TSFB의 등가표현에 폴리페이즈 필터 뱅크(Polyphase Filter Bank : PFB)가 있다. TSFB, PFB에 있어서의 필터들로는 FIR(Finite Impulse Response) 필터, IIR(Infinite Impulse Response) 필터 양쪽을 다 사용할 수 있다. FIR 필터의 채용을 가정하면 필터 뱅크의 구성 및 솎아내기 조작을 통해 PFB는 TSFB에 비해 연산량을 줄일 수 있다. 또한 PFB는 TSFB에 비해 지연시간이 적다. 따라서 실현에는 통상 FIR 필터에 기초한 PFB가 이용된다. 그림 4.1은 TSFB 와 PFB에 의한 4대역 분할 예이다. QMF 필터 뱅크(TSFB/PFB)는 대역분할과 그 역 연산인 대역합성을 통해 입력신호를 완전히 복원할 수 있는 설계법이 확립되었다.

## [2] 적응변환 부호화

변환 부호화(Transform Coding)는 입력신호에 선형변환을 실시하여 전력 집중성을 높인 뒤 양자화를 함으로써 부호화 효율을 개선한다. 특히 적응비트 할당 방식은 보통 적응변환 부호화라 불린다. 선형변환에서는 Fourier변환, 코사인 변환 등이 이용된다. 그림 4.2는 피아노 신호의 시간영역파형과 블록길이 $N=$ 1024인 코사인 변환을 이용하여 구한 주파수 영역파형의 일례이다. 시간영역파형에서는 1～1024번째의 샘플까지 비교적 평균적으로 에너지가 분포하고 있다.

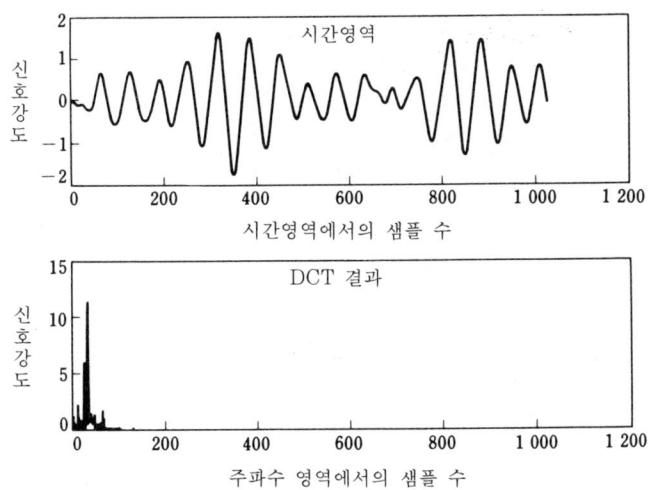

**그림 4.2 코사인 변환에 의한 에너지 집중(피아노)**

이것에 대해 주파수 영역파형에서는 에너지가 30번째 샘플 근방의 저역에 집중되어 있어 부호화 효율을 개선할 수 있다는 것을 쉽게 이해할 수 있다.

## 4.3 기본적인 요소기술

### [1] 심리 청각 효과를 이용한 양자화

서브밴드 부호화나 적응변환 부호화도 심리 청각 특성을 이용하여 인간이 좀 더 쉽게 지각할 수 있는 대역의 신호열화를 최소화하도록 어떤 종류의 효과를 가하여 양자화함으로써 더욱 종합적인 부호화 품질을 개선할 수 있다. 심리 청각 효과(Psychoacoustic Weighting)는 절대가청 한계값(Absolute Threshold)과 마스킹

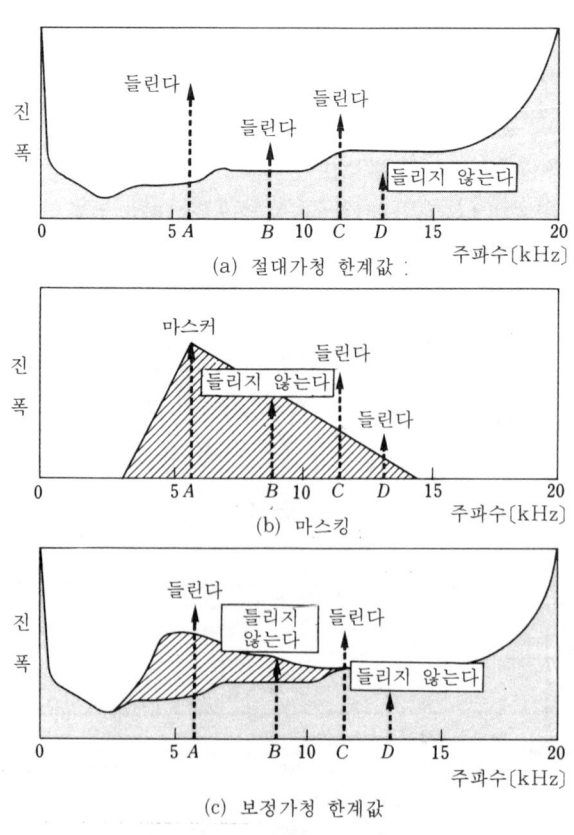

그림 4.3 마스킹 한계값

효과로 결정되는 상대가청 한계값을 이용하여 보정가청 한계값(Temporal Threshold)을 차례로 구하는 것이다. 비트 할당은 이 보정가청 한계값에 기초하여 실시된다.

그림 4.3(a)와 같이 인간은 절대가청 한계값보다 큰 음압만 지각할 수 있다. 따라서 주파수 성분 A, B, C는 들리지만 D는 들리지 않는다. 또한 큰 음압을 가지는 주파수 성분의 근방에 위치하는 작은 음압의 주파수성분도 마스크 되어 지각할 수 없다. 이 마스킹 효과는 마스크하는 큰 음압성분(마스커)에서부터 주파수축상에서 떨어질수록 약해지고, 마스커의 저역측보다 고역측에서 광범위하게 미친다. 마스킹의 일례를 그림 4.3(b)에 나타낸다. 주파수성분 B는 마스커 A에 마스크 되어 들리지 않지만 C, D는 마스킹 곡선보다 음압이 크기 때문에 들리게 된다. 즉 마스커 근방의 주파수 성분 B와 같이 절대가청 한계값보다 음압이 커도 마스커 A에 의해 결정되는 마스킹 곡선보다 작은 경우에는 지각할 수 없게 된다. 이것은 마스커의 근방에서 등가적으로 보정가청 한계값이 상승하는 것을 의미한다. 그림 4.3(c)에 그림 4.3(a), (b)에서 얻은 보정가청 한계값을 나타낸다. 이렇게 하여 얻어진 보정가청 한계값을 넘는 주파수성분에만 그 음압과 보정가청 한계값의 차이에 따른 비트를 할당함으로써 효율적인 부호화를 달성할 수 있다.

## [2] 적응 블록길이 ATC

적응변환 부호화(ATC)에서는 복수 샘플을 정리한 블록 단위로 선형변환이 실시되는데, 보통 큰 블록길이를 이용하는 쪽이 높은 해상도를 얻을 수 있어, 부호화 품질이 향상된다. 그러나 급격히 신호진폭이 치솟는 부분에서 큰 블록길이를 채용하면 프리 에코라 불리는 선행잡음이 발생한다. 이것은 단일 블록 속에서 신호의 진폭이 급격히 변하기 때문에 발생한다. 부호화에 있어서의 양자화 왜곡은 단일 블록 내에 균일하게 분포하는데, 신호진폭이 작은 부분에서 이 왜곡이 지각되기 때문이다.

다른 블록길이에 의한 프리 에코의 차이를 그림 4.4에 나타낸다. 그림 (a), (b), (c)는 각각 원음(드럼스), 블록길이 N=256에 의한 부호화복호 신호, 블록길이 N=1024에 의한 부호화복호 신호를 나타낸다. 그림 (c)에서는 신호진폭이 급격히 증대하는 부분에 선행하여 잡음이 발생하고 있다. 그림 (b)에서는 (c)에 비해 선행잡음 발생시간이 짧다. 따라서 짧은 블록길이를 채용함으로써 프리 에코를 억

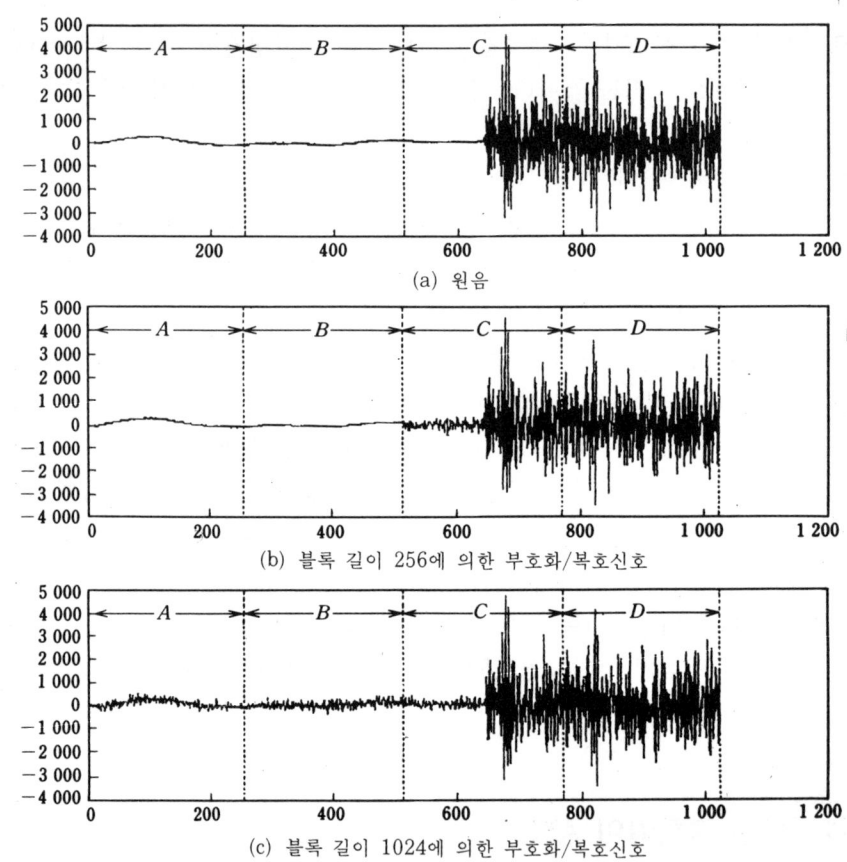

(a) 원음

(b) 블록 길이 256에 의한 부호화/복호신호

(c) 블록 길이 1024에 의한 부호화/복호신호

그림 4.4　다른 블록길이에 의한 프리 에코(드럼스)

제할 수 있다.

그러나 비교적 정적인 신호에 대해 짧은 블록길이를 적용하면 해상도가 열화하여 부호화 효율이 저하된다. 또한 실제로 양자화된 신호성분 이외의 보조 정보도 1블록에 대해 1세트가 필요하기 때문에 블록길이가 길수록 효율이 좋다. 이러한 프리 에코에 관련한 상반된 요구는 입력신호의 성질에 따라서 블록길이를 바꿈으로써 대응할 수 있다.

## [3] 변형이산 코사인 변환(MDCT)

ATC에 있어서의 또 하나의 문제는 블록 왜곡이다. 블록 부호화에서는 필연적인 것으로 블록경계에 인접한 신호샘플은 시간축상에서 연속해 있음에도 불구하고 다른 블록에 속하기 때문에 다른 정밀도로 양자화된다. 따라서 블록 경계 근방에서 양자화 잡음의 불연속성이 자각되기 쉬워진다. 이 문제에 대해서는 입력신호에 창 함수를 건 뒤 오버랩 시켜서 부호화하는 방법이 채용되어 왔다. 그러나 오버랩 된 부분은 연속한 2블록에서 반복하여 부호화되게 된다. 이것은 블록왜곡 감소에 효과가 큰, 즉 긴 오버랩 길이에서 한층 더 부호화율 저하가 초래된다는 것을 의미한다. 이 문제는 Time-Domain Aliasing Cancellation (TDAC)에 의해 해결할 수 있다.

TDAC는 인접 블록 사이에서 50%의 오버랩을 한 뒤 창 함수에 의한 필터조작을 통해 계속 연산하는 DCT의 시간 항에 오프셋을 도입함으로써 얻어진 변환계수가 대칭이 된다. 따라서 부호화할 필요가 있는 변환계수는 블록 길이의 1/2이 되고, 50% 오버랩에 의해 발생하는 효율열화를 상쇄할 수 있다. TDAC는 DCT연산에 오프셋 항을 도입한 형으로 표현되기 때문에 부호화에서는 왜곡이산 코사인 변환(MDCT : Modified Discrete Cosine Transform)이라 불리는 경우가 많다.

# 4.4 MPEG 오디오 알고리즘

## [1] 기본 알고리즘 구성

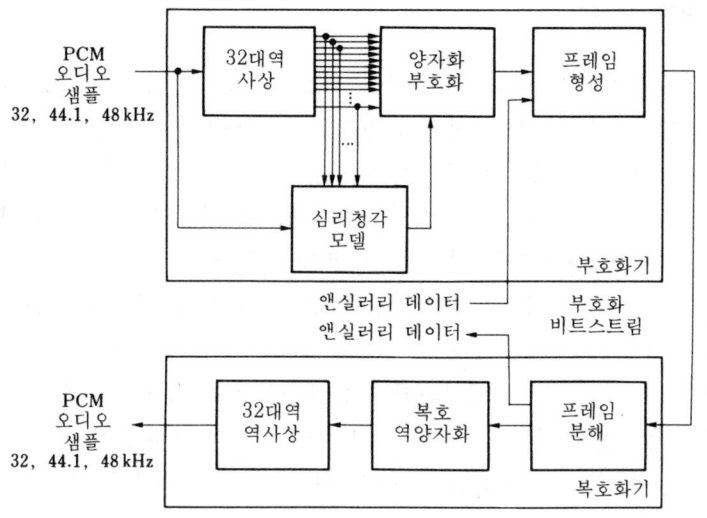

그림 4.5 MPEG 오디오 알고리즘의 블록도

그림 4.5는 MPEG 오디오 알고리즘의 기본 구성을 나타낸 것이다. 16비트 직선 양자화된 PCM 입력신호는 시간영역에서 32의 주파수 대역에 사상된다. 한편, 양자화에 있어서의 비트 할당을 위해 심리청각에 기초한 양자화 오차의 마스킹 레벨이 계산된다. 구해진 사상신호는 심리청각 모델에 기초한 비트 할당에 따라서 양자화되어 부호화 된 후 앤실러리 데이터를 포함시켜 프레임에 조합된다. 복호는 우선 앤실러리 데이터를 분리하고 프레임을 분해한다. 이어서 사이드 정보로서 보내진 비트할당에 기초하여 복호, 역양자화가 실시된다. 역양자화 신호를 역사상함으로써 시간영역신호가 복원된다. 실제로는 그림 4.5의 기본구성에 기초하여 계층 Ⅰ, 계층 Ⅱ 및 계층 Ⅲ 등 세 종류의 알고리즘이 규정되어 있다.

계층 Ⅰ에서 계층 Ⅲ의 순서로 복잡해지는데 동시에 음질도 향상된다. 음질은 또한 사용하는 비트율에도 의존한다. 계층 Ⅰ에서 계층 Ⅲ에 대해 32kb/s에서 각각 448kb/s, 384kb/s, 320kb/s까지의 14종류의 비트율이 규정되어 있는데, 각 계층이 주대상으로 하는 비트율(목표 비트율)은 한정되어 있다.

본 장에서는 계층 Ⅰ/Ⅱ의 부호화 순서에 중점을 두어 설명하고, 계층 Ⅲ에 대해서는 개요를 소개하고자 한다. 표준화의 역사, 주관평가에 의한 표준 알고리즘의 성능, 스테레오 부호화에 대한 자세한 사항은 참고문헌 (12)를 참조하기 바란다.

## [2] 계층 Ⅰ/Ⅱ

계층 Ⅰ/Ⅱ는 그림 4.5의 기본구성에 대부분 따르고 있으며, 그림 4.6의 블록도로 표현된다. 16비트의 직선으로 양자화된 입력신호는 서브밴드 분석 필터에서 32대역의 서브밴드신호로 분할된다. 필터는 512 탭 PFB로 표현된다. 각 서브밴드신호에 대해 스케일 팩터를 계산하고, 다이내믹 레인지를 갖춘다. 스케일 팩터의 계산은 계층 Ⅰ에서는 각 대역 12샘플마다 즉 전체적으로 384 샘플마다, 계층 Ⅱ에서는 그 3배인 1152 샘플을 1블록으로 하여 384샘플마다 실시된다. 이 때문에 계층 Ⅱ에서는 해상도가 증가하고 부호화 품질이 향상된다. 계층 Ⅱ의 스케일 팩터의 수는 계층 Ⅰ의 3배가 되는데 세 개의 스케일 팩터의 조합에 따라서 하나의 새로운 값을 할당해서 표현하여 압축률 저하를 막는다.

한편 입력신호를 고속 Fourier변환(FFT)한 결과를 이용하여 마스킹을 계산하고, 각 서브밴드에 대한 비트할당을 결정한다. 이 비트할당에 이미 설명한 심리

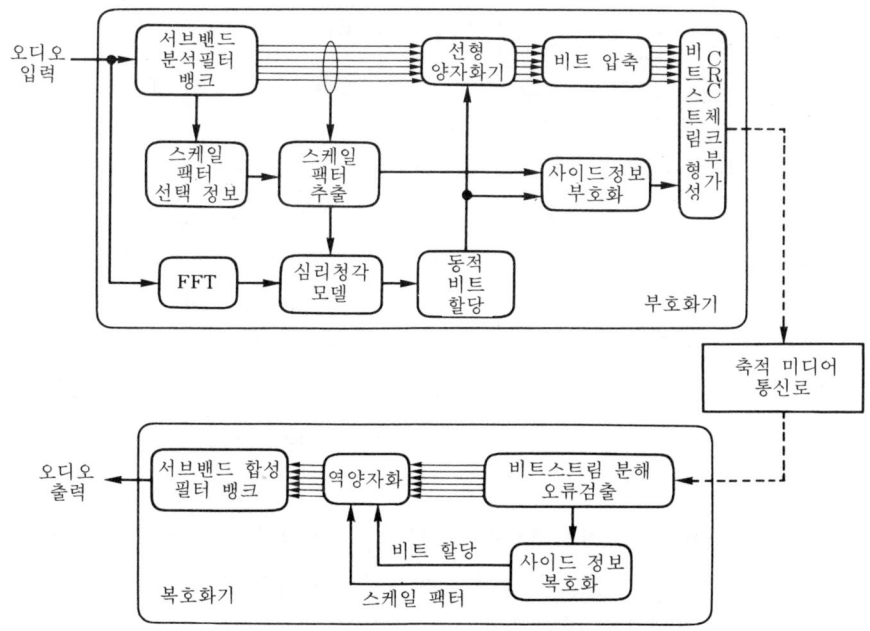

그림 4.6 계층 I/II 알고리즘 블록도

청각 효과가 이용된다. 구해진 비트할당에 따라서 양자화된 서브밴드 신호는 헤더, 보조 정보와 함께 비트스트림에 포맷되어 부호화기에서 출력된다.

복호화기에서는 부호화기와 거의 반대의 처리가 실시된다. 압축된 신호는 비트스트림에서 헤더, 보조 정보, 양자화된 서브밴드 신호로 분해된다. 서브밴드 신호는 할당된 비트 수로 역 양자화되고, 서브밴드 합성 필터에서 합성된 후 출력된다. 이하, 각 처리에 대해 상세한 설명을 하겠지만, 대상은 부호화에 한정한다. 복호화는 기본적으로 부호화 과정을 반대로 거슬러 가면 된다.•

**(1) 서브밴드 분석**　PFB에 의해 아래와 같은 순서로 실시된다.

① 512의 입력신호 샘플 $X_0 \cdots X_{511}$, 필터 계수 $C_0 \cdots C_{511}$에 대해서

$$Z_i = C_i \cdot X_i \quad (i = 0, 1, \cdots, 511) \tag{4.1}$$

② 주기 가산신호 $Y_i$ 를

$$Y_i = \sum_{j=0}^{7} Z_{64j+i} \tag{4.2}$$

③ 서브밴드 출력 $S_i$ 를

$$S_i = \sum_{k=0}^{63} Y_k \cdot \cos \frac{(2i+1)(k-16)\pi}{64} \qquad (4.3)$$

에 따라서 계산한다.

**(2) 스케일 팩터 추출**    계층 Ⅰ에서는 각 서브밴드마다 12샘플을 1블록으로 하여 절대값이 최대가 되는 샘플을 탐색한다. 주어진 스케일 팩터의 표에서 위의 최대 샘플보다 큰 최소값을 선택하여 스케일 팩터로 한다. 계층 Ⅱ에서는 각 서브밴드마다 12샘플을 1블록으로 하는 연속 3블록에 대해서 계층 Ⅰ과 같은 절차로 세 개의 스케일 팩터를 결정한다. 다음에 인접하는 두개의 스케일 팩터의 차이분을 계산하여, 이들 차이 분의 연속 패턴을 1비트의 스케일 팩터 선택 정보와 1~3비트의 전송 패턴으로 표현한다.

**(3) 심리청각분석**    심리청각분석 모델로서 모델 1과 모델 2가 표준 알고리즘으로 표시되어 있다. 본 장에서는 지면의 제약상 구성이 간단하고 실현이 용이한 모델 1을 이용하여 심리청각분석 방법의 기본을 설명한다.

(a) **FFT분석**    입력신호를 계층 Ⅰ은 512, 계층 Ⅱ는 1024의 블록길이로 FFT한다. FFT 실시할 때에 PFB의 지연 및 FFT 데이터의 중심과 PFB출력 데이터의 중심이 일치하도록 고려해야 된다.

(b) **각 서브밴드에서의 음압 계산**    각 서브밴드의 음압을 주파수 영역의 FFT출력과 FFT분석의 1블록 내에서 최대가 되는 스케일 팩터 중 큰 쪽의 값으로 정의한다.

(c) **순음 성분과 비순음 성분의 선별**    양 옆의 스펙트럼 라인보다 크고, 좌우로 j 샘플만큼 떨어진 모든 스펙트럼 라인보다 7dB 큰 스펙트럼 라인을 순음성분으로 한다.

이것은 실제로는

1. $X(k) > X(K-1)$과 $X(k) \geq X(k+1)$을 동시에 만족하는 스펙트럼 라인 $X(k)$를 검출한다.

2. $X(k) - X(k+j) > 7dB$를 만족하는 스펙트럼 라인을 선택한다.

이와 같은 2단계의 절차로 달성된다. $j$의 값은 계층 Ⅰ과 계층 Ⅱ 각각에 대해 주파수 대역마다 주어지고 있다. 즉 $j$로 결정된 범위 가운데 다른 것에 비해 돌출한 스펙트럼 라인을 순음 성분이라 정의하는 것을 의미한다.

이상의 절차로 구한 순음 성분에 인접하는 스펙트럼 라인의 음압을 순음 성분의 음압에 가산한다. 즉 $X(k)=X(k)+X(k-1)+X(K+1)$을 실행한다. 그 후 $j$로 주어지는 범위 내에 존재하는 $X(k)$ 이외의 스펙트럼 라인을 모두 0으로 재설정한다. 이상의 절차에서 주어진 순음 성분 이외의 스펙트럼을 각 임계대역 내에서 모두 가산하여 비순음 성분의 음압으로서 정의한다. 나아가 비순음 성분의 음압을 임계대역의 중심에 가장 가까운 위치에 재배치한다. 이 결과 각 임계대역 내에 존재하는 비순음 성분은 그 중심에 위치하는 성분 하나뿐이게 된다.

(d) **순음 성분과 비순음 성분의 삭감**    구해진 순음 성분과 비순음 성분 중 절대 한계값 미만의 것은 기각한다. 나아가 0.5바크 이내의 거리에 복수의 순음성분이 있는 경우에는 최대의 순음성분 이외의 것을 기각한다.

(e) **개별 마스킹 한계값의 계산**    순음과 비순음의 각 임계대역에서의 마스킹 한계값을 계산한다. 우선 이러한 계산에 이용하는 주파수축상의 장소에 고대역이 될수록 많이 줄이고, 최종적으로 예를 들면 48kHz 샘플링의 계층 I에서 102점, 계층 II에서 126점이 되도록 줄인다. 그곳에 가장 가까운 위치에 모든 순음비순음 성분을 재배치한다.

순음과 비순음의 마스킹 한계값 $LT_{tm}[z(j), z(i)]$와 $LT_{nm}[z(j), z(i)]$를, $j$번째의 마스커 음압 $X[z(j)]$, 순음성분에 대한 마스킹 지수 $av_{tm}[z(j)]$, 비순음 성분에 대한 마스킹 지수 $av_{nm}[z(j)]$ 및 마스킹 함수 $vf[z(j), z(i)]$를 이용하여 다음 식에 따라서 계산한다. 단, $z(i)$, $z(j)$는 각각 위치 $i$와 $j$를 임계대역 레이트로 표시된 값으로 참고문헌 (1)내의 표에 의해 주어진다.

$$LT_{tm}[z(j), z(i)]=X_{tm}[z(j)]+av_{tm}[z(j)]+vf[z(j), z(i)] \text{ [dB]}$$

$$LT_{nm}[z(j), z(i)]=X_{nm}[z(j)]+av_{nm}[z(j)]+vf[z(j), z(i)] \text{ [dB]}$$

$$av_{tm}[z(j)]=-1.525-0.275\ z(j)-4.5 \text{ [dB]}$$

$$av_{nm}[z(j)]=-0.525-0.175\ z(j)-0.5 \text{ [dB]}$$

$$vf[z(j), z(i)]=17(dz+1)-(0.4\times[z(j)]+6) \text{ [dB] } for\ -3\leq dz<-1$$

$$vf[z(j), z(i)]=(0.4\times[z(j)]+6)\times dz \text{ [dB] } for\ -1\leq dz<0$$

$$vf[z(j), z(i)]=-17\times dz \text{ [dB] } for\ 0\leq dz<1$$

$$vf[z(j), z(i)]=-(dz+1)\times(17-0.15\times X[(z(j)])-17 \text{ [dB] } for\leq 1\leq dz<8$$

$$dz = z(i) - z(j)$$

$-3 \leq dz < 8$로 표시되는 $dz$의 범위 외에는 연산량 삭감을 위해 $LT_{tm}[z(j), z(i)]$, $LT_{nm}[z(j), z(i)]$의 계산대상으로 하지 않는다.

(f) 전체적인 마스킹 한계값의 계산　저대역측 3바크, 고대역측 8바크 이내에 포함되는 순음 성분과 비순음 성분에 의한 마스킹 한계값을 가산하여 각 위치에서의 전체적인 마스킹 한계값을 계산한다.

(g) 최소 마스킹 레벨의 결정　각 서브밴드에 대응하는 주파수축상의 범위 내에서 최소의 전체 마스킹 한계값을 추출하여 최소 마스킹 레벨로 한다.

(h) 신호 대 마스크비의 계산　신호 대 마스크비(SMR)를 각 서브밴드의 음압과 최소 마스킹 레벨의 비(대수영역에서는 차이)로서 준다.

**(4) 비트 할당**　심리청각분석에서 구한 SMR을 이용하여 각 서브밴드에 어떻게 비트할당을 할 것인지 결정한다. 우선 이용 가능한 총비트에서 헤더, CRC 체크, 앤실러리 데이터 및 비트할당의 데이터를 빼서 할당 가능한 비트수를 계산한다. 이어서

① 최소 MNR(마스크 대 잡음비)을 가지는 서브밴드를 탐색한다.

② 해당 서브밴드의 양자화 스텝을 1단계 줄인다.

③ 새로운 양자화 스텝에 대응하는 신호 대 잡음비(SNR)를 표에서 선택하여 새로운 MNR을 구한다.

④ 현재의 할당 가능한 비트에서 현재의 양자화 스텝에 대응하는 비트 수를 감산하여 새로운 할당 가능한 비트 수를 구한다. 최소 MNR에 대응하는 서브밴드의 양자화 스텝이 0인 경우는 스케일 팩터용으로 6비트를 더 감산한다.

이러한 과정을 할당 가능한 비트가 양의 정수의 최소값이 되도록 반복한다.

**(5) 양자화**　각 서브밴드 샘플을 스케일 팩터로 정규화 한 값 $X(n)$, 서브밴드마다 할당된 비트 수에 대응한 값 $A(n)$과 $B(n)$을 이용하여 $A(n) \times X(n) + B(n)$에 따라서 양자화한다. 끝으로 상위 $N$비트를 취하여 최상위 비트를 반전시킨다.

계층 Ⅱ에서는 비트 이용효율을 향상시키기 위해 연속하는 3샘플 $x, y, z$에 대해서 주어진 양자화 스텝 수가 3, 5 또는 9인 경우의 부호화 샘플

$v_3$, $v_5$, $v_9$를

$$v_3 = 9z + 3y + x$$
$$v_5 = 25z + 5y + x$$
$$v_9 = 81z + 9y + x$$

로 준다. 계층 Ⅱ가 취할 수 있는 양자화 스텝 수의 종류도 낮은 구역에서는 15종류, 중간 구역에서는 7종류, 높은 구역에서는 3종류로 제한되어 있다.

(6) **비트스트림 작성**　양자화된 데이터는 사이드 정보와 함께 비트스트림을 형성한다. 그림 4.7에 계층 Ⅰ과 계층 Ⅱ의 비트스트림을 나타냈다. 계층 Ⅰ과 계층 Ⅱ의 비트스트림은 주로 슬롯길이, 스케일 팩터 선택정보를 격납하는 블록에 따라 달라지고 있다.

계층 Ⅰ

| 헤더 | 비트 할당 정보 | 스케일 팩터 | 서브밴드 샘플 | 앤실러리 데이터 |
|---|---|---|---|---|

계층 Ⅱ

| 헤더 | 비트 할당 정보 | 스케일 팩터 선택정보 | 스케일 팩터 | 서브밴드 샘플 | 앤실러리 데이터 |
|---|---|---|---|---|---|

**그림 4.7　계층 Ⅰ/ Ⅱ의 비트스트림**

## [3] 계층 Ⅲ

계층 Ⅲ는 계층 Ⅰ/Ⅱ에 비해 부호화 품질을 더욱 향상시키기 위해 많은 방법이 고안되고 있다. 그림 4.8은 계층 Ⅲ의 블록도를 나타낸 것이다. 계층 Ⅰ/ Ⅱ와 비교해 보면 새롭게 필터 뱅크와 직교변환을 조합시킨 하이브리드 필터 뱅크, 적응 블록길이 MDCT, Aliasing 왜곡 감소 버터플라이, 비선형 양자화 가변길이 부호화(허프만 부호화) 등이 도입되고 있다. 이러한 것들은 그러한 주파수 분해능력의 향상 및 데이터 용장성을 줄이는데 기여한다. 그 외의 기본 처리는 계층 Ⅰ/Ⅱ에 준하여 실행된다.

블록길이의 선택은 예측 불가능성(Unpredictability)을 이용한 심리청각 엔트로피에 기초하여 실시된다. 프리에코가 발생하는 어택 근방에서는 시간영역신호

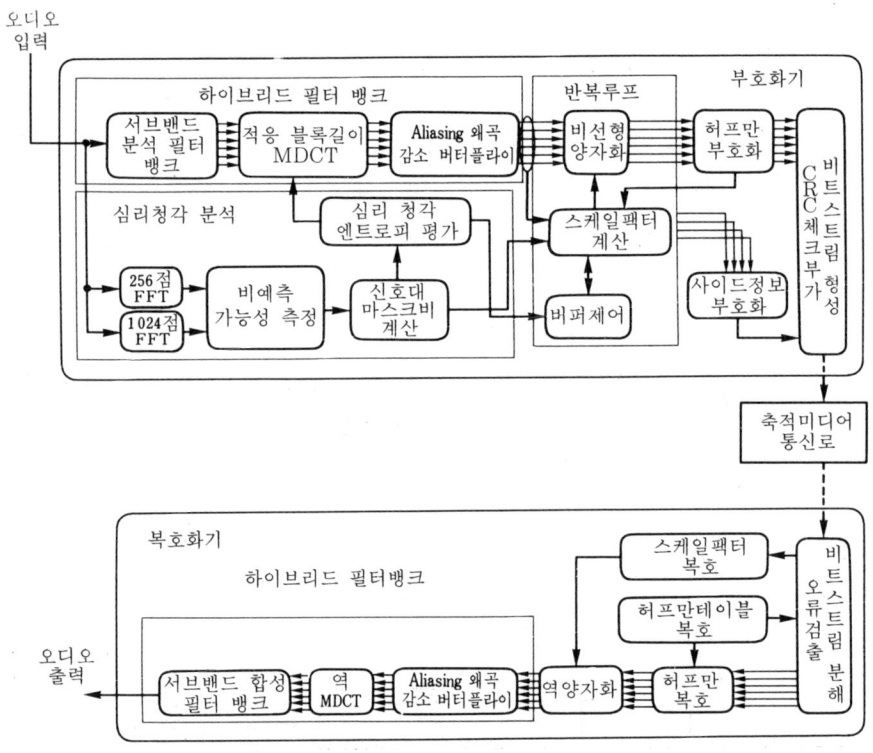

그림 4.8  계층 Ⅲ 블록도

의 급변과 더불어 고역성분이 증가하여 파워집중도가 감소하여 필요한 비트 수가 많아진다. 이 현상에 기초하여 심리청각 엔트로피가 미리 정해진 한계값을 넘었을 때에는 어택으로 판정하여 쇼트 블록으로 바꾼다.

　MDCT와 적응 블록길이를 조합시킬 경우에는 창 함수의 형상이 문제가 된다. TDAC는 인접하는 블록길이가 동일하다고 가정하고, 시간영역의 반환이 상쇄되도록 설계되어 있기 때문이다. 인접 블록길이가 다른 경우에 TDAC가 만족시켜야 할 창 함수의 조건에 대한 해석은 참고문헌 (10)에 보고되어 있다. 창 함수의 형상은 좌우대칭형도 가능하지만, 계층 Ⅲ에서는 장단 2종류의 대칭형과 2종류의 비대칭형을 채용하여, 인접하는 블록길이의 조합에 따라 선택 사용하고 있다. 계층 Ⅲ의 창 함수는 참고문헌 (9)에 나타난 대칭형보다 실질적인 오버랩이 길고, 블록 경계 왜곡 억제효과가 높다. 그러나 대칭형은 다음 블록의 사이즈에 창 함수형상이 존재하지 않기 때문에 부호화 지연이 적다. 4종류의 창 함수 즉

보통의 창, 스타트 창, 스톱 창, 짧은 창의 형상과 어택 전후에 있어서의 창 함수
의 변화 패턴은 그림 4.9와 같다.

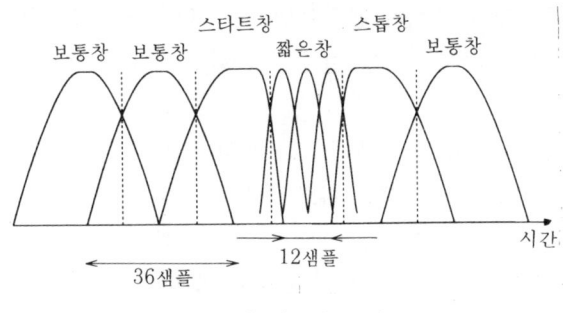

그림 4.9 창 함수의 변환 예

## 4.5 스테레오 부호화

보통 좌우 채널신호 사이에는 상관이 있어, 이 상관을 이용하면 좌우채널 독
립 부호화에 비해 상당한 정보량을 압축할 수 있다. 채널간 상관을 이용한 정보
량의 압축은 조인트 스테레오 모드로서 옵션으로 규정되어 있다. 조인트 스테레
오 부호화는 계층 I / II는 인텐시티 스테레오방식, 계층 III는 인텐시티와
MS(Middle-Sides)로 이루어진 콤바인드 스테레오방식에 기초하여 실시된다.

인텐시티 스테레오는 양쪽 채널의 합 신호와 각 채널 신호의 비를 본래의 2채
널 신호 대신 이용한다. MS 스테레오는 양 채널의 합 신호와 차 신호를 본래의
2채널 신호 대신에 이용한다.

## 4.6 기타 ISO 표준 알고리즘

지금까지 설명한 알고리즘은 MPEG-1 오디오 알고리즘(ISO/IEC 11172-3)이라
불리는 것으로, MPEG 오디오 알고리즘의 기본이다. ISO/IEC 11172-3의 확장으
로서 ISO/IEC 13818-3을 표준화하고 있다. ISO/IEC 13818-3은 MPEG-2 오디오
알고리즘이라 불리며, 2채널 스테레오 부호화 알고리즘을 부여하는 MPEG-1 오
디오 알고리즘에 멀티채널 부호화 기능 및 낮은 샘플링 주파수에 의한 부호화

기능을 부가한 것이다. 특히 멀티채널 부호화 알고리즘은 ISO/IEC 11172-3이 규정하는 2채널 스테레오 부호화 알고리즘과 후방 호환성을 가지는 것이 특징이다. 후방호환성을 갖지 않는 멀티채널 알고리즘으로서 MPEG-2 NBC(Non-Backward Compatible) 알고리즘을 현재 표준화중이며 1997년 4월에 국제표준으로 완성되었다.

한편, 좀더 낮은 비트율로 스테레오 신호의 축적 및 전송을 실현하고자 하는 요구도 높아져서 ISO에서는 MPEG-4로서 표준화를 실시하고 있다. 주요 응용분야로는 이동통신도 포함되며, 오디오신호로서 대상으로 하는 비트율은 6~128kb/s이다. 국제표준은 현재 마무리 단계에 있다.

# 참고문헌

( 1 )  ISO/IEC 11172 : "Coding of Moving Pictures and Associated Audio for Digital Storage Media at up to about 1. 5 Mb/s" (1993)

( 2 )  Chairman, Task Group 10-2 : "Draft New Recommendation, Low Bit-Rate Audio Coding", Document 10-2/TEMP/7 (Rev. 2)-E (Oct. 1992)

( 3 )  N. S. Jayant and P. Noll : "Digital Coding of Waveforms", Prentice-Hall (1984)

( 4 )  P. P. Vaidyanathan : "Multirate Digital Filters, Filter Banks, Polyphase Networks, and Applications : A Tutorial", Proc. IEEE, **78**, 1, pp. 56-93 (Jan. 1990)

( 5 )  E. Zwicker, 山田由紀子訳 : "心理音響学", 西村書店 (1992)

( 6 )  A. Sugiyama, et al. : "Adaptive Transform Coding with an Adaptive Block Size", Proc. **ICASSP '90**, pp. 1093-1096 (April 1990)

( 7 )  J. Tribolet, et al. : "Frequency Domain Coding of Speech", IEEE Trans. **ASSP-27**, pp. 512-530 (Oct. 1979)

( 8 )  J. Princen, et al. : "Subband/Transform Coding Using Filter Bank Designs Based on Time Domain Aliasing Cancellation", Proc. **ICASSP '87**, pp. 2161-2164 (April 1987)

( 9 )  M. Iwadare, et al. : "A 128 kb/s HiFi Audio CODEC Based on Adaptive Transform Coding with Adaptive Block Size MDCT", IEEE **JSAC**, pp. 138-144 (Jan. 1992)

(10)  T. Mochizuki : "Perfect Reconstruction Conditions for Adaptive Blocksize MDCT", Trans. IEICE, **E77-A**, 5, pp. 894-899 (May 1994)

(11)  ISO/IEC 13818 : "Generic Coding of Moving Pictures and Associated Audio Information" (1995)

(12)  テレビジョン学会編 : "総合マルチメディア選書 MPEG", オーム社 (1996)

# Digital
# Broadcasting

0101010101010101010101010101010
1010101010101010101010101010101
010101010101010101010101010101
101010101010101010101010101010

**5**

다중화 전송기술

101010101010101010101010101010101

0101010101010101010101010101010
1010101010101010101010101010101010
0101010101010101010101010101010
1010101010101010101010101010101010
0101010101010101010101010101010
101010101010101010101010101010

010101010101010101010101010101010
1010101010101010101010101010101010
0101010101010101010101010101010
1010101010101010101010101010101
0101010101010101010101010101010
1010101010101010101010101010101
0101010101010101010101010101010
1010101010101010101010101010101
0101010101010101010101010101010

먼저 다중화 전송 신호인 ISDB의 요구조건을 정리하고 이 요구조건을 만족시키기 위한 신호다중방식의 기본으로서 패키지 다중방식을 이용하는 것이 바람직하다는 것을 설명하겠다. 이어서 패키지 다중을 중심으로 하는 다중화 전송신호의 구성에 대해 살펴보고 다중화신호의 생성과정에 있어서의 여러 가지 신호처리에 대해 설명해 나가도록 하겠다. 나아가 정보시스템의 공통화를 목적으로 하여 국제표준이 된 MPEG-2 Part1이 ISDB 요구조건의 대부분을 만족시킬 수 있다는 점에서 방송으로서 적용이 가능하다는 것을 설명하겠다. 끝으로 디지털 방송의 장점 중의 하나인 다채널 TV방송의 실현에 대해 복수 TV를 다중 전송할 경우의 시스템 검토 예를 제시함과 더불어 방송에서의 통계다중의 개념과 효율적인 다중전송의 기술과제에 대해 살펴보겠다.

## 5.1 ISDB와 다중화 전송기술

1장과 2장에서 설명한 것처럼 미래의 디지털 방송으로서 디지털의 특징을 충분히 살려서 다양한 서비스를 통합하여 방송하는 ISDB가 개발되고 있다. 그림 5.1과 같은 ISDB의 모든 계통에서 영상, 음성, 각종 데이터 등을 구별하지 않고 통계적으로 처리하는 것이 ISDB의 가장 기본적인 개념이다. ISDB를 시스템요소로 나누면 그림 5.2와 같은 구조가 되는데, 다중화 전송부분은 다양한 서비스를 각종 전송로로 방송하기 위한 중요한 부분으로, 그것을 위한 기능을 제공하고 있다. 그리고 다중화 전송신호는 위성파, 지상파, 케이블과 같은 방송 전송로에서 최대한의 공통화를 도모하는 것이 바람직하다.

## 5.2 다중화 전송에 대한 요구조건

ISDB의 다중화 전송신호는 다음에 열거하는 사항을 실현할 수 있어야 한다.
① 서비스를 구성하는 컴포넌트(영상, 음성, 문자 등)를 자유자재로 조합시켜서 방송할 수 있는 유연성
② 새로운 서비스의 도입 등 앞으로의 확장성
③ 각종 방송 전송로 및 그 밖의 미디어(통신, 패키지, 컴퓨터계 등)간 신호의 공통성
④ 전송열화에 강하므로 전송특성이 안정

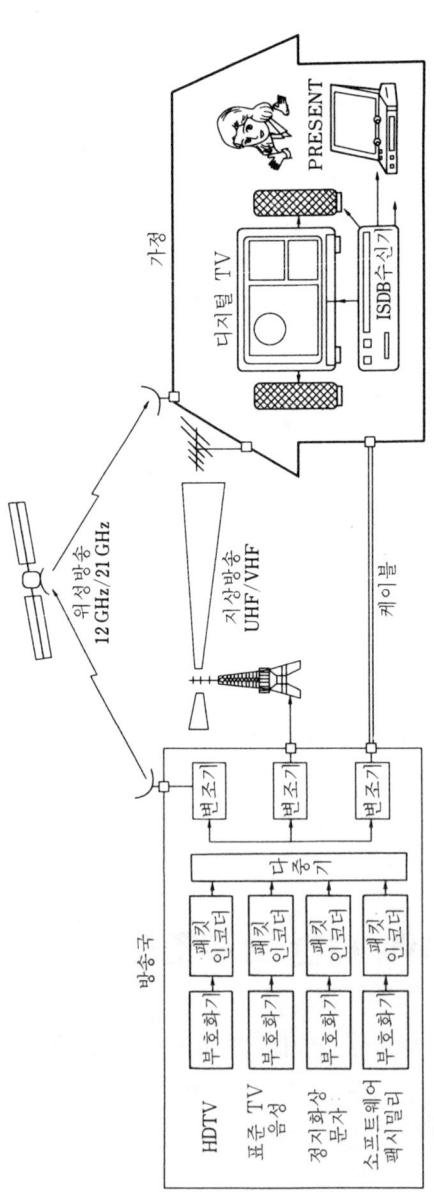

그림 5.1 ISDB의 시스템 계통

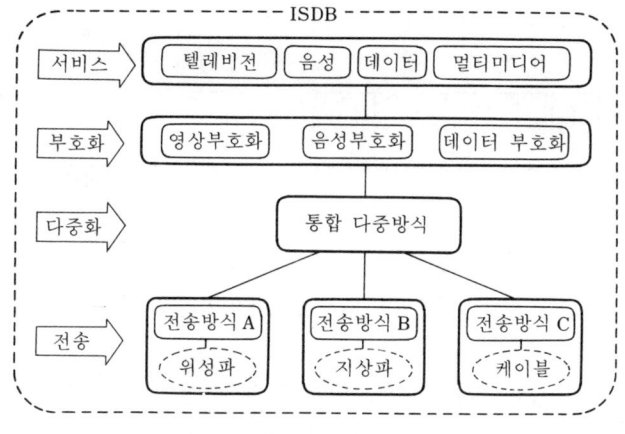

그림 5.2 ISDB의 기본 구조

⑤ 다양한 서비스, 다수의 프로그램 가운데 프로그램 선택이 용이
⑥ 필요에 따른 한정수신방식의 도입
⑦ 수신기의 저비용화와 운용의 경제성

## 5.3 다중화 전송의 기본방식

여기에서는 5.2절의 요구조건을 만족시키기 위한 ISDB 다중화 전송의 기본방식에 대해 살펴보자. 일반적으로 신호를 다중화할 경우 그림 5.3과 같이 스트럭처 방식과 패킷 방식 등 2종류의 방식이 있다. 전자는 각 서비스 신호를 다중하는 시간위치를 고정적으로 할당하여 서비스 신호와 다중위치의 관계를 제어부호에 의해 나타낸다. 후자는 각 서비스 신호의 다중위치를 고정하지 않고, 데이터에 부가한 헤더에 의해 서비스 신호를 식별하는 방식이다.

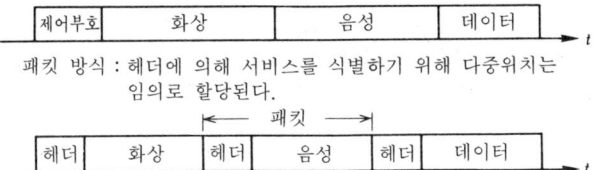

그림 5.3 스트럭처 다중방식과 패킷 다중방식

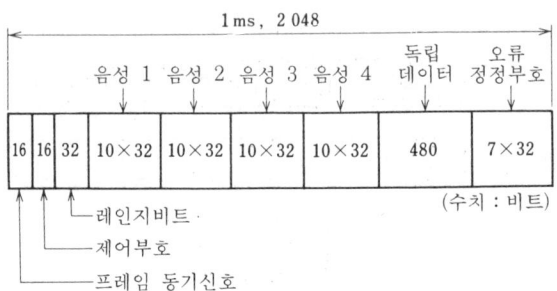

**그림 5.4  TV 위성방송 디지털 음성의 다중화 전송신호**

스트럭처 방식에 의한 디지털 방송의 예로서는 현재 TV위성방송에서 실시하고 있는 디지털 음성전송방식이 있다. 이 다중화 전송신호는 **그림 5.4**와 같이 주기적으로 반복하는 전송프레임신호 속에서 음성이 결정된 시간위치로 다중화되고 있다. 이 예에서는 주로 전송되는 신호가 중단되지 않는 시간축상에서 연속된 TV음성으로, 서비스 신호의 편성은 고정적이며 그 음성 부호화에 고정 속도방식이 채용되고 있다. 그 때문에 스트럭처 방식이 전송효율, 신뢰성 등의 점에서 유리하다.

한편, 패킷 방식에 의한 디지털 방송의 예로서는 위의 TV 위성방송의 데이터 채널을 이용하는 데이터 방송이 있다. 이것에 이용하는 패킷 다중신호를 **그림 5.5**에 나타냈다. 데이터 방송에서는 전송하는 서비스 신호의 종류가 많고, 그러한 서비스 신호에는 정보내용에 따라 전송량이 다른 가변속도 부호화 방식을 이용한 것, 간헐적으로 버스트 데이터를 전송하는 특성을 갖는 것, 혹은 리얼타임의 필요성이 없는 서비스 신호가 있다. 또한 이러한 서비스 신호의 편성은 시시각각 변한다는 것을 상정하여, 앞으로 새로운 서비스를 부가해 가는 것도 생각해 둘 필요가 있다. 이러한 경우 다양한 서비스 신호에의 전송량 할당을 헤더에 의해 유연하게 지정할 수 있고, 비동기로 데이터를 전송할 수 있는 헤더방식 쪽이 전송량을 효율적으로 활용할 수 있을 것이라 생각된다. 패킷 방식에서는 헤

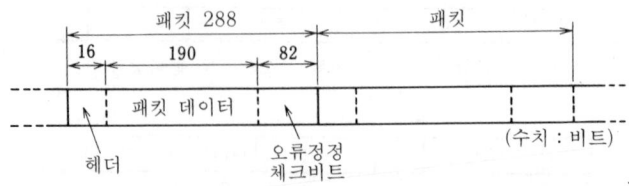

**그림 5.5  데이터 채널의 패킷 다중화 전송신호**

더를 이용함에 따른 헤더 손실로 인한 전송효율 저하가 있는데, 위의 데이터 방송에서 스트럭처 방식을 이용하면 할당한 고정 전송량의 서비스 신호영역에서 유효하지 않은 부분이 많아지기 때문에 결과적으로 패킷 방식 쪽이 전송효율을 높일 수 있다.

스트럭처 방식과 패킷 방식의 비교를 표 5.1에 정리하였다. 양자는 각기 이점이 있어 디지털 방송의 목적에 따라서 다중화방식을 선택할 필요가 있는데, ISDB로서는 2장에서 밝힌 다중화에 대한 요구조건을 고려하면 기본적으로 패킷 방식을 채용하는 쪽이 유리하다고 생각된다. 단, 패킷 방식은 고속전송의 경우에 헤더식별 등의 신호처리를 고속으로 실시하지 않으면 안되어, 직접 서비스를 추출하는 서비스 분리회로에 비용이 드는 경우가 있다. 그래서 신호를 시간구조적으로 분리하는 것이 용이한 스트럭처 방식의 이점을 서비스 분리 전에 적용하면 그 후의 신호처리를 저속화 시킬 수 있는데, 이러한 개념하에 다중화 전송신호의 구체적인 설계 예를 다음 절에서 살펴 보도록 하겠다.

**표 5.1 다중 전송방식의 비교**

| 비교항목 | 스트럭처 다중 방식 | 패킷 다중 방식 |
|---|---|---|
| 방식책정 | 서비스 할당구성을 사전에 결정하여 제어부호를 정하고, 전송신호를 정해 둘 필요가 있다. | 서비스에 관계없이 패킷 형식에 의해 전송신호를 정할 수 있다. |
| 유연성 | 서비스 편성은 사전에 정해진 고정 속도 구성 안에서 이루어진다. | 속도, 전송주기 등 서비스의 전송특성에 관계없이 자유롭게 편성할 수 있다. |
| 확장성 | 새로운 서비스의 추가, 다중구성의 변경에는 한계가 있다. | 새로운 서비스를 추가할 수 있고, 서비스의 다중구성을 변경할 수 있다. |
| 신뢰성 | 주기적인 동기와 제어부호를 토대로 안정되게 서비스를 포착할 수 있다. | 패킷 헤더를 정확히 식별하기 위해 오류정정을 필요로 한다. |
| 신호처리의 용이성 | 고속 전송이라도 다중위치를 포착한 후에는 필요 충분한 저속의 신호처리로 할 수 있다. | 고속 전송인 경우 오류정정, 헤더식별 등에 고속의 신호처리가 필요하다. |

# 5.4  다중화 전송신호의 구성

그림 5.6은 2장의 다중전송에 대한 조건을 고려한 ISDB의 다중화 전송신호
의 구성 예이다. 여기에서는 방송국에서의 다중화 전송신호의 생성과정 순으로
설명하겠는데, 수신측에서의 복호 과정은 이 반대 순서가 된다.

(1) **정보원 부호화**    영상, 음성, 각종 서비스 등 프로그램을 구성하는 컴포
넌트 신호를 각각의 신호 성질에 적합한 방법으로 디지털 부호화하고, 필
요에 따라서 압축처리 등을 하여 부호화 데이터를 생성한다.

(2) **데이터 그룹화**    부호화한 신호를 서비스측에서 보아 신호내용을 구별

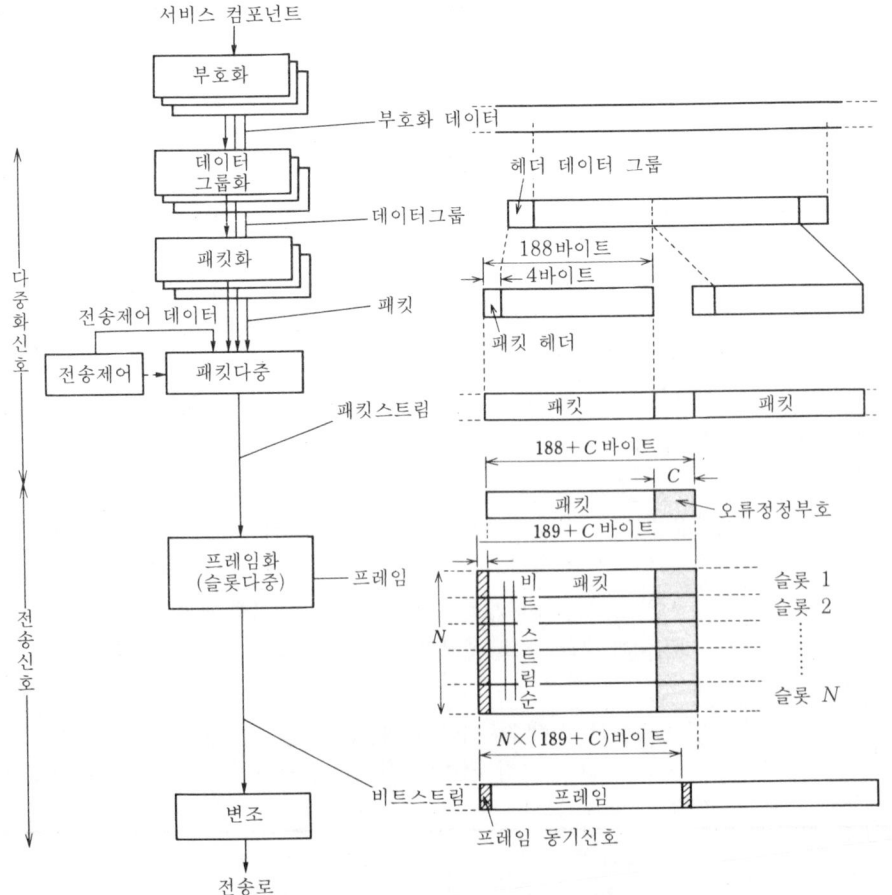

그림 5.6  ISDB의 다중화 전송신호의 구성 예

할 수 있는 단위로 나누고, 데이터 그룹을 부가하여 데이터 그룹신호를 구성한다. 데이터를 나누는 단위는 예를 들면 영상 프레임, 영상 1페이지 혹은 음성의 부호화 블록길이 등 제시 부호화의 단위가 되는 통합된 양의 데이터이다. 이렇게 데이터 그룹은 서비스의 종류와 정보량에 따라서 데이터량이 달라서, 소위 가변길이의 패킷으로 간주할 수 있다.

**(3) 전송 패킷화**  데이터 그룹과 같은 가변길이의 패킷 상태에서는 다양한 서비스를 고속으로 자유자재로 다중하기는 어렵다. 그래서 데이터 그룹신호를 전송측에서 보아 다중화 전송에 적합한 일정한 데이터 길이로 나누어, 패킷 헤더를 부가하여 전송 패킷을 구성한다. 전송 패킷은 다양한 서비스와 그 컴포넌트를 다중하기 쉽도록 공통의 고정길이 패킷으로 한다.

패킷 헤더로서는 기본적으로 다음과 같은 항목을 필요로 한다.

① 패킷 식별자 : 패킷으로 보내지는 신호내용을 구별하기 위한 식별번호
② 연속성 지표 : 패킷의 전송순서를 나타내기 위한 단순증가번호
③ 데이터 그룹 개시 플래그 : 데이터 그룹의 선두 데이터가 보내지는 전송 헤더인 것을 나타낸다.
④ 스크램블 플래그 : 한정수신을 위한 스크램블 상태를 나타낸다.

**(4) 패킷 다중**  서비스를 구성하는 각 컴포넌트, 나아가 복수의 서비스를 전송 패킷 단위로 시분할 다중하여 패킷 스트림을 구성한다. 패킷 스트림에는 하나의 서비스 컴포넌트를 다중한 싱글 프로그램 스트림과 복수의 서비스 컴포넌트를 다중한 멀티프로그램 스트림 등 2종류가 있는데 양쪽 모두 동일한 신호형식이다.

**(5) 슬롯 다중**  고속 전송로의 경우에는 패킷 다중에 덧붙여 **그림 5.6**의 전송프레임에 나타낸 것처럼 저속의 전송 단위인 슬롯을 이용하는 스트럭처 다중방식을 도입하는 것이 고려되고 있다. 슬롯은 미리 정해진 시간 위치의 비트로 구성되어 수신측에서는 단순한 회로로 슬롯을 추출할 수 있다. 이것에 의해 그 뒤의 서비스 신호를 꺼내기 위한 헤더식별 등의 신호처리를 저속화 할 수 있다. 수신측에서 다중화된 전송신호 안에서 서비스 컴포넌트를 추출하는 절차는 우선 필요한 슬롯을 꺼내어 그 슬롯에서 보내지는 패킷 헤더의 식별과 같은 신호처리를 하면 된다.

**(6) 프레임 구성**  전송열화에 강한 내성을 얻기 위해 패킷 스트림을 주기

적인 동기 구조를 갖는 전송프레임으로 구성한다. 이 과정에서는 오류정
정 부호화, 인터리브, 전송스크램블, 프레임 동기부호 부가와 같은 처리
를 한다. 각 방송 전송로의 방송시스템에서의 이용목적과 전송용량의 차
이 등에 의해 전송프레임의 파라미터는 다르지만 기본적인 신호구성은
최대한의 공통화를 꾀하는 것이 바람직하다. 주기적으로 전송되는 프레
임신호는 비트스트림이 되며, 최종적인 다중화신호가 되어 변조기에 입
력된다.

**(7) 전송제어**　ISDB에서는 여러 종류의 서비스가 다중되어 있는 전송신호
중에서 요구되는 서비스를 구성하고 있는 컴포넌트를 효율적으로 추출하
여 복호부로 보내는 요소가 중요하다. 패킷 전송에서는 다중화된 각 서비
스 컴포넌트의 패킷이 수신측에서 분리될 수 있도록 패킷 헤더에 패킷
식별자(이하, PID)를 포함하고 있다. 이 PID를 이용하여 패킷을 식별하는
방법으로서 직접 지정 방식과 간접 지정 방식 등 2종류가 있다.

그림 5.7과 같이 직접 지정 방식에서는 서비스(프로그램)와 PID의 관
계가 직접 규정되고, 간접 지정 방식에서는 별도로 전송되는 전송제어 데
이터에 의해 간접적으로 정해진다. 직접 지정은 시스템 내에서 식별해야

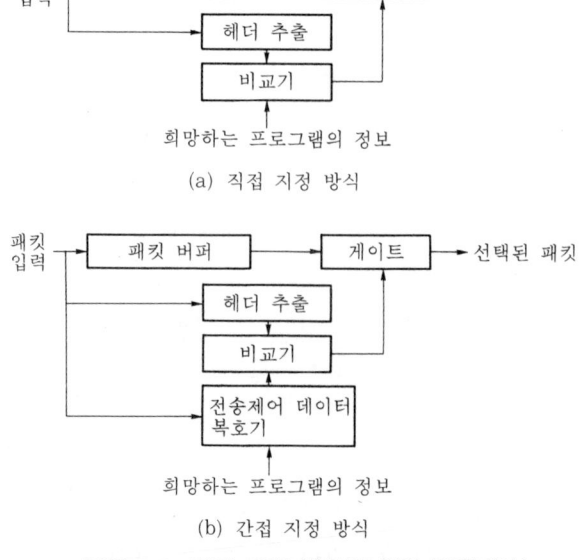

(a) 직접 지정 방식

(b) 간접 지정 방식

**그림 5.7　직접 지정 방식과 간접 지정 방식**

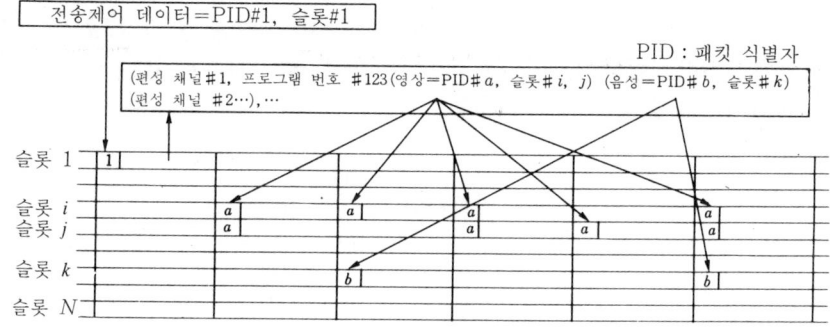

그림 5.8 전송제어데이터의 개념

할 서비스(프로그램) 수가 적고 고정되어 있는 경우에 적합하다. ISDB에서는 식별해야 할 서비스(프로그램) 수가 많아 고정적으로 할당하면 PID에 필요한 비트 수가 많아지며, 또한 장래의 확장성을 얻기 어렵기 때문에 간접 지정 방식을 도입하는 쪽이 유리하다.

간접 지정 방식에서는 전송제어데이터로서 다음과 같은 항목의 관계가 테이블 위에 나타나게 된다.

- 편성채널
- 개별프로그램번호
- PID
- 부호화 방식
- 슬롯번호
- 주파수채널
- 전송미디어

전송제어데이터는 용이하면서도 확실하게 수신하기 위해 그림 5.8과 같이 사전에 정해진 특정 슬롯 No.와 PID 패킷으로 송신된다.

## 5.5 전송방식의 공통화와 표준화

(1) ISDB시스템의 공통화　ISDB에서는 다양한 서비스·전송로를 통합하여 다루는 것이 하나의 목표이다. 따라서 전송에 있어서의 신호형식·신호처리는 가능한 한 공통화할 필요가 있다.

ISDB의 전송방식에 있어서 데이터 그룹화, 패킷화, 패킷 다중, 전송제어 부분은 서비스와 전송로에 의존하지 않고, ISDB시스템 내에서 통일된 신호형식으로 이루어진다. 따라서 이 부분의 신호처리는 모든 서비스 · 전송로에서 공통이 된다.

한편, 전송로의 성질에 의존하는 프레임 구성, 변조방식은 기본적으로는 사용하는 전송로에 따라서 개별적으로 설계되는 것이다. 그러나 같은 종류의 전송로와 성질이 유사한 전송로의 프레임 구성변조방식은 가능한 한 공통화하는 것이 바람직하다.

한정수신은 암호 같은 비밀과 관련있는 부분을 포함하기 때문에 정부나 방송국(또는 사업그룹)의 사정에 따라서 각기 독립된 한정수신 시스템을 채용하는 경우가 많다. 이 경우라도 하나의 한정수신 시스템을 이용하는 범위 내에서는 서비스 및 전송로에 의존하지 않고 공통 방식을 이용할 수 있다.

(2) **MPEG의 이용과 표준화**    통신, 패키지 미디어를 포함하는 영상과 음성의 부호화, 신호 다중화의 표준화를 목표로 하는 MPEG-2가 1994년 말에 국제표준이 된 방송에 관한 국제표준화기관인 ITU-R에서도 MPEG-2를 이용한 디지털 방송의 표준화가 이루어지고 있었다.

MPEG-2에서 다중화방식에 대응하는 것이 Part1(Systems)이다. 거기에서 정해진 트랜스포트 스트림은 디지털 그룹구조 및 전송 패킷을 가지고 패킷 다중방식 및 전송제어방식을 채용하는 등의 점에서 ISDB 전송방식의 기본구조와 공통점이 많아 그 요구조건의 대부분을 만족시키고 있다.

MPEG-2의 이용은 다른 미디어와의 양립성 및 국제표준화를 추진하는 데 있어서 바람직한 방향으로, ISDB 전송방식으로서 적용할 수 있을 것이다.

# 5.6  복수 TV의 다중화 전송

ISDB는 다양한 서비스를 실시할 수 있는데 여기에서는 하나의 서비스 형태로서 ISDB 1채널 안에서 복수의 표준 TV를 서비스할 경우의 다중화 전송기술에 대해 방송시스템의 관점에서 살펴본다.

(1) **전송 비트레이트와 서비스품질**　전송로로서 12GHz대 위성방송을 가정하면 1채널의 대역폭인 27MHz안에서 QPSK와 같은 변조방식을 이용한 경우 혼신보호 조건을 만족시키는 범위에서는 전송 비트레이트는 대략 40Mb/s까지 전송될 수 있다. 부호화 이득이 비교적 높은 부호화율 75%의 오류정정부호를 이용했을 경우 영상 부호화 방식에 따라 다르지만 수신 : C/N(27MHz)과 영상품질의 관계는 그림 5.9와 같이 될 것이다. 전송 비트레이트가 40Mb/s인 경우 서비스 한계(품질평가=2.5)는 대략 C/N(27MHz)=9dB로 예상되고, 이것은 현행 FM변조에 의한 TV 위성방송의 FM문턱값과 거의 동등한 C/N값에 상당할 것이다.

(2) **전송 가능한 TV의 수**　ISDB 1채널 안에서 전송 가능한 TV의 수는 전송 비트레이트와 영상, 음성 부호화율에 따라 다르다. 방송할 TV의 영상, 음성 부호화율을 모두 고정비율로 하고, 동기와 헤더 등 전송에 필요한 신호를 포함할 경우 TV의 수와 전송 비트레이트의 관계는 식(5.1)과 같이 된다.

$$R = \frac{(V + A)\,n\,(1 + h)\,(1 + f)}{r} \tag{5.1}$$

단, $R$ : 전송 비트레이트, $V$ : 영상 부호화율, $A$ : 음성 부호화율, $n$ : TV의 전송수, $r$ : 오류정정 부호화율, $h$ : 헤더손실, $f$ : 동기, 제어에 필요한 비트 수의 증가 비율이다.

$A$=512kb/s(4채널의 음성), $r$=75%, $h$=2.2%, $f$=0.4%라고 가정하면 12GHz대 위성방송 1채널에서 방송할 수 있는 TV 수의 목표는 그림 5.10과 같아진다. 이 그림에서는 전송 비트레이트를 파라미터로 하고,

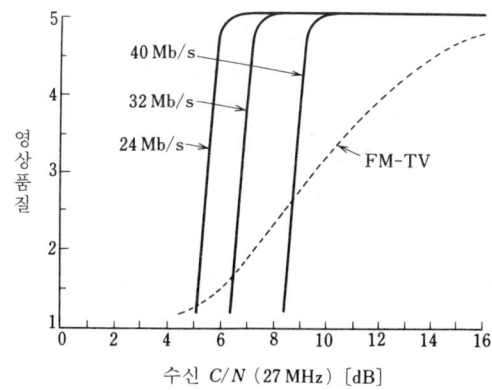

그림 5.9　추정되는 수신 *C/N*과 영상품질

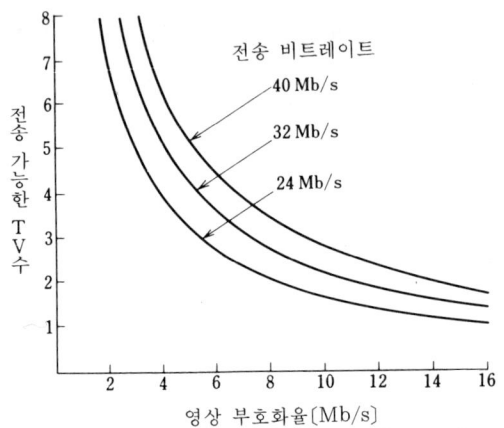

그림 5.10 전송 비트레이트를 파라미터로 한 경우의 TV전송 수와 영상 부호화율의 관계

영상 부호화율을 모두 일정하게 하고 있다. 실제의 영상 부호화율은 영상 내용에 따라 크게 다르기 때문에 부호화율이 다른 TV의 조합에 의해 전송 수는 달라지게 된다.

(3) **통계다중**　전항에서는 일정비율로 가정했지만, 일반적으로 고압축 영상 부호화 방식을 이용하면 데이터 발생량은 시간축상에서 크게 변해서 가변율이 되는 것이 보통이다. 통신분야에서는 이러한 경우 수많은 영상을 이용하여 통계다중을 실시하여 전송효율을 높이는 방식이 제안되고 있다. 통계다중이란, 하나하나의 영상에 피크의 전송용량을 할당하면 사용되지 않는 부분이 많아져 전송효율이 악화되는데, 다수의 영상 데이터를 합계한 데이터 발생량은 평활화 되어 더욱 많은 영상을 전송할 수 있다는 정보원의 통계적 성질을 이용한 다중화 전송 기술이다. 일반적으로 통계다중의 다중이득 G는 식(5.2)와 같이 표시된다.

$$G = \frac{\text{통계다중을 실시한 경우의 다중 수}}{\text{피크전송량을 할당한 경우의 다중 수}} \qquad (5.2)$$

그림 5.11에는 복수의 TV신호를 다중했을 경우의 데이터량의 발생빈도를 1채널 당으로 환산한 결과이다. 통계다중의 결과를 기대하기 위해서는 상당히 많은 수를 다중해야 한다는 것을 알 수 있다. 실제의 방송 전송로 1채널에서 전송 가능한 디지털 TV의 수는 통계다중효과를 기대할 수 있을 정도로 많지는 않다.

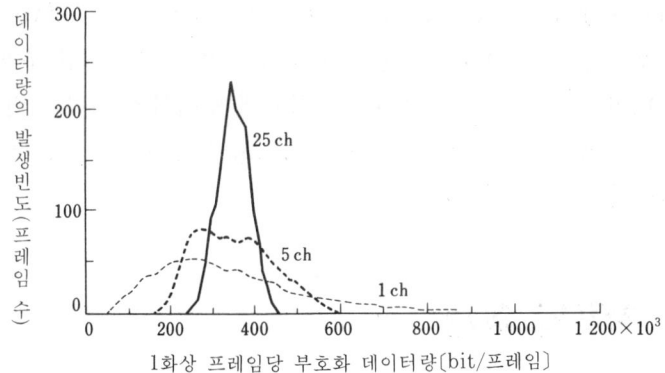

그림 5.11 복수의 TV신호를 다중했을 경우의 데이터량의 발생빈도

방송에서 통계다중을 이용하는 데에는 TV뿐만 아니라 음성, 각종 데이터를 포함한 멀티미디어를 다루는 경우가 효과적이다. 예를 들면 파일 전송형 데이터 방송의 대부분은 리얼타임성이 없어 지연이 허용되기 때문에 통계적으로 발생하는 전송용량이 사용되고 있지 않은 부분을 보충하도록 다중할 수 있고 전체의 전송량을 평활화할 수 있다.

또한 방송은 그림 5.12와 같이 통신과 다중화 전송 시스템구성이 기본적으로 다르며, 부호화부가 다중화부와 인접하고 있는 경우가 있다. 이 경우 전송용량이 사용되고 있는 상황을 부호화부로 피드백하여 부호화부에서의 데이터 발생량을 제어하여 전송효율을 최적화할 수 있다. 이것에는 소극적인 방법과 적극적인 방법이 있는데, 전자로서는 하나의 TV에서

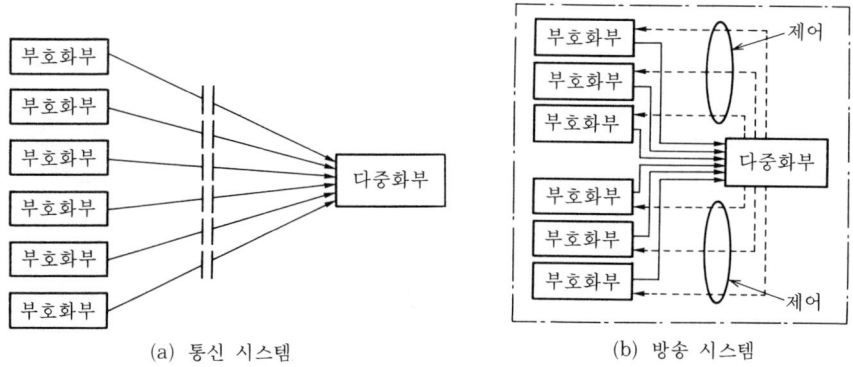

그림 5.12 방송과 통신 시스템 구성의 차이점

데이터 발생량이 적은 경우에는 남은 전송용량을 다른 TV로 융통하는
것을 생각할 수 있다(융통다중). 후자로는 복수의 TV 영상 부호화시에 각
각의 데이터 발생량(예를 들면 부호화기에 있어서의 데이터 버퍼량)을 검
사하여 그것에 맞는 전송용량을 동적으로 할당해 가는 것을 생각할 수
있다(동적 전송량 할당).

## 5.7  향후의 과제

다중화 전송신호에는 미래의 멀티미디어를 포함한 방송서비스에 요구되는 기
능을 실현하기 위해 더 많은 기술적 요소를 담지 않으면 안 된다. 예를 들면 5.6
절에서 설명한 통계다중의 개념을 광의로 생각했을 경우의 효율적인 다중방식
의 연구개발은 금후의 과제이다. 또한 전송제어정보는 다중신호의 수신제어라
는 역할뿐만 아니라 보다 폭넓게 방송사업자의 관점에서의 방송시스템제어 혹
은 시청자를 위한 프로그램 선택정보의 제공과 같은 방향으로 발전할 것이다.

# 참고문헌

( 1 )  木村武史, 외 : "各種伝送路における ISDB 多重方式の檢討", テレビ学技報, **17**, 54, pp. 13-18（Sept. 1993）

( 2 )  吉野武彦, 외 : "テレビジョン衛星放送ディジタル音声伝送方式", テレビ誌, **37**, 11, pp. 935-941（Nov. 1983）

( 3 )  石田順一編 : "放送とニューメディア", pp. 151-171, 丸善（1992）

( 4 )  木村武史, 외 : "MPEG-2 Systems の ISDB への適用の檢討", テレビ学技報, **1**, 28, pp. 7-12（May 1994）

( 5 )  大崎公士, 외 : "ISDB 伝送のためのパケット長の檢討", 信学春季全大, B-790（March 1993）

( 6 )  木村武史, 외 : "ISDB の受信制御方式", テレビ全大, pp. 277-278（July 1993）

( 7 )  ISO/IEC 13818-1（MPEG-2 Part 1）

( 8 )  N. Kawai : "ISDB transmission system in 12 GHz band digital satellite broadcasting", NAB' 92 Broadcast Engineering Conference Proceedings, pp. 43-51（April 1992）

( 9 )  日本 ITU 協会編 : "わかりやすい B-ISDN 技術", pp. 47-51, オーム社（1993）

(10)  岸野文郎, 외 : "パケット符号化を考慮した映像信号の統計的性質", Proc. PCSJ' 87, 8-5（1987）

# Digital Broadcasting

**6**

## 디지털 방송과 오류정정기술

1966년 G.D.Forney에 의해 제안된 연접부호는 종전부터 이론적으로는 우수한 부호라는 평가를 받아왔지만, 실용화된 것은 비교적 최근의 일이다. 현재 널리 보급되어 있는 연접부호의 클래스로는 외부호(외부부호라고도 한다)에 RS(Reed-Solomon : 리드 솔로몬)부호를, 내부호(내부부호라고도 한다)에 비터비(Viterbi) 복호를 이용하는 길쌈부호가 이용되고 있다. 복호화는 제1단계에서 내부호에 의한 길쌈부호를 비터비 복호함으로써 복호 오류율을 $10^{-2} \sim 10^{-3}$이하로 억제하고, 제2단계에서 외부호(RS부호)에 의한 오류정정으로 허용한계 이하까지 감소시키는 기술이다. 본 장에서는 특히 SNG(Satellite News Gathering)에서 이용되고 있는 수치를 구체적으로 예를 들어 설명해 보도록 하겠다. 또한 본 장에서는 생략하겠지만 변조와 오류정정 부호화를 통일적으로 다루는 방법으로서 부호화 변조방식을 들 수 있다. 이 분야의 대표적인 것인 Ungerboeck부호는 위상의 연속성에 의해 신호파형에 부가된 용장성에 주목하여 이것을 오류정정에 이용한다. MSK(Minimum Shift Keying)는 위상연속변조의 대표적인 것으로 Ungerboeck이 제안한 복조방식에 따르면 MSK를 단순한 FSK로 간주했을 경우에 대해 3dB의 이득을 얻을 수 있다고 한다.

연접부호로 이용되고 있는 RS부호는 최소거리가 작은 것은 CD(Compact Disk)나 DAT(Digital Audio Tape) 등에서 이미 1980년대부터 널리 실용화되어 왔는데, 본 장에서는 거리가 긴 RS부호에 이용되는 유클리드 복호법을 소개하고자 한다. 또한 내부부호로 이용되는 7단의 길쌈부호를 비터비 복호할 때의 경판정 복호와 연판정 복호를 하드웨어 구성의 예를 통해 설명하고자 한다.

## 6.1 오류정정방식

### [1] 연접부호

그림 6.1은 연접부호의 모델이다. 연접부호에는 외부부호, 내부부호에 각각 길쌈부호, 블록부호를 조합시킨 네 개의 조합방법이 있는데 이번에 소개할 형태는 외부부호에 블록 부호인 RS부호를, 내부부호에 길쌈부호, 비터비 복호를 이용한 것이다. 또한 통신로에서 보아 내측의 부호를 내부부호, 외측의 부호를 외

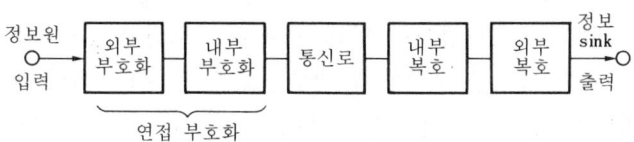

그림 6.1 연접 부호화

부부호라 부른다.

연접부호는 최근에 위성통신 등의 분야에서도 널리 이용되고 있다. 또한 G.D.Forney는 연접부호의 복호에 여러 번의 소실오류정정을 이용하는 일반화 최소거리 복호인 알고리즘을 제안하고 있다. 그것에 따르면 어떤 조건하에서 2원부호를 가우시안 통신로에 적용했을 경우 외부부호를 ① 경판정(eraser를 이용하지 않는다) 복호를 한 경우, ② 연판정(eraser와 오류를 정정) 복호를 한 경우, ③ 일반화 최소거리 복호를 한 경우에 복호 후의 오류율 Pr(ndc : not decoding correctly)이

$$P_r(\text{ndc}①) \leqq e^{-0.5d \cdot s}$$
$$P_r(\text{ndc}②) \leqq e^{-0.686d \cdot s}$$
$$P_r(\text{ndc}③) \leqq e^{-1.0d \cdot s}$$

로 주어지는 것을 보여주고 있다(단, $d$는 최소거리, $s$는 $S/N$). 즉 연판정 복호 및 일반화 최소거리 복호는 경판정 복호보다 $S/N$에서 각각 1.4dB, 3.0dB의 이득을 얻을 수 있음을 나타내고 있다. 또한 길쌈부호는 원래 Maximum Likelihood를 기본으로 하는 알고리즘으로, 효과적인 복호법이 검토되고 있다.

## 6.2 연접부호의 실용 예

### [1] 디지털 SNG

1989년 민간위성통신이 시작된 이래 방송국 등에서 사용되고 있는 SNG시스템은 뉴스와 프로그램 소재의 전송에 있어서 그 유효성이 확인되고 있으며 특히 벽촌이나 원거리 지역으로부터의 전송에는 필수적인 기술이 되고 있다. 그러나 아날로그의 SNG시스템에서는 방송품질을 충분히 확보하기 어렵다. 또한 디지털화는 시대적인 흐름이기도 하여 디지털 SNG도 이미 실용화단계에 들어섰다. 아날로그 SNG에서 디지털 SNG로의 이행기간 동안은 아날로그·디지털 양쪽의 SNG가 혼재하기 때문에 디지털의 공존조건에서의 전송실험도 실시되고 있고, 아날로그·디지털간 상호간섭이나 방해 문제도 검토되고 있다. 또한 오류정정 방식은 연접 부호화 방식을 채용하여 내부부호에 낮은 $C/N$에서 복호가 가능한 길쌈부호화 비터비 복호를 이용하며, 외부부호에는 비터비 복호에 의한 버스트 오류를 정정하는 RS부호를 채용하고 있다.

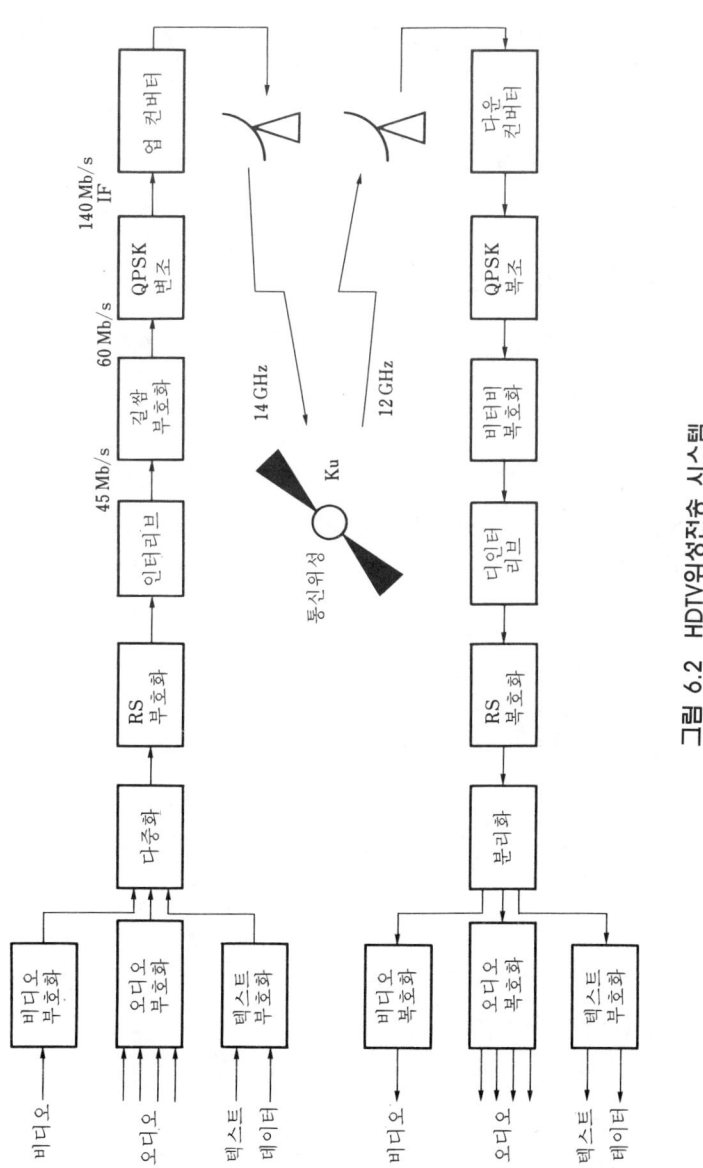

그림 6.2 HDTV위성전송 시스템

복호측에서는 비터비 복호의 출력측에서 정정하기 어려운 오류가 오류전반을 일으켜서, 그것이 버스트 오류가 되기 때문에 인터리브를 펼쳐서 외부부호인 RS 부호를 정정할 수 있는 정도의 랜덤 오류로 변환할 필요가 있다. 긴 인터리브는 버스트 오류의 랜덤화에는 효과가 있지만, 지연시간과 하드웨어량면에서는 불리해진다. 이상적인 인터리브 깊이는 비터비 복호화기의 버스트 오류정정 특성에 의존한다. 인터리브 단수(段數) $l$이 4일 때 최적의 값을 얻을 수 있다는 것이 이론과 시뮬레이션을 통해 보고되고 있다.

## [2] HDTV 신호의 위성전송

위성을 매개로 하여 HDTV의 스튜디오 규격신호를 부호화하여 디지털전송을 하는 것으로서 14/12GHz의 Ku밴드의 트랜스폰더에서 1채널 36MHz의 대역폭을 사용하여 QPSK 변조로 전송하는 시스템이 개발되고 있다. 오류정정으로는 3/4 길쌈부호와 (255, 239)RS부호에 의한 연접 부호화를 이용한다. 데이터는 8바이트 정정의 RS부호로 부호화되며, 인터리브를 시행한 후 3/4길쌈 부호화되어 전송된다. 그림 6.2는 시스템의 전체도이다. 인터리브 단수는 [1]항에서 설명한 SNG와 동일하게 4단이 최적이었다. 그림 6.3은 그 성능이다.

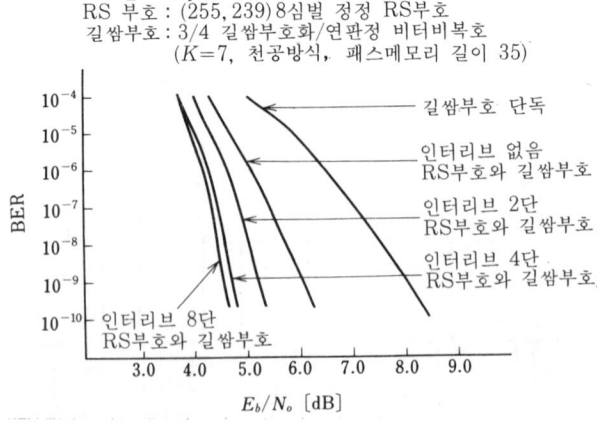

그림 6.3 인터리브 단수에 의한 시스템의 성능 변화

# 6.3 연접부호의 하드웨어

여기에서는 SNG 등에서 실용화되고 있는 연접부호의 하드웨어 구성에 대해 살펴보겠다. 따라서 각각의 부호를 구성하고 있는 RS부호화기·복호화기와 길쌈 부호화기·비터비 복호화기의 구성에 대해 먼저 설명한다.

RS부호는 연산을 정의하는 필드와 심벌을 표현하는 필드가 동일한 갈루아 필드로 정의되고 있는 부호이다. 즉 $GF(2^8)$의 유한체로 정의되어 있다면 심벌도 $GF(2^8)$으로 표현되며, 따라서 오류심벌도 갈루아의 $GF(2^8)$으로 표현된다. 부호길이를 $n$, 정보기호 수를 $k$라고 할 때 최소거리 $d$는 $d=n-k+1$로 주어진다. 부호의 최소거리는 $d \leq n-k+1$이므로 검사 심벌 수에 대해 가장 정정능력이 높다는 특징을 갖는다. 부호 파라미터는

$$\text{부호길이} : n=2^m-1$$
$$\text{정보기호 수} : k=n-(d-1)$$
$$\text{검사기호 수} : n-k=d-1$$

로 주어진다.

갈루아 및 RS부호의 수학적 구조 및 복호 알고리즘 등은 부호이론으로, 부호화는 행렬연산으로 가능하다. 또한 다항식 제산에 의한 방법도 비교적 용이하게 실현할 수 있기 때문에 생략한다.

## [1] RS 복호화기

RS 복호화기를 어떻게 실현할 지는 RS부호의 정정능력, 허용복호 지연시간, 하드웨어 비용 등에 따라 다양한 회로구성이 고려되고 있다. RS복호 알고리즘의 절차는 회로구성과 공통적으로 아래와 같은 절차를 밟는다.

① 신드롬을 계산한다.
② 신드롬으로 오류위치 다항식, 오류수치 다항식을 계산한다.
③ 오류위치 다항식을 풀어 오류위치를 계산한다.
④ 오류위치 다항식, 오류수치 다항식, 오류위치 정보로부터 오류수치를 계산한다.
⑤ 오류를 정정한다.

RS부호로는 바이트 단위를 정정하기 위하여 오류위치와 함께 오류수치를 계산하지 않으면 안 된다. 최소거리가 큰 RS부호의 복호는 ②의 연산에서 반복 연

산을 이용하는 복호 알고리즘을 적용하는 경우가 많다. 여기에서는 유클리드 복호법을 상정하여 해설하도록 하겠다. 또한 RS복호화기는 온 더 플라이(on-the-fly) 복호(데이터를 연속적으로 정정하고, 흐름을 멈추지 않고 출력한다)를 요구받는 경우가 많고, 세미커스텀 LSI에 의한 전용 LSI를 개발하는 경우가 많다.

**(1) RS 복호화기의 구성**    유클리드 복호를 하는 RS 복호화기의 구성은 그림 6.4와 같이 7개의 회로부분으로 나뉜다.

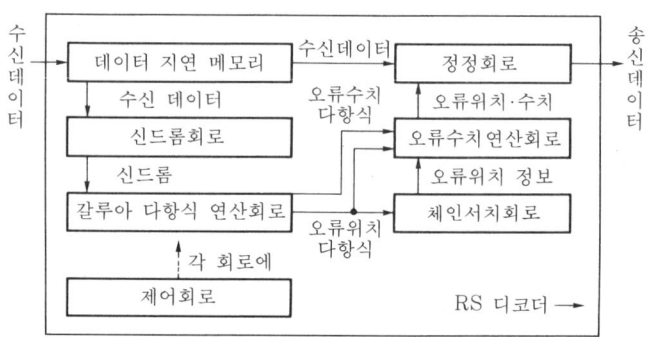

그림 6.4  RS 복호화기의 구성

① 데이터 지연 메모리
② 신드롬 계산회로
③ 갈루아상의 다항식 연산회로
④ 체인서치 회로
⑤ 오류수치 연산회로
⑥ 오류정정회로
⑦ 제어회로

이러한 것들은 명확히 나눌 수 있는 것은 아니며, 예를 들면 하드웨어를 삭감하기 위해 회로의 공용화가 검토되고 있는데, 그 일례로는
1. 갈루아 다항식 연산회로, 오류수치 연산회로, 오류정정회로의 공용화
2. 신드롬 계산회로, 체인서치 회로의 공용화

등을 들 수 있다. 특히 갈루아 연산회로(GLU : Galois Logic Unit)를 이용하는 회로구성에서는 I의 공용화를 이용하는 경우가 많다.

**(2) 신드롬 계산회로**    RS부호의 복호화기에서는 수신 데이터에서 우선 신드롬을 계산한다. 갈루아상의 RS부호에서는 그림 6.5와 같이 $m$비트 병

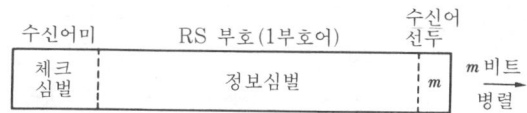

**그림 6.5  RS수신어 계열**

렬로 데이터를 정보심벌의 선두에서부터 체크심벌까지 연속적으로 입력한다. 심벌 $S_j(j=0, 1, \cdots, d-2, : d$는 최소거리)는 $w$를 생성 다항식의 초기값으로 할 때

$$S_j = \sum_{i=0}^{n-1} r_j \cdot \alpha^{i(j+w)}$$

$$= (((\cdots(r_{n-1} \cdot \alpha^{j+w} + r_{n-2})\alpha^{j+w} + \cdots + r_2)\alpha^{j+w} + r_1)\alpha^{j+w} + r_0)$$

$$(6.1)$$

로 표현할 수 있으며, 갈루아상의 가산기와 갈루아상의 승산기로 구성된다. 그림 6.6은 회로의 예를 나타낸 것이다.

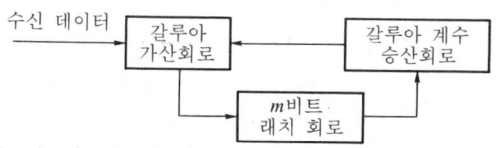

**그림 6.6  신드롬 계산회로**

**(3) 갈루아 다항식 연산회로**    RS복호에 많이 이용되는 유클리드 복호법을 상정한 회로의 구성 예에  대해 설명하겠다.

유클리드 알고리즘은 연산이 모두 갈루아상의 다항식 연산에 귀착되고 있고, 판정조건도 다항식의 차수로 하기 때문에 이해하기 쉽다는 특징이 있어 다양한 회로구성이 제안되고 있다. 유클리드 알고리즘은 아래의 갈루아상의 다항식 연산을 실행하면 된다.

$Q(z)=[M_1(z)/M_2(z)]$

$R(z)=M_1(z)-Q(z)M_2(z)$

$U(z)=Q(z)U_1(z)+U_2(z)$

[ ]은 상 다항식을 나타낸다.

그림 6.7은 갈루아상의 다항식 제승산회로의 예이다. 그림 6.7의 갈루아의 승산회로는 AND 게이트와 EXOR의 조합으로 실현된다. 또한 제

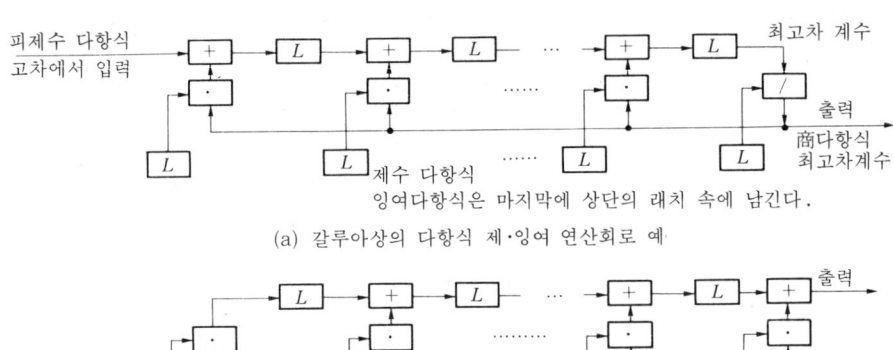

잉여다항식은 마지막에 상단의 래치 속에 남긴다.

(a) 갈루아상의 다항식 제·잉여 연산회로 예

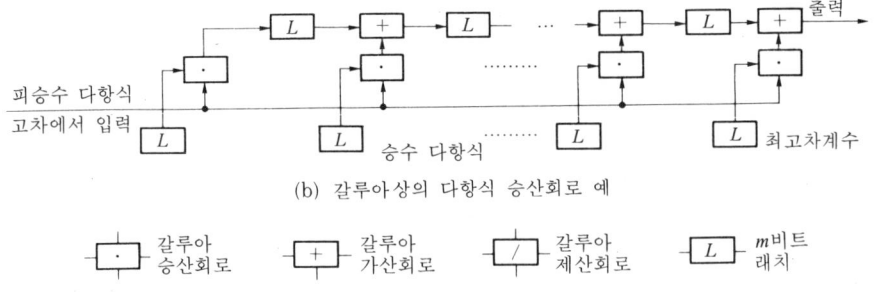

(b) 갈루아 상의 다항식 승산회로 예

┤·├ 갈루아 승산회로    ┤+├ 갈루아 가산회로    ┤/├ 갈루아 제산회로    ┤L├ $m$비트 래치

그림 6.7  다항식 연산회로

산회로는 역원(逆元) ROM과 승산회로의 조합으로 구성된다. 나아가 하드웨어를 작게 하기 위해 RAM을 지연 메모리에 이용하고, 전송속도보다 고속인 클록을 이용하여 연산스텝 수를 많이 사용하는 대신에 갈루아상의 연산회로(GLU)를 하나만 가지고 반복 이용함으로써 오류위치 다항식, 오류수치 다항식, 오류수치 연산, 오류의 정정 등을 실현한다.

　GLU는 갈루아상의 연산을 전용 회로로 실행함으로써 연산을 고속으로 실행한다. 그림 6.8은 GLU를 이용한 회로의 구성 예이다. 그림 6.8의 GLU는 갈루아상의 다항식 연산을 고려하여 구성되며 갈루아 연산부, 산술 연산부, 제어부 등 세 개 부분으로 나뉜다. 외부 인터페이스는 갈루아 연산부, 산술연산부가 공통의 입출력 인터페이스를 갖는다.

(a) 갈루아 연산부　　GLU와 1차 기억용 RAM으로 구성된다. GLU는 갈루아상 다항식 제산 및 승산이 갈루아의 적분연산으로 구성되어 있다는 점에서 이 두개의 기능을 가지고 있다. $X$, $Y$, $Z$의 레지스터에 대해

$$X \cdot Y + Z$$

$$X/Y + Z$$

의 연산을 나누어 사용한다. 오류수치 연산에서는 아래의 연산을 실행한다.

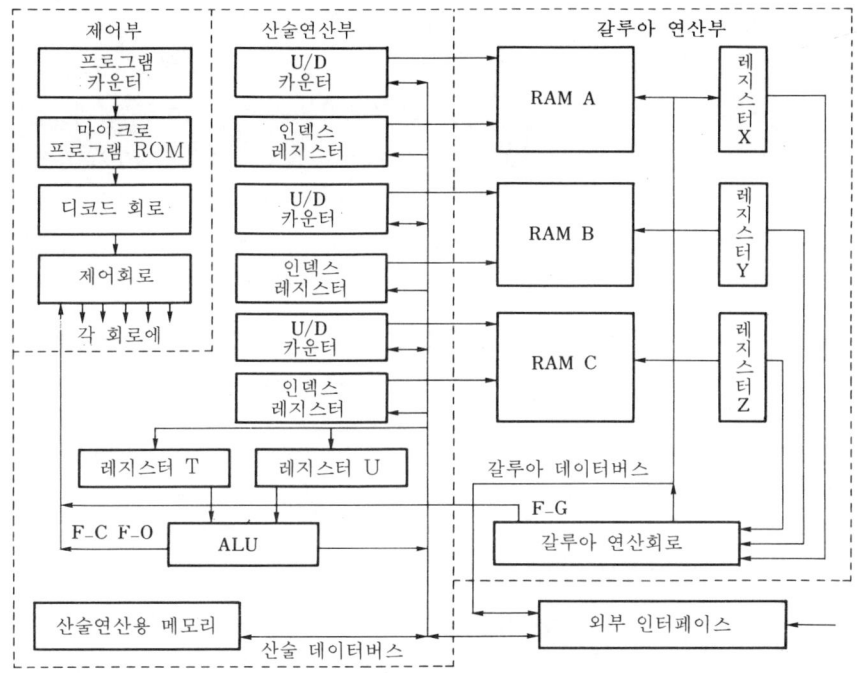

**그림 6.8 RS 복호 LSI(다항식 연산부)**

$$X^2 \cdot Y + Z$$

$$X^w + Z$$

제산은 역원회로와 승산회로로 나누어 구성한다는 점에서 승산회로를 적분연산과 공용화할 수 있다. 제산에서 $Z$의 가산이 필요없지만, 0을 $Z$에 입력한다. 수치 계산에서 이용하는 $X^w + Z$의 $w$는 생성 다항식에 의해 결정된다. 기억용 RAM A, B, C는 신드롬에서 오류위치 다항식과 오류수치를 구하기까지의 중간적인 수치를 기억하기 위해 이용한다. 또한 다항식 연산을 파이프라인 처리에서 연산속도를 올리기 위해 3개의 RAM이 독립적으로 읽고 쓸 수 있게 구성되어 있다.

**(4) 체인서치 회로**    다항식 연산회로에 의해 얻은 위치 다항식은

$$\sigma(Z) = \sigma_t \prod_{i \in E} (Z - \alpha_i) \tag{6.2}$$

이다. 여기에서 $\sigma_t$는 오류위치 다항식의 최대 차수의 계수, $E$는 오류 위치인 경우, $i$는 오류위치, $\sigma_i$는 위치 $i$에 대응하는 갈루아의 원(元)이다.

오류위치는 식(6.2)의 근을 구하여 그 갈루아의 원에 대응하는 위치를 오류위치로 추정한다.

오류위치는 일반적으로 체인서치 알고리즘을 이용하여 구한다. 체인서치를 하는 목적은 오류위치와 그 오류위치에 대응하는 식(6.2)의 갈루아의 원을 구하는 것이다. 이 조작은 기본적으로는 다항식에 값을 대입하는 것뿐이기 때문에 체인서치 회로에서는 $CF(2^m)$의 원이 차례대로 대입되고 그 결과 이 원을 오류위치 다항식에 대입한 값이 출력되며, 따라서 이 데이터가 0인지 아닌지를 조사하여 근인지 아닌지를 판정한다. 체인서치 회로는 신드롬 계산회로와 매우 비슷한 회로구성을 하고 있기 때문에 양자를 겸용한 회로구성도 제안되고 있다.

(5) **오류수치 연산회로**  2원(元)의 BCH부호와 달리 바이트 오류를 정정하는 RS부호이기 때문에 필요한 회로이다. 오류위치 $i$의 수치 $e_i$는 식(6.1)의 신드롬 다항식에서 구하면

$$e_i = \frac{\eta(\alpha^{-i})}{(\alpha^{-i})^{-A+1} \cdot \sigma'(\alpha^{-i})} \tag{6.3}$$

으로 주어진다. 여기에서 $\sigma'(Z)$는 $\sigma(Z)$의 형식미분, $\eta(Z)$는 오류수치 다항식에서

$$\eta(Z) = \sigma_t \sum_{i \in E} e_i \prod_{i \neq j} (Z - \alpha_j) \tag{6.4}$$

로 주어진다. 식(6.3)의 $A$는 생성다항식에서 결정되며, 예를 들면 $\alpha^{120}$으로 시작되는 생성다항식에서는 $A = 120$이다.

(a) **GLU에 의한 오류수치 연산**  GLU를 이용하여 오류수치 연산을 실시한 경우 $\sigma'(\alpha^{-i})$, $(\alpha^{-i})^{-A+1}$, $\eta(\alpha^{-i})$를 각각 갈루아 연산회로를 이용하여 계산한 뒤 식(6.3) 전체의 연산을 실시한다. 또한 체인서치에서 검출한 오류위치 $i$에 대해서 $\alpha^{-i}$를 준비해 둔다. 형식미분 $\sigma'(z)$는

$$\sigma'(Z) = \sum_{i=0}^{(t-1)/2} \sigma_{2i+1} Z^{2i} \tag{6.5}$$

가 되며, 짝수차 계수만을 갖는다. $\alpha_{2i+1}$은 $\sigma(Z)$의 $2i+1$차의 계수이다. 식(6.5)를 왜곡하면 $\sigma'(Z) = \sigma + Z^2(\sigma_3 + Z^2(\sigma_5 + Z^2(\cdots)))$이 된다. 이것은 GLU의 $X^2 \cdot Y + Z$의 기능을 이용하여 계산한다. 즉 초기값으로 X에 $\alpha^{-i}$를, $Y$에 0을, $Z$에 오류위치 다항식의 최대 홀수차의 계수를 입력한다. 다음에 $X^2 \cdot Y + Z$를 계산하여 그 결과를 $Y$에 입력하고, 다음

에 홀수차 계수를 $Z$에 입력한다. 이것을 계속 반복한다. 끝으로 $Z$에 $\sigma_1$이 입력되고, $X^2 \times Y + Z$가 계산되어 $\sigma'(\alpha^{-i})$를 구할 수 있다.

## [2] 길쌈부호와 비터비 복호

(1) **길쌈부호**    그림 6.9는 Wozencraft형이라 불리는 길쌈부호의 부호화기
이다. 정보계열을 길이 $k_0$비트의 블록으로 분할하고, 각 블록의 $k_0$비트를
병렬화한다. 각 비트를 $m$단에 종속으로 접속된 레지스터 및 선형조합회
로에 의해 병렬직렬변환기에 입력하고, 직렬화된 부호계열을 통신로에
출력한다.

길쌈부호를 규정하는 파라미터로는

    부호화율 : $\gamma = k_0/n_0$

    구속길이(단수) : $K = m + 1$

이다. $\gamma$는 정보계열의 비트 수 $k_0$와 부호계열의 비트 수 $n_0$의 비율을 나타
내며, 블록부호의 정보 비트 $k$, 부호길이 n에 대응한다. 길쌈부호는 블록
을 단위로 부호화복호화가 실시되는데, 블록부호와 달리 길쌈부호에서는
과거의 블록이 현재의 블록에 여러 가지 영향을 미친다. 어떤 블록을 부호
화 또는 복호화하는 데에 영향이 미치는 범위를 구속길이(비트)라 하며

    $n_A = n_0(m + 1)$

로 표시한다. 구속길이 $n_A$와 부호길이 $n$이 같은 정도의 길쌈부호와 블록
부호에서는 정정능력, 하드웨어 규모는 거의 동일해진다고 할 수 있다.

길쌈부호의 오류정정능력을 높이는 데에는 후술할 격자상(트렐리스)
선도상에서 규정되는 최소 자유거리를 크게 하면 된다. 일반적으로는 $\gamma$

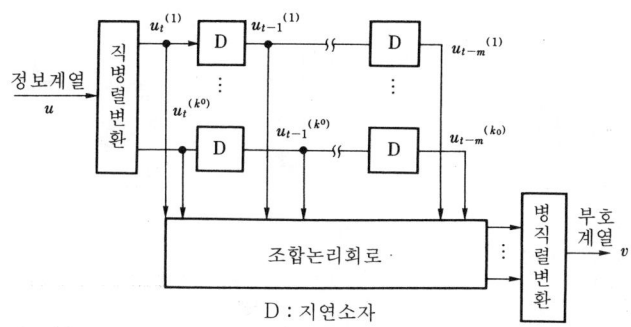

그림 6.9 Wozencraft형 길쌈부호화기

가 일정하면 구속길이 K(단수)를 크게 하면 된다.

## (2) 비터비 복호

(a) **경판정 비터비 알고리즘**　그림 6.10의 부호화기에서 생성되는 길쌈부호를 생각해 보자. 상태 천이도는 그림 6.11과 같이 된다. 격자상 선도는 그림 6.12와 같이 된다. 부호의 최소 자유거리는 격자상 선도에서는 모두 0의 상태($S_{00}$)에서 출발하여, 다른 상태를 거쳐 다시 0의 상태로 돌아가는 패스의 해밍 중량의 최소값으로 주어진다. 이 예에서는 $S_{00} \rightarrow S_{01} \rightarrow S_{10} \rightarrow S_{00}$의 패스 해밍 중량이 5이기 때문에 최소 자유거리는 5라는 것을 알 수 있다.

초기 상태로서 0이 2개 입력되어 4비트의 정보(0101)가 입력되고 그 후에 두개의 0에서 결합했다고 하자. 전후의 0은 수신측의 격자상 선도를 기지의 점에서 출발시켜 기지의 점에 종결시키기 위한 것이다. 그림 6.12와 같이 정보계열을 (010100)이라고 하면 부호계열은 (001101000111)이 되며, 통신로에서 오류계열(000100100000)이 가산되어 (001001100111)이 되는 계열이 수신되었다고 하자. 그리고 송신측과 수신측의 동기는 완전히 얻을 수 있다고 하자. 비터비 복호는 이러한 출발점과 종결점이 주어진 격자상 선도상에서 수신계열에 가장 가까운 패스를 찾아낸다.

경판정 복호란 수신계열을 1개의 한계값만을 1, 0의 패턴으로 하여 부호어와의 '근사'를 평가하는 척도로서 해밍거리를 이용한다. $t=3$인 $S_{00}$에 합류하는 두개의 부호계열 (000000), (110111)과, 수신계열 (001001)과의 해밍거리를 조사하면 전자에서 2, 후자에서 5이기 때문

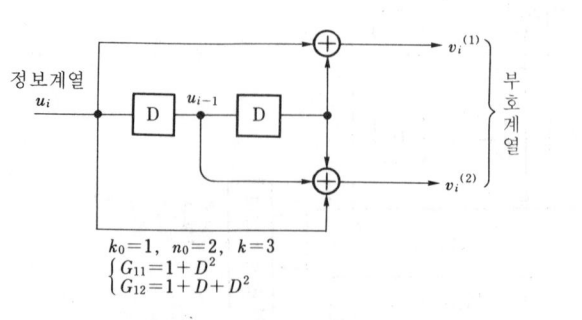

$k_0=1,\ n_0=2,\ k=3$
$\begin{cases} G_{11}=1+D^2 \\ G_{12}=1+D+D^2 \end{cases}$

**그림 6.10　길쌈 부호화기의 예**

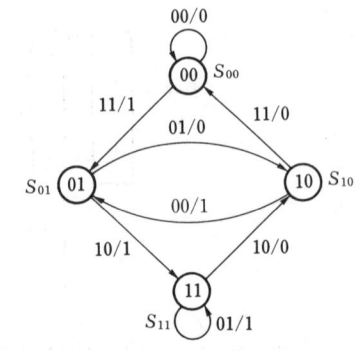

**그림 6.11　상태 천이도**

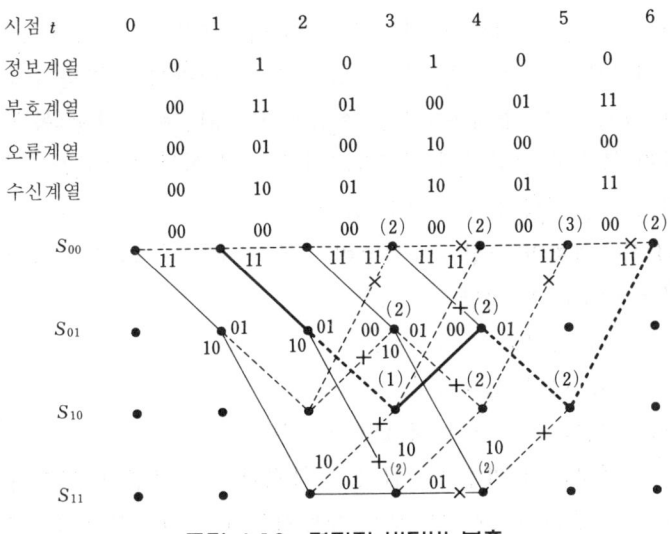

그림 6.12 경판정 비터비 복호

에 후자를 제거하고 전자를 생존 경로로 삼는다. 이하 동일한 처리를 계속하여 예를 들며 $t=5$에서 $S_{00}$에 합류하는 두개의 부호계열 (0011011100) 및 (1110011011)과 같이 수신계열에 대한 해밍거리가 같을 때에는 한쪽을 선택한다. 최후에 종결점으로 합류하는 두 개의 부호계열(001101110000) 및 (001101000111)와 수신계열(001001100111)과의 해밍거리를 조사하면 전자에서 5, 후자에서 2이기 때문에 후자를 maximum의 부호계열이라고 판단한다. 따라서 이 최종적인 패스에 대응하는 정보계열 (010100)이 비터비 복호에 의해 추정되었다. 이는 통신로의 2비트의 오류를 정정한 것이 된다.

(b) **연판정 비터비 알고리즘**  수신측의 복호화기 앞에 A/D변환기를 두고 여러 개의 한계값을 두어 수신계열을 아날로그값으로 복호화기에 입력한다. 이 아날로그값을 메트릭이라고 한다. **그림 6.13**은 3비트(8값) 연판정을 위한 메트릭표를 나타낸 것이다.

2비트(4값), 4비트(16값) 연판정도 마찬가지이다. 경판정 복호와 같이 (001101000111)인 부호계열이 통신로에서 잡음의 영향을 받아 수신되었다고 하자. 이때 3비트 연판정 비터비 복호법을 적용한 예를 그림 6.14에 나타낸다.

이 부호의 최소 자유거리는 5이기 때문에 2비트의 랜덤 오류까지는 경판정 복호화기로도 정정할 수 있다. 그러나 이 예에서는 0레벨을 한계값으로 하면 3비트의 오류가 되어 경판정 복호화기에서는 오류를 정정할 수 없다. 실제 시스템에서는 3비트 연판정 복호화기는 경판정 복호화기에 비해 약 2.0dB의 부호화 이득이 있다. 이러한 점에서 메트릭의 개량이 제안되고 있다.

**(3) 비터비 복호화기의 구성**   비터비 복호화기를 하드웨어화하기 위해서는
① 패스 메모리의 제한
② 메트릭의 양자화
③ 패스 메트릭의 정규화
등의 문제를 해결하지 않으면 안 된다.

① 패스 메모리의 제한 : 지금까지 복호화기는 무한한 크기의 메모리를 가지고, 생존패스와 그 패스 메트릭을 데이터계열의 전송이 끝날 때까지 기억하고 있는 것으로 가정했다. 또한 모든 데이터의 입력이 끝나지 않으면 Maximum 패스 추정이 불가능하기 때문에 복호출력이 복호화기에서 출력되는 것은 이것보다 나중이 된다. 게다가 복호화기의 격자상 선도의 출발점과 종결점을 규정하기 위해 본래 전송에 필요없는 더미비트를 데이터비트의 전후에 부가하지 않으면 안 된다. 실제로 복호화기의 격자상 선도의 상태를 한번에 결정하는 데에는 $k_0(K-1)$개의 정보비트가 필요하다. 이러한 것은 물리적으로도 불가능하며, 전송 효율을 저하시키기 때문에 원리적인 비터비 알고리즘을 수정할 필요가 있다.

복호화기의 격자상 선도의 출발점은 무한한 과거에, 종결점은 무한 미래에 있다고 가정해 보자. 현재의 복호 시각에서는 $2^{k_0(k-1)}$개의 생존 패스가 상태수 $2^{k_0(k-1)}$개 있는 것이 된다. 이 생존패스를 과거로

| | | ← Low | | | | 0 | | High → | |
|---|---|---|---|---|---|---|---|---|---|
| 수신신호 레벨 | | 000 | 001 | 010 | 011 | 100 | 101 | 110 | 111 |
| 양자화 레벨 | | 0 | 1 | 2 | 3 | 4 | 5 | 6 | 7 |
| 부호의 0심벌에 대한 메트릭 | | 0 | 1 | 2 | 3 | 4 | 5 | 6 | 7 |
| 부호의 1심벌에 대한 메트릭 | | 7 | 6 | 5 | 4 | 3 | 2 | 1 | 0 |

**그림 6.13 메트릭**

거슬러 가면 자연스럽게 1개의 패스에 결집해 가게 된다. 무한한 과거까지 거슬러 올라가면 어떤 상태에 수렴되겠지만 실제로는 유한한 과거까지 밖에 갈 수 없기 때문에 현재 최소의 패스 메트릭을 가지는 패스의 가장 오랜 상태의 정보비트를 현재의 복호 출력으로 한다. 이와 같이 메모리를 유한 길이로 중단하기 때문에 생기는 오류는 트렁케이션 에러라 불린다. 구속길이의 5배 즉 5K개 정도의 브랜치 (branch)를 거슬러 올라가면 트렁케이션의 영향은 채널에서 생긴 오류와 동등해 질 것이며, 패스 메모리로서는 1개의 생존 패스가 과거의 5K 정도의 상태를 유지하도록 하여 1개당 상태가 k0 비트인 정보계열을 가지면 되므로

$$2^{k_0(k-1)} \cdot 5K \cdot k_0$$

용량만큼의 RAM을 준비하면 된다. 실제로는 $k_0$비트 단위로 $2^{k_0(k-1)}$ 병렬로 읽기/쓰기를 한다. 이 패스 메모리 트렁케이션은 길쌈부호에 특유한 오류전반을 중지하기 위해서라도 효과적이다.

② 메트릭의 양자화 : 메트릭으로서 경판정시에는 해밍거리를, 연판정시에는 정정수를 이용해 왔다. 그러나 비터비 알고리즘을 Maximum Likelihood법으로 하기 위해서는 통신로의 오류율을 고려한 대수우도 (對數尤度)로 표현된 우도 함수를 메트릭으로 이용하지 않으면 안 된다. 그렇지만 다양한 시뮬레이션에 따르면 엄밀히 우도를 계산하여 구한 메트릭과 정정수를 이용한 경우의 차이는 거의 없는 것으로 나타나고 있다. 정정수를 메트릭으로 이용해도 된다면 하드웨어 설계상 매우 유리해진다.

③ 패스 메트릭의 정규화 : 복호화기의 격자상 선도에서 $2^{k_0(k-1)}$개의 상태에 각기 $2^{k_0}$개의 가지가 합류하여 $2^{k_0}$개의 가지가 다음 시간의 상태로 출력된다. 정정수의 메트릭을 이용했다고 해도 앞의 예에 나타났듯이 생존 패스의 메트릭은 시간에 대해 단조롭게 증가하기 때문에 일정한 값으로 억제하기 위해서는 패스 메트릭 값의 정규화가 필요하다.

1. 현재의 어떤 상태에 합류해야 하는 $2^{k_0}$개의 가지 전체에 대해서 그 브랜치 메트릭을 계산한다.

2. 이 브랜치 메트릭을 1시각 과거의 패스 메트릭에 각기 가산하여 새로운 패스 메트릭으로 한다.

3. 이 중에서 가장 작은 패스 메트릭을 가지는 것을 이 상태의 생존 패스로 하고, 그 패스 메트릭을 이 상태의 상태 메트릭으로 한다.

4. 이상을 $2^{ko(k-1)}$개의 상태 전체에 대해 실시한다.

5. $2^{ko(k-1)}$개의 생존 중 최소의 패스 메트릭을 가지는 것의 가장 오래 된 정보비트를 현재의 복호출력으로 한다.

6. $2^{ko(k-1)}$개의 생존패스의 패스 메트릭의 각각에서 위의 최소의 패스 메트릭을 줄인다.

이것이 새로운 패스 메트릭, 즉 상태 메트릭이 된다.

이 정규화 절차에 따르면 생존 패스 메트릭은 $(K-1)\xi$ 이하라는 것은 주지의 사실이다. 여기에서 $\xi$는 브랜치 메트릭의 최대값이다. 그림 6.14의 예에서는 $\xi = 14$가 되기 때문에 생존 패스 메트릭은 28 이하가 된다.

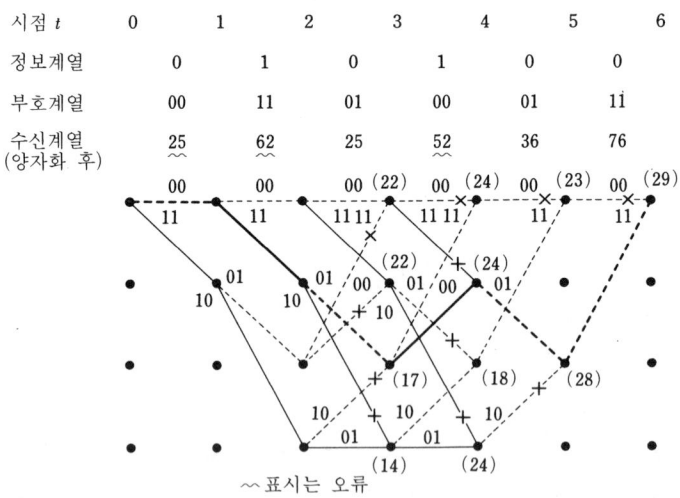

그림 6.14  연판정 비터비 복호

**(4) 비터비 복호화기의 하드웨어 규모**  그림 6.15는 하드웨어 블록도이다. 비터비 복호화기는 크게 나누어 브랜치 메트릭 계산회로, 가산비교 선택 회로, 패스 메모리 등 세 개로 나누어 생각하면 편리하다.

① 브랜치 메트릭 계산회로 : $2^{ko(k-1)}$개의 상태 각각에서 2k0개의 브랜치 가 출력되고 다음의 $2^{ko(k-1)}$개의 상태 각각에 입력된다. 브랜치는 2n0 종류가 있기 때문에 계산해야 할 브랜치 메트릭은 2n0개이다. 예를 들

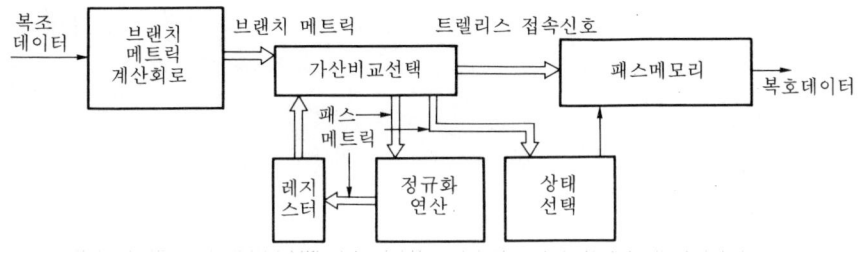

**그림 6.15  비터비 복호화기의 구성**

면 3비트 연판정의 경우 3비트 양자화된 1비트의 부호 심벌에 대해서 그림 6.16의 회로에 의해서 심벌 0과 심벌 1에 대한 메트릭을 계산한다. 이 심벌 메트릭에서 그림 6.17의 가산기로 브랜치 메트릭을 계산한다. $2^{n0}$개의 브랜치 메트릭 전체에 관하여 브랜치에 대한 메트릭을 구하기 때문에 이 가산기가 $2^{n0}$개 필요해진다.

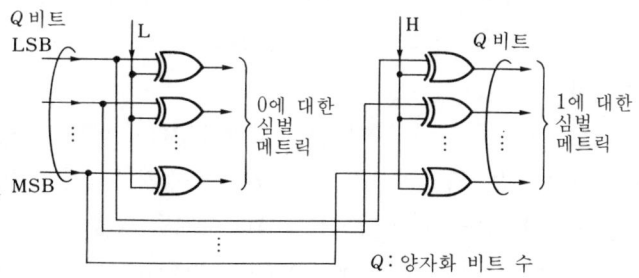

**그림 6.16  심벌 메트릭의 계산**

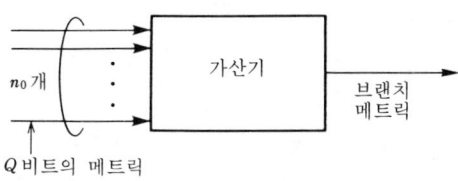

**그림 6.17  브랜치 메트릭의 계산**

② 가산비교회로 : 1시각 과거의 $2^{k0(k-1)}$개의 상태 메트릭과 $2^{n0}$개의 브랜치 메트릭으로 모든 패스($2^{k0}$개)의 메트릭을 계산하고, 최소의 메트릭을 가지는 것을 이 상태에 대한 생존패스로 하여, 그 메트릭을 이 상태의 메트릭으로 하는 회로이다. 가산비교 선택회로에서는 트렐리스 접속신호가 출력되며, 트렐리스의 각 상태에 합류하는 패스 가운데

어느 쪽을 선택했는가가 패스 메모리에 전송된다. $2^{ko(k-1)}$개 상태의 전체에 대해서 이러한 연산이 필요하기 때문에 이 회로가 $2^{ko(k-1)}$쌍 필요하다.

③ 패스 메모리 1개의 생존 패스가 과거의 5K개 상태를 유지하도록 하며 1개의 상태당 $k_0$비트의 정보계열을 기억해 두면 되기 때문에

$$2^{k_o(k-1)} \cdot 5K \cdot k_0$$

정도의 메모리를 준비하면 된다. 시프트 레지스터는 $k_0$비트 단위로 $2^{ko(k-1)}$ 단(段) 병렬로 읽고 입력할 수 있는 것이어야 한다.

## 6.4 향후의 과제

지금까지 디지털 TV방송의 전송계에 이용되는 오류정정기술에 대해서 중심이 되고 있는 연접부호 및 그 주변기술로서 RS부호, 비터비 복호와 그 실용 예에 대해 설명했다.

방송관계에서는 지금까지 위성음성방송 외에 FM다중방송 등 낮은 비트레이트의 데이터에 디지털 변조를 실시하고 그 후 오류정정부호가 이용되게 되었다. 최근에 지상 디지털 TV방송, 나아가서는 HDTV디지털 방송에 대한 검토가 이루어지고 있으며 또한 보도프로그램 제작에 민간 위성통신을 이용하는 SNG서비스도 시작되고 있다.

디지털 방송의 특징으로서 어떤 일정한 레벨 이하의 수신상태가 확보되면 오류정정기술에 의해서 송신측과 동일레벨의 화질, 음질을 얻을 수 있다는 것을 알 수 있다.

위성통신분야에서는 부호화율 $R=1/2$, 구속길이 7의 길쌈부호가 사용되고 있고, 인텔샛(INTERSAT : International Telecommuni- cation Satellite Organization : 국제전기통신위성기구)에 의해 규격화된 IBS (INTELSAT Business Services), 시스템으로서는 VSAT(Very Small Aperture Terminal)이 있다. 이 인텔샛 규격 IESS-308에는 길쌈부호화, 비터비 복호와 리드솔로몬부호를 갖추는 것이 옵션으로 추가되어 있다.

지금까지 연접부호는 원거리 우주 탐사 등의 용도를 중심으로 개발되어 왔는데, 최근에는 인텔샛의 소형위성통신시스템이나 뉴스취재, 프로그램전송을 위한

디지털 SNG시스템에 연접부호가 이용되게 되었다. 이렇게 오류정정기술은 데이터의 전송, 매체의 기록재생 혹은 축적이 되는 곳에서는 이미 필수적인 기술이 되고 있다.

비터비 복호나 RS부호는 충분히 원숙한 기술이기는 하지만 방송에 적용하는데 있어서, 예를 들면 복호 오류와 오류전반의 영향, 나아가서는 graceful degradation의 도입 등 연구되어야 할 부분이 많다.

# 참고문헌

( 1 ) G. D. Forney, Jr.: "Concatenated Codes", MIT Press (1966)

( 2 ) A. J. Viterbi and J. K. Omura: "Principles of Digital Communication and Coding", McGraw-Hill, New York (1979)

( 3 ) 田村信一, 坂口裕直, 加藤正光, 高山　亨, 坪池光芳, 坂戸美朝, 磯部清治, 杉山淳一: "ディジタル SNG の衛星伝送実験", テレビ学技報, **17**, ROFT 93-62, pp. 1-6 (Oct. 1993)

( 4 ) 坂戸美朝, 佐々木源, 浅野研一, 浅井光太郎, 海老沢秀明, 吉田英夫: "ディジタル SNG システム用ビデオコーデック", テレビ学技報, **17**, 13, ROFT 93-20, pp. 1-6 (Feb. 1993)

( 5 ) 服部伸一, 浅井光太郎, 田中浩一, 坂戸美朝, 浅野研一: "衛星利用放送品質コーデック", 三菱電機技報, **67**, 7, pp. 33-38 (1993)

( 6 ) 小島年春, 吉田英夫, 藤村明憲, 三宅　真, 山岸篤弘, 藤野　忠: "符号化利得可変速接符号化方式の検討", 信学論(A), **J75-A**, 8, pp. 1240-1249 (Aug. 1992)

( 7 ) T. Kasezawa, T. Shinohara, T. Nakai, M. Nishida and T. Murakami: "HDTV Digital Transmission through Satellite Channel", International Workshop on HDTV' 92, Kawasaki City (Nov. 18-20, 1992)

( 8 ) T. Nakai, T. Kasezawa, T. Shinohara, M. Nishida and T. Murakami: "Digital HDTV Transmission System via Satellite", SPIE 1976, pp. 33-41, High-Definition Video (1993)

( 9 ) 宮川　洋, 原島　博, 今井秀樹: "情報と符号の理論", 岩波講座情報科学 4, 第 8 章 (1982)

(10) 井上　徹감수: "実戦誤り訂正技術", 第 4 章, 第 6 章, トリケップス (1993)

(11) 三宅　真, 藤野　忠, 藤原謙一: "簡単化されたディジタルメトリック計算を行うビタビ復号器の特性", 信学論(B), **J70-B**, 6, pp. 673-681 (July 1987)

(12) 三宅　真, 村上圭司, 山岸篤弘, 石田　弘, 石津文雄, 小島年春, 藤野　忠: "低 $C/N$ 比伝送用連接符号化モデムの設計と開発", 信学技報, **SAT 88-24**, pp. 19-24 (Aug. 1988)

# Digital Broadcasting

## 7

## 파형전송기술

디지털 전송 시스템에서 영상, 음성, 데이터의 멀티미디어정보는 MPEG-2방식 등을 이용한 정보원 부호화부에서 압축된 디지털 정보로 변환된다. 나아가 이 압축된 디지털 정보에 다중화 등의 처리가 이루어지고, 그 출력은 전송로 부호화부로 유도된다.

전송로 부호화부에서는 우선 오류정정부호를 부여하고, 그 출력은 전송부호열로 변환된다. 그 후 반송파의 변조방식으로 알려진 OFDM, QAM, VSB, QPSK 등에서 디지털 변조가 이루어져 각 전송로를 통하여 전송된다.

전송로에서는 전송로의 대역제한이나 잡음의 부가, 또한 지터 발생 등이 있고 수신된 신호 파형 열에 왜곡이 발생한다. 이 왜곡을 극복하고 재생신호를 바르게 검출하여 식별·복호하지 않으면 안 된다.

본 장에서는 우선 송신측에서 이용하는 전송부호, 전송로의 전후에서 문제가 되는 신호파형의 정형(整形)과 등화(等化), 그리고 수신측의 신호 처리인 부분 응답과 최적의 복호법에 대해 설명하고 끝으로 비트 오류율에 대해 살펴보도록 하겠다.

# 7.1 전송 부호와 전력 스펙트럼 밀도

## [1] d, k, c 제약

전송 부호화란 일정간격 $T_a$로 출력되는 요소기호 $a_i(i=1, 2, \cdots, M)$를 갖는 디지털 정보계열을 어떤 부호화 규칙에 따라서 $T_b(\leq T_a)$간격으로 발생하는 요소기호 $b_j(j=1, 2, \cdots, N)$로 구성되는 전송부호계열로 변환하는 것을 말한다.

부호화 규칙이란 부호구성에 관한 일종의 제약으로, 이 제약에 기초하는 부호 특징을 나타내는 파라미터가 몇 개 정의되어 있다. 동일한 부호기호의 연결을 런(Run)이라 칭하며, 그 최소값의 파라미터를 $d$, 최대값의 파라미터를 $k$로 표시한다. $k$의 유한 부호를 RLL(Run-length-limited)부호라고도 한다.

또한 부호기호의 각각에 가상적인 전하를 대응시킨다. 예를 들면 $b_j \in \{0, 1\}$일 때 부호기호 0에 -1, 1에 +1를 각각 대응시키거나, $b_j \in \{0, 1, 2\}$에서는 기호 0에 -1, 1에 0, 2에 +1을 각각 대응시키는 것을 들 수 있다. 부호계열의 각 시점에서의 누적전하를 DSV(Digital Sum Variation)라 하며, DSV의 최대값 파라미터를 $c$라 표시한다. $c$의 유한 부호를 DC 프리, 혹은 평형(Balanced)부호라 한다. 이렇게 $d, k, c$에 의한 제약을 가지는 전송부호를 $(d, k ; c)$부호라 한다.

디지털 정보원의 단일요소기호를 $n(\geq 1)$개의 부호 요소기호에 사상하는 방식을 비블록 부호화, $m(\geq 2)$개의 디지털 정보원 요소기호를 $n(\geq 2)$개의 부호 요소기호에 사상하는 방식을 블록 부호화라 한다. 블록 부호화는 고정길이 부호화와 가변길이 부호화로 분류할 수 있다. $n$개의 부호기호로 구성된 부호계열을 부호어라 한다. 또한 $\eta = m/n$을 부호화율이라 하며, 부호의 변환성능을 평가하는 파라미터로 삼고 있다.

디지털 정보계열을 전송 부호화하지 않고, 직접 신호 파형 열에 대응시킨 경우 다음의 사항이 문제가 된다.

① 신호 파형 열이 주파수대역 $B$를 가지는 대역제한 파형이라면 Nyquist의 표준화정리에 의해 간격 $T_a = 1/2B$마다 표준값에서 원래의 디지털 정보는 복원할 수 있다. 그러나 전송로가 왜곡이나 부가잡음이 없는 이상특성이라고 해도 $T_a < 1/2B$인 경우 파형간섭이 필연적으로 발생한다. $d$ 제약부호를 이용하면 이러한 경우라도 파형간섭을 제어할 수 있다.

② 어떤 정보원기호에 대응하는 단위신호파형이 0레벨로 표시되었을 때, 정보원기호의 런이 크면 신호파형 열에서 동기 정보를 추출하는 것이 어려워진다. $k$ 제약부호를 이용하면 동기의 안정화를 확보할 수 있다.

③ 디지털 정보계열의 전력 스펙트럼 밀도(Power Spectral Density : PSD)에는 일반적으로 직류성분 및 많은 저역 성분이 존재하고 있다. 한편 전송로는 보통 대역 통과형의 특성을 가진다. 따라서 이 양자간에 미스매치가 발생하여 전송신호전력의 손실이 커질 뿐만 아니라, 파형간섭발생의 한 원인이 되기도 한다. c제약부호를 이용함으로써 양자의 정합을 도모할 수 있다.

그밖에 전송 부호화를 통해 수신신호 파형 열이 생기는 피크 시프트를 줄이거나, PSD형상을 임의로 변화시키거나 어느 정도의 오류검출 및 정정기능을 획득할 수 있다.

## [2] 부호화 규칙의 표현

부호화 규칙은 대부분의 경우 상태 천이도에서 보여지는 유한 오토머턴(automaton)에 의해 모델표현을 할 수가 있다. 이 모델 표현에 따르면 $d$, $k$, $c$ 등의 제약을 가지는 부호계열의 통신로 용량 $C$의 산출, PSD해석 및 부호화 회로설계 등이 용이해진다. 여기에 통신로 용량이란, 부호기호당 전송할 수 있는 정보원 기호수의 상한이며 $C \geq \eta$이 된다.

그림 7.1은 부호화 규칙의 상태천이도의 표현 예를 Mealy형으로 나타낸 것이

다. 그림 (a)는 비블록 부호인 FM, (b)는 가변길이 블록 부호인 $(d=2, k=7)$RLL
이다. 유향선상에 "정보원 기호/대응 부호어"를 표시했다. 이중원은 주(主)상태
라 부르며, 이 상태에서 시작되는 추이라면 임의의 정보원 출력계열을 일시에
변환할 수 있다. 게다가 임의의 상태(주상태가 있을 경우는 주상태만)에서 추이
를 시작하고, 같은 상태에서 추이를 끝내는 모든 루프패스에 있어서 그 패스를
따라서 전하의 합이 0이 되는 경우를 루프 총합이 0인 상태 추이도라 부르며 이
러한 특징을 가지는 부호는 DC 프리 특성이 된다.

유한 오토머턴 표현을 기초로 함으로써 주어진 특징 파라미터 $d, k, c$ 및 $n$의
제조건을 만족시키는 전송부호를 구성할 수 있게 된다.

표 7.1은 FM부호와 (2, 7)RLL부호의 부호화표이다. 모든 부호는 후술할
NRZI규칙에 따르고 있다.

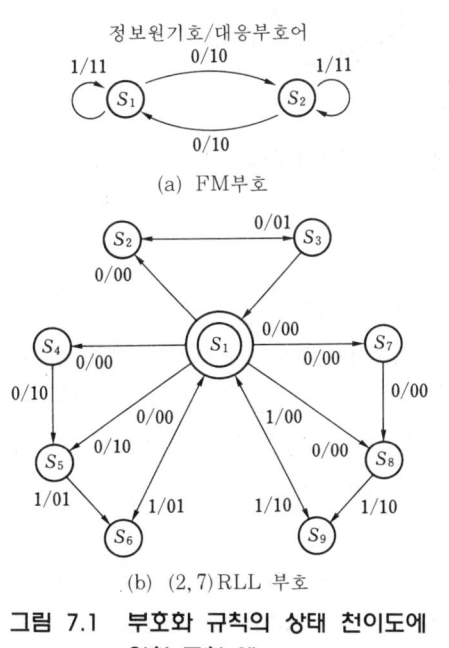

정보원기호/대응부호어

(a) FM부호

(b) (2, 7)RLL 부호

그림 7.1 **부호화 규칙의 상태 천이도에 의한 표현 예**

표 7.1 **FM부호와 (2, 7)RLL부호의 부호화표**

(a) FM부호

| 데이터 입력(데이터어) | 부호어 |
|---|---|
| 0 | 10 |
| 1 | 11 |

(b) (2, 7)RLL부호

| 데이터 입력(데이터어) | | | | 부호어 | | | |
|---|---|---|---|---|---|---|---|
| 1 | 0 | | | 01 | 00 | | |
| 1 | 1 | | | 10 | 00 | | |
| 0 | 0 | 0 | | 00 | 01 | 00 | |
| 0 | 1 | 0 | | 10 | 01 | 00 | |
| 0 | 1 | 1 | | 00 | 10 | 00 | |
| 0 | 0 | 1 | 0 | 00 | 10 | 01 | 00 |
| 0 | 0 | 1 | 1 | 00 | 00 | 10 | 00 |

## [3] PSD

PSD는 단순한 전송부호라면 부호계열의 자기상관함수의 푸리에 변환(Fourier
transform)으로 구할 수 있다. 부호화 규칙을 유한 오토머턴으로 표현할 수 있는

전송부호라면 비블록부호에 대해서는 야스다법, 블록부호에 대해서는 Cariolaro Tronca법을 이용하여 쉽게 PSD를 산출할 수 있다.

정보원기호를 $a_i \in \{0, 1\}$ 부호기호를 $b_j \in \{0, 1\}$로 하고, 정보원기호의 생성확률을 $P(a_i = 1) = 0.5$로 설정했을 경우의 FM 및 (2, 7) RLL 양부호의 PSD는 그림 7.2와 같다.

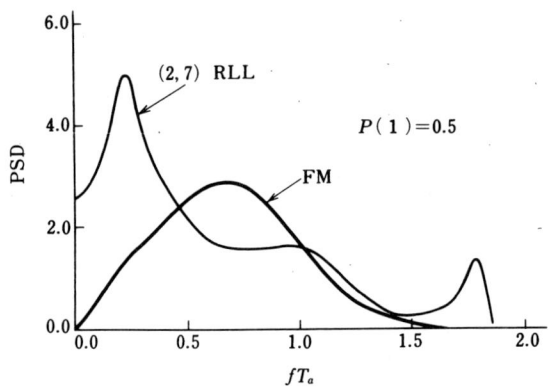

그림 7.2 FM부호와 (2, 7)RLL부호의 PSD

## [4] 전송 부호 예

신호파형레벨은 모두 정규화 되어 있는 것으로 한다.

**(1) 기본적인 부호**   정보원기호를 $a_i \in \{0, 1\}$, 부호기호를 $b_j \in \{0, 1\}$로 하고, $a_i = 0$이 $b_j = 0$으로, $a_j = 1$은 $b_j = 1$로 사상 변환되는 것으로 한다.

단극(Unipolar)부호에서는 $b_j = 0$에 대해서 0레벨, $b_j = 1$에 대해서 +1레벨을 대응시킨다. 극(Polar)부호에서는 $b_j = 0$에 대해서 -1, $b_j = 1$에 대해서 +1을 대응시킨다. 이 1의 레벨값 점유구간 T를 부호기호의 셀폭 $T_b$와 같게 취하는(즉, 100%의 duty ratio) 신호파형 열을 NRZ(Non Return to Zero) 혹은 NRZL파형, $T < T_b$에 취하는 소자파형 열을 RZ(Return to Zero) 파형이라 한다. 또한 부호계열을 NRZL 파형 열에 대응시키는 방식을 NRZL규칙에 따르는 것으로 하고, $b_j = 0$일 때는 레벨반전을 실시하지 않고, $b_j = 1$일 때만 레벨반전을 하는 방식을 NRZI(NRZ Inversion)규칙에 따르는 것으로 한다. 위의 파형 열은 모두 $d$, $k$, $c$ 제약을 만족시키고 있지 않다.

AMI(Alternative Mark Inversion)부호는 양극(Bipolar)부호의 한 형식이

다. bj＝0에 0레벨을, bj＝1에 ＋1, -1 등 두 개의 레벨을 시간추이에 따라서 상호 대응시킨다. 신호 파형 열의 레벨은 3값으로 DC 프리 특성이 되지만, 부호화율은 2값과 동등하기 때문에 의사 3진(pseudo ternary)이라 불리고 있다.

(2) **1BnB부호(비블록 부호)** $a_i \in \{0, 1\}$, $b_j \in \{0, 1\}$이며 단일의 정보원 기호가 n개의 부호기호에 사상된다.

　　가장 단순한 것이 PE(Phase Encoding)부호로, $b_j$＝0에 (＋1, -1)을, $b_j$＝1에 (-1, ＋1)을 대응시킨다. FM부호는 NRZI규칙에 따르는 부호이며, MFM이나 H-3 등을 포함하여 30개의 패밀리 부호가 존재한다.

(3) **mBnB부호(2값 블록 부호)** $a_i \in \{0, 1\}$, $b_j \in \{0, 1\}$이며 m개의 정보원기호가 n개의 부호기호로 사상된다. 8B8B, 8B9B, 8B10B 각 부호는 k와 c의 제약을 받는다. (2, 7)RLL부호는 1B2B를 기본으로 하며, 4B8B까지의 부호어를 가지는 d, k 제약의 가변길이 부호이다. 2/3부호는 2B3B를 기본으로 하며 4B6B까지의 부호어를 가지는 d＝1, k＝7의 가변길이 부호이다. 모두 통신로 용량은 C≦1이 된다.

(4) **mBnT부호(다치블록부호)** $a_i \in \{0, 1\}$, $b_j \in \{0, 1, 2\}$이며 m개의 정보원기호가 n개의 부호기호에 NRZL규칙에 따라서 사상된다. 3B2T부호는 부호화율이 $\eta$＝1.5로 크지만 d, k, c의 어떠한 제약도 받지 않는다. MS43부호는 4B3T부호의 일종이다. 부호화율은 $\eta$＝4/3이 되며, k＝4, c

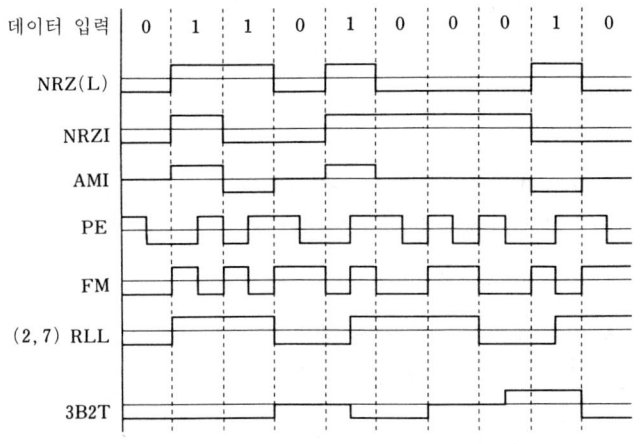

**그림 7.3  각종 전송부호에 대한 신호파형 열의 예**

=3의 제약을 받는다.

그림 7.3은 각종 전송부호에 대한 신호파형 열의 예이다.

## 7.2 재생신호파형의 정형과 등화

전송부호에 $d$ 제약을 부가함으로써 인접 재생신호파형으로부터의 부호간 간섭(파형간섭)을 억제할 수는 있지만, 완전히 0으로 하는 것은 기대할 수 없다. 이것에 대해서 재생신호파형의 형상을 정형함으로써 부호간 간섭을 발생하지 않도록 하는 방법이 Nyquist에 의해 제시되고 있다.

### [1] Nyquist의 첫번째 무왜곡 조건

Nyquist의 첫번째 기준 혹은 단순히 Nyquist의 조건이라고도 불린다. 신호파형 열 $r(t)$를 바르게 표본점 $t=kT_b$에서만 표본화했을 때 표본값이 해당 신호파형에만 의존하고 인접 신호파형에 영향을 받지 않기 위해서는

$$r_k = r(kT_b) = r_0 \delta_{k0} \qquad (7.1)$$

이 성립하지 않으면 안된다. 여기에 $\delta_{k0}$는 Kronecker의 $\delta$이며 $\delta_{ij}=1(i=j)$, $\delta_{ij}=0(i \neq j)$이다.

이 조건을 만족시키는 신호파형 중에서 가장 기본적인 파형은 표준화함수 $S_a(x)=sincx=sinx/x$이며 그 복소 진폭 스펙트럼 $R(j\omega)$는 $f_0=1/2T_b$(혹은 $\omega_0=\pi/T_b$)를 차단(각)주파수로서 가지는 이상적인 저역 필터 특성에 일치한다. 이 $f_0=1/2T_b$를 나이키스트 주파수, $T_b=1/2f_0$를 나이키스트 간격이라 한다. 이 경우 $R(j\omega)$의 허수부 $Im[R(j\omega)]$는 0이 된다.

그러나 현실적으로는 이러한 $R(j\omega)$은 이상적인 특성이기 때문에 실현 불가능하다. 이 때문에 $R(j\omega)$의 실수부를 $w_0=\pi/T_b$와 관련하여 기대칭으로 잘라내어

$$Re[R(j(\omega_0+\omega'))] + Re[R(j(\omega_0-\omega'))] = 일정$$

$$(0 \leq \omega' \leq \omega_0) \qquad (7.2)$$

로 하고, $Im[R(j\omega)]$는 $\omega_0$를 중심으로 우대칭 특성으로 한다. 이렇게 해도 무왜곡 조건이 유지된다는 것을 Nyquist는 보여주고 있다.

식(7.2)를 만족하는 특성은 수없이 존재하지만, 다음에 예로 든 여현강하(Cosine roll-off)특성이 그 대표적인 예로서 알려져 있다.

$$R(jw) = \begin{cases} T_b & (\ |\omega| < \omega_0(1-\beta)) \\ \dfrac{T_b}{2}\left[1 - \sin\dfrac{T_b}{2\beta}(\ |\omega| < \omega_0)\right] \\ \quad (\omega_0(1-\beta) < = \ |\omega| < \omega_0(1+\beta)) \\ 0 & (\ |\omega| > = \omega_0(1+\beta)) \end{cases} \tag{7.3}$$

여기에서 $\omega_0 = \pi/T_b$이며, $\beta$는 롤 오프율이라 불린다. 식(7·3)에 대한 시간파형(임펄스 응답)을 나이키스트 파형이라 하고

$$r(t) = S_a(\omega_0 t) = \frac{\cos \omega_0 \beta t}{1 - (\omega_0 \beta t)^2} \tag{7.4}$$

로 표시할 수 있다. 그림 7.4는 $x=fT_b$로 정규화 한 경우의 식(7.3)과 식(7.4)의 특성을, $\beta$를 파라미터로 하여 나타낸 것이다.

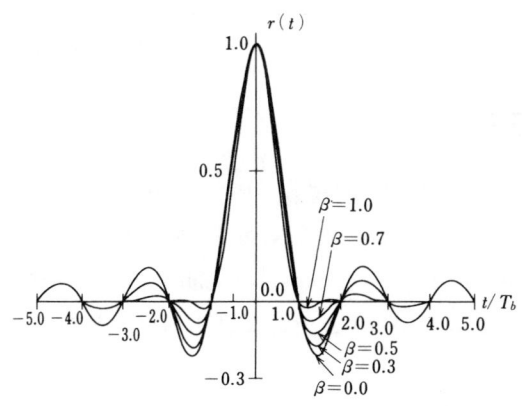

(a) 나이키스트 파형

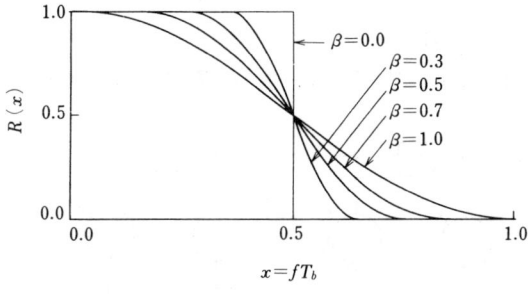

(b) 여현 하강특성

그림 7.4 $\beta$ 를 파라미터로 하는 나이키스트 파형과 Cosine roll-off 특성

## [2] Nyquist의 두번째 무왜곡 조건

변환점에서의 무왜곡 조건이라 불린다. 수신된 신호파형을 최대값 $A$의 1/2 레벨에서 잘라냈을 때 송신신호파형(이 경우 duty ratio가 100%인 구형파)이 바르게 재생되기 위한 조건으로 $A=1$로 정규화 하면,

$$r_k = r(\frac{2k-1}{2} T_b) = 0 \quad (k \neq 0, 1)$$

$$r_0 = r_1 = \frac{1}{2} \tag{7.5}$$

이 성립하지 않으면 안 된다.

식(7.5)를 만족하는 복소 진폭 스펙트럼 특성도 수없이 존재하지만, 다음에 나타낸 2승 여현(raised cosine) 특성이 그 대표적인 예로서 알려져 있다.

$$R(j\omega) = \frac{1}{2T_b} \cos^2(\frac{\omega T_b}{4}) = \frac{1}{2T_b} [1 + \cos(\frac{\omega T_b}{2})]$$

$$( |\omega| < = \frac{2\pi}{T_b} ) \tag{7.6}$$

## [3] 파형등화

신호파형으로서 나이키스트 파형을 이용했다고 해도 필터설계나 전송로에 대한 특성파악이 불충분하면 부호간 간섭이 발생한다. 이것을 보상하기 위하여 파형등화(waveform equalizing 혹은 mop-up equalizing)의 방법이 있다. 즉 전송로의 전달특성을 $H(j\omega)$로 표시하면 그 역특성인 $1/H(j\omega)$를 새롭게 송신단 혹은 수신단에 삽입한다.

시간영역에서의 파형등화기로서 트랜스버설 필터(Transversal Filter)를 이용하는 방법이 알려져 있다. 이 등화기는 일정간격 $D$마다 탭을 가지는 지연회로와 신호 식별점이 되는 중량회로, 그리고 그 합을 구하는 가산기로 구성되어 있다. 이를 그림 7.5에 나타낸다. 또한 반드시 $D=T_b$가 필요 조건인 것은 아니다.

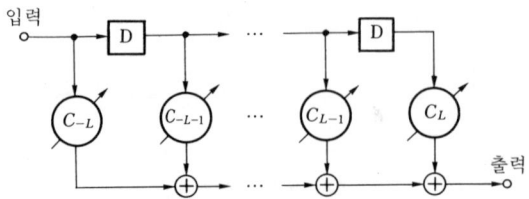

그림 7.5 트랜스버설 등화기

# 7.3 부분 응답방식과 상관파형

## [1] 부분 응답방식의 원리

부분 응답(Partial Response : PR)방식은 Kretzmer에 의해 원래 전송로가 급격한 차단특성을 동반할 때 신호간 간섭의 존재를 처음부터 허용하고, 각 표준점에서 의 간섭량을 제어하여 정수비로 대역제한을 $\omega_0 = \pi/T_b$에 넣는 파형등화의 한 형식으로서 개발되었다.

그러나 이 PR방식이 전술한 바이폴러 부호 등을 포함하는 광범위한 레벨상관 부호라 불리는 전송부호에 관한 전송특성과 일치하는 것이 보여, 송신측과 전송 로 그리고 수신측을 일괄한 전송특성을 실현하는 데에 매우 유용하다는 것이 밝 혀졌다.

게다가, 최근에는 PR회로 출력이 전형적인 상관파형(correlative waveform), 즉 송신된 단일한 신호파형에 대해서 복수의 수신신호 식별점에서 그 응답이 0이 아닌 파형인 것을 적극적으로 활용하는 것에 관심이 모아지고 있다. 즉 Maximum Likelihood법의 한 형식으로, 길쌈부호의 복호법으로 알려진 비터비 알 고리즘과 PR방식을 조합한 것으로 전송대역 $\omega_0$를 초월한 고능률 전송을 가능 케 하고, 나아가 복호된 디지털 정보의 오류율을 개선할 수 있는 것이다.

그림 7.6은 PR 회로의 예이다. 송신측에 있는 회로는 modN의 디지털 프리코 더(precoder) 혹은 단순히 프리코더라 불리며, PR회로출력 $x(t)$에서 오류파급을 일으키지 않도록 PR 회로의 역특성을 갖게 한 회로이다. 이 그림에서

$$x(t) = \sum_k a_k h(t - kT_b) \tag{7.7}$$

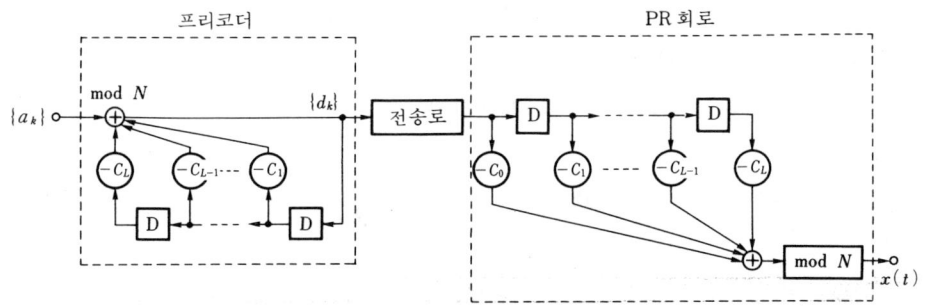

**그림 7.6 PR회로와 프리코더**

여기에 $h(t)$는 프리코더, 전송로 및 PR회로의 종합전달특성 $H(jw)$의 임펄스 응답파형으로

$$h(t) = \sum_{n=0}^{N} c_n r(t - nT_b) \tag{7.8}$$

로 표시된다. $r(t)$는 나이키스트 파형이다. 이것에서

$$x(t) = \sum_k a_k \left[ \sum_{n=0}^{N} c_n r(n - kT_b) \right]$$
$$= \sum_k a'_k \, r(t - kT_b) \tag{7.9}$$

여기에

$$a'_k = \sum_{n=0}^{N} c_n a_{k-n} \tag{7.10}$$

이며, PR회로의 각 중량계수는

$$c_n = 적당한 \; 정수값 \times c_o \tag{7.11}$$

로 설정된다. 이렇게 하여

$$x(kT_b) = a'_k \tag{7.12}$$

로서 식별된다.

## [2] 각종 부분응답(PR)방식

PR방식은 PR회로의 중량계수를 이용하여

$$PR(c_o, \; c_1, \; \cdots, \; c_N)$$

로 표현할 수 있다. PR(1, -1)은 전술한 바이폴러 부호와 등가가 된다. 그 외에 Kretzmer는 대표적인 PR방식으로서 다음의 5가지 형식을 들고 있다.

Class Ⅰ PR(1, 1). Duobinary라고도 불린다.

Class Ⅱ PR(1, 2, 1)

Class Ⅲ PR(2, 1, -1)

Class Ⅳ PR(1, 0, -1). Modified Duobinary

Class Ⅴ PR(-1, 0, 2, 0, -1)

예로서 PR(1, 1)방식의 파형을 그림 7.7에 나타낸다.

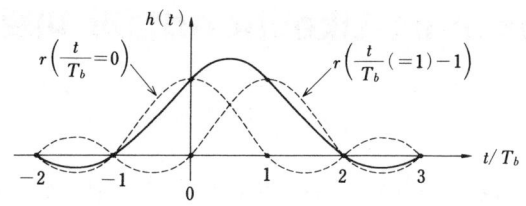

그림 7.7 PR(1, 1)회로의 출력

## [3] 아이 다이어그램

수신파형 열의 파형왜곡을 종합적으로 평가하는 방법으로서 아이 다이어그램 (Eye Diagram) 혹은 아이패턴(Eye Pattern)이 있다. 이것은 소자파형 열의 단위간 격 두 개의 인접 셀에 대해서 발생할 수 있는 모든 파형의 조합을 모은 것이다.

그림 7.8은 PR(1, 1)의 아이 다이어그램의 예이다. 일반적으로 PR회로출력이 N값일 때에는 $(N - 1)$개의 아이가 생긴다. 진폭방향 및 상호방향의 아이 열림을 각각 진폭 마진, 위상 마진이라 부른다. 부가잡음 등의 영향에 의해 진폭 마진 및 위상 마진은 축소된다. 아이가 닫히면 신호식별은 불가능해진다.

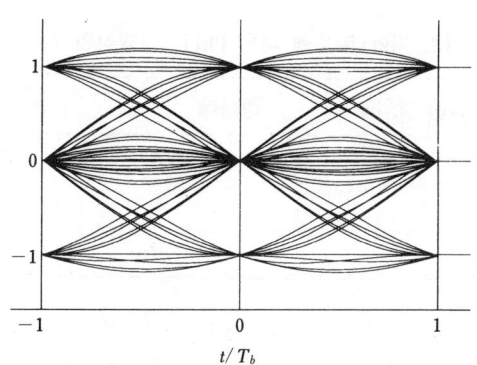

그림 7.8 PR(1, 1)방식의 아이 다이어그램

# 7.4 Maximum Likelihood법과 비트 오류율

## [1] 원리

Maximum Likelihood(ML)법이란 수신신호의 검출, 식별 및 복호 처리에 있어서 각 식별점마다의 수신신호를 대상으로 하는 것이 아니라 어떤 유한 길이의 수신신호계열을 대상으로 하는 방법이다.

비터비(Viterbi) 알고리즘은 ML법의 한 형식으로 수신신호계열이 유한 오토머턴 모델로 표현될 수 있다는 것을 전제로 하고 있다. PR회로의 출력은 물론 유한 오토머턴 모델로 표현할 수 있기 때문에 여기에서 검토할 ML법은 비터비 알고리즘을 가리킨다.

본 절에서는 PR방식과 ML법과의 조합, 즉 PRML을 고려하고 있기 때문에 수신신호계열은 PR회로의 출력이 된다. 여기에서는 (2, 7)RLL부호와 PR(1, 1)방식의 조합에 ML법을 조합시킨 경우를 예로 들겠다. 표 7.2는 이 경우의 유한 오토머턴 모델에 대한 프리코더 출력 $d_k$(그림 7.6 참조)와 PR회로출력 $x_k$와의 관계를 나타내는 상태 천이표이다.

**표 7.2 (2, 7)RLL부호에 대한 PR(1, 1)방식의 상태 천이표**

| 전(前)상태 \ 프리코더 출력 $d_k$ | 현상태 | | PR 회로 출력 $x_k$ | |
|---|---|---|---|---|
| | 0 | 1 | 0 | 1 |
| $S_1$ | $S_1$ | $S_2$ | -1 | 0 |
| $S_2$ | $S_1$ | $S_2$ | 0 | 1 |

그림 7.9(a)에 (2, 7)RLL부호에 대한 PR(1,1)방식의 상태 천이도를, (b)에 그 시간적인 상태 천이를 나타내는 트렐리스 선도(trellis diagram)를 나타낸다. 여기에 $k$란 $kT_b$를 나타내며, 다른 것도 마찬가지이다. (a), (b) 모두 유향선상에는 "정보원 기호/PR회로출력"이 첨부되어 있다. (b)에서 상태간의 유향선을 가지(branch), 가지의 연결을 패스(path)라 한다.

PR회로출력 $x_k$에는 잡음 $n_k$가 상가되어 실제로는 $y_k=x_k+n_k$가 된다. 또한 $x_k$, $n_k$, $y_k$ 모두 일반적으로는 벡터 양이 된다.

각 가지에는 애매도를 나타내는 가중값으로서

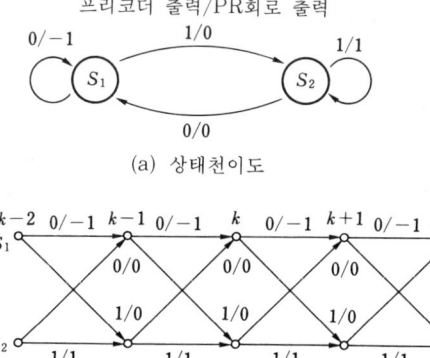

(a) 상태천이도

(b) 트렐리스 선도

**그림 7.9** (2, 7)RLL부호에 대한 PR(1, 1)방식의 상태 천이도와 트렐리스 선도

$$l(y_{k,}\ x_k) = -\ln P(y_k \mid S(k-1); a_k) \tag{7.13}$$

가 정의되고, 이것을 branch metric이라 한다.

## [2] 알고리즘의 기본조작

**(1)** 시점 $k$에서의 각 상태 $S_i(k)$로부터 시점 $k+1$에서의 각 상태 $S_j(k+1)$에 대한 모든 가능한 가지에 관해서 branch metric $l(y_k,\ x_k)$을 계산한다.

**(2)** 모든 가지에 대해서 시점 $k$에서의 상태 $S_j(k+1)$로의 survival pass $P_i(k)$의 패스 메트릭 $m_i(k)$에 $l(y_k,\ x_k)$을 가산한다.

**(3)** 시점 $k+1$의 각 상태 $S_j(k+1)$에서 $S_j(k+1)$에 대한 모든 패스에 대해서 (2)에서 구한 합계를 비교하여 최소값을 부여하는 패스를 survival pass로서 남긴다. 이 survival pass가 $i = \alpha$라면 가지 $l_{aj}$와의 짝을 선택하여 연접하고, 새로운 패스를 $S_j(k+1)$에 관한 survival pass $P_j(k+1)$로 하여 패스 메트릭을

$$m_j(k+1) = m_a(k) + l_{aj}(y_k, x_k) \tag{7.14}$$

로 둔다. 또한 최소값을 부여하는 짝이 여러 개 있다면 그 중에서 적당히 하나만 선택한다.

**(4)** 시점 $k+1$의 모든 상태에서 그 이전 시점에 대해서 survival pass가 하나로 합류(merge)된다고 한다면, 시점 $r$에서 모든 survival pass를 최대 패스로

간주하여 이것에 대응하는 디지털 정보 열을 복호 출력하는 것으로 한다.

(5) 다시 처리를 시점 $k+2$로 진행시켜 (1)에서부터의 조작을 반복한다.

## [3] 비트 오류율

그림 7.10은 (2, 7)RLL부호와 PR(1, 1)방식의 조합에 대하여 매 비트마다 복호했을 때와 비터비 복호했을 때의 오류율을 나타낸다. 횡축은 수신단에서의 소요 SN비이다. 비터비 복호에 의해 약 3dB의 개선을 보이고 있다.

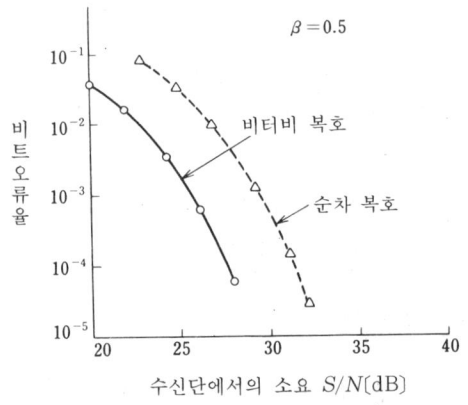

**그림 7.10  순차 복호와 비터비 복호와의 비트 오류율 비교((2, 7)RLL부호와 PR(1, 1)방식)**

# 7.5  향후의 전망

본 장에서 설명한 내용은 현재 디지털 방송 시스템의 일부인 디지털 VTR이나 하드디스크, 광디스크 등 축적계와 관련해서는 빼놓을 수 없는 신호처리기술의 하나가 되고 있다. 따라서 앞으로는 이러한 파형전송기술은 위성디지털 방송, 유선TV방송 나아가서는 지상파 디지털 방송에도 필수가 될 것이다.

# 참고문헌

( 1 )  P. A. Franaszek : "Sequential-state Method for Run-length-limited Coding", IBM J. Res. & Dev., **14**, 4, pp. 376-383 (July 1970)

( 2 )  田崎三郎, 大沢　寿 : "ディジタル記録における信号処理方式", テレビ誌, **42**, 4, pp. 330-337 (April 1988)

( 3 )  J. Eggenberger and P. Hodges : "Sequential Encoding and Decoding of Variable Word Length, Fixed Rate Data Codes", U. S. Patent, 4115768 (Sept. 19, 1978)

( 4 )  W. R. Bennet and J. R. Davey : "Data Transmission", McGraw-Hill, New York (1965)

( 5 )  安田　浩 : "遷移確率行列によるパルス系列の電力スペクトルの計算", 信学論, **54-A**, 10, pp. 547-551 (Oct. 1971)

( 6 )  G. L. Cariolaro and G. P. Tronca : "Spectra of Block Coded Digital Signals", IEEE Trans. Commun., **COM-22**, 10, pp. 1555-1564 (Oct. 1974)

( 7 )  J. L. Locicero, D. J. Costello, Jr. and L. C. Peach : "Characteristics of the Hedeman H-1, H-2 and H-3 codes", IEEE Trans. Commun., **COM-29**, 6, pp. 901-908 (June 1981)

( 8 )  S. Tazaki, S. Tsuzuki and Y. Yamada : "FM Family Code", IEEE Globecom '95, pp. 1394-1401 (Nov. 1995)

( 9 )  M. Cohn, G. V. Jacoby and A. Bates : "Data Encoding Method and System Employment Two-Thirds Code Rate with Full Word Lookahead", U. S. Patent, 4337458 (June 29, 1982)

(10)  H. Kasai, et al. : "800 Mbit/s Digital Transmission System over Coaxial Cable", IEEE Trans. Commun., **COM-31**, 2, pp. 302-306 (Feb. 1983)

(11)  P. A. Franaszek : "Sequence-state Coding for Digital Transmission", Bell Syst. Tech. J., **47**, 1, pp. 143-157 (Nov. 1967)

(12)  A. B. Carlson : "Communication Systems (Third Edition)", McGraw-Hill, New York (1986)

(13)  木村英俊, 広崎膨太郎編 : "ディジタル通信", 丸善 (1991)

(14)  猪瀬　博, 宮川　洋編 : "PCM 通信の進歩", 産報 (1974)

(15)  今井秀樹 : "符号理論", 電子情報通信学会 (1990)

(16)  H. Osawa, S. Yamasita and S. Tazaki : "Performance Improvement of Viterbi decoding for FM Recording Code", IEE, Electronics & Commun. Engng. J., pp. 167-170 (July/Aug. 1989)

# Digital
# Broadcasting

## 8
## 디지털 변복조 기술

방송의 디지털화와 관련해서는 새로운 서비스의 개발, 방송국측의 설비와 같은 문제도 있지만, 주요한 기술문제로는 화상/음성 압축기술, 각 신호를 효율적으로 전달하는 다중화 기술 및 프레임포맷과 오류정정/변조를 포함한 전송기술을 들 수 있다. 압축과 다중기술에 관해서는 방송뿐만 아니라 기록미디어와 통신을 포함한 공통 방식으로서 화상, 음성 부호화 및 다중화방식을 규정한 MPEG-2가 국제표준방식으로 책정되어져 있다. 국제적으로 방송규격을 심의하는 ITU-R에서도 각국 모두 MPEG-2방식을 이용할 것을 표명하고 있다.

여기에서 설명할 디지털 변복조방식은 MPEG-2 대상 외의 각 전송로의 고유 과제로서, 시스템 자체의 특성뿐만 아니라 유한한 전파자원에 직접 관련된 방송채널 플랜에 관한 문제이기도 하다.

전송하는 '1', '0' 정보가 승객이라면 디지털 변조는 탈 것에 해당하는 교통기관에 비유할 수 있다. 교통기관에서는 목적에 맞게 배, 철도, 비행기 등을 이용할 수 있는 것처럼 방송전파의 디지털화에 있어서도 한정된 방송전파의 대역 내에서 그 전송로를 사용하여 서비스하는 서비스측의 요구조건에 합치된 디지털 변조방식을 채용하는 것이 가장 중요하다.

본문에서는 먼저 디지털 변복조기술의 기본적인 사항에 대해 설명하고, 이어서 위성계, 지상계의 변복조기술, 나아가 변복조의 관점에서 시스템동향과 장래 전망에 대해 설명하겠다.

# 8.1 변조방식

## [1] 디지털 방송 전송로

디지털 방송용 전송로로는 위성계, 지상계, 케이블계 등을 들 수 있는데, 각기 전혀 다른 특징을 가지고 있다. 또한 이미 실시되고 있는 기존 방송파에 디지털 신호를 다중하는 다중방송은 지금까지도 몇 가지 시스템이 실용화되었다. 다중방송의 경우에는 디지털 방송 자체의 변조방식과 더불어 다중되는 측의 변조방식이 전송특성을 크게 좌우한다.

표 8.1  각 전송로의 특징

| | |
|---|---|
| 위성 | • 넓은 지역을 동시에 서비스할 수 있다.<br>• 광대역 신호를 취급할 수 있다.<br>• 고스트 방해가 거의 없다.<br>• 12GHz, 21GHz대 파는 이동수신에는 적합하지 않다.<br>• 강우에 의한 신호의 감쇠가 크다.<br>• 위성출력전력에 제한이 있다.<br>• 증폭기를 선형 동작시킬 경우에는 출력을 최대 출력에서 수 dB 저하시켜야 한다.<br>• 증폭기를 최대 출력으로 작동시킬 경우에는 비선형이 문제가 된다. |
| 지상 | • 로컬 서비스에 적합하다.<br>• VHF, UHF는 이동통신에 최적<br>• 위성에 비해 출력 전력의 제한은 없다.<br>• 고스트 방해가 크다.<br>• 채널플랜이 복잡 |
| 케이블 | • 양방향 전송이 가능<br>• 높은 C/N을 확보할 수 있다.<br>• 빛은 광대역신호의 전송이 가능<br>• 이동수신 불가 |

　무선에 의한 위성방송과 지상방송은 서비스로서의 요구조건이 고정수신을 대상으로 하는 시스템인지, 이동수신을 대상으로 하는 시스템인지에 따라서 채용할 수 있는 디지털 변조방식은 전혀 달라지게 된다.

　각 전송로의 특징을 표 8.1에, 일본에서 현재 이미 실시되고 있는 디지털 방송 변조방식에 관한 파라미터를 표 8.2에 나타냈다.

## [2] 디지털 신호의 오류율

### (1) 이상적인 검파 방식
디지털 신호의 신뢰도는 일반적으로

$$비트 \ 오류율 = \frac{수신측에서 \ 잘못된 \ 비트 \ 수}{송신한 \ 총비트 \ 수}$$

에 의해 평가된다. 이 비트 오류율은 수신 1비트당 에너지($E_b$)와 1Hz당 잡음전력($N_o$)비에 의해 결정된다. $E_b$는 수신전력과 비트레이트, $N_o$는 검파방식과 수신기 NF(Noise Figure) 등에 의해 결정된다. 따라서 바람직한 변조방식은 시스템으로서의 전송로 특성, 대역폭, 필요한 비트레이트 등의

**표 8.2 일본에서 실용화되고 있는 디지털 방송방식**

| 방송방식 | | 변조방식 | 보레이트 〔Baud/s〕 | 비트레이트 〔b/s〕 |
|---|---|---|---|---|
| 순수 디지털 | CS 음성방송 | MSK | 24.576M | 24.576M |
| 다중 디지털 | 위성방송 음성 | 5.73MHz 부반송파를 QPSK 하고, 영상신호에 주파수를 다중시키고 FM | 1.024M | 2.048M |
| | MUSE 음성 | 3값 베이스밴드신호를 MUSE 신호로 시분할 다중 하여 FM | 12.15M | 18.225M |
| | FM다중방송 (고정) | 76kHz 부반송파를 QPSK하 고, 스테레오 음성신호로 주 파수 다중하고 FM | 24k | 48k |
| | FM다중방송 (이동)(10월 개시 예정) | 76kHz 부반송파를 L-MSK 하고, 스테레오 음성신호로 주파수 다중하고 FM | 16k | 16k |
| | VBL 다중문 자방송 | 2치 베이스밴드신호를 영상 신호로 시분할 다중하여 VSB-AM | 5.7272M (당초에는 포락선 검파 를 상정, 현재의 수신기 는 의사 동기 검파) | 5.7272M |

구속조건에 적합한 $E_b/N_0$가 최소가 되는 시스템이다.

이론값에서의 비트 오류율은 수신기의 검파가 대역무한대이며, 송신측과 같은 신호파형을 가지는 이상적인 상관 검파가 가능한 최적수신기를 가정하여 구한다. 수신신호를 $r(t)$라 하고, 전송될 가능성이 있는 파형을 $S_1(t)$, $S_2(t)$,…, $S_k(t)$라 하면 최적수신기의 구성은 **그림 8.1**과 같이 된다. 이 그림의 상관출력 $C_1$, $C_2$, …, $C_k$는 수신신호 $r(t)$와 제각기 가능성이 있는 $S_1(t)$, $S_2(t)$, …, $S_k(t)$의 적(積)을 1비트 기간(0 - $T$) 적분한 값이다. 이것들 가운데 최대값이 가장 가능성 있는 송신파형 $S_i(t)$이 된다.

**(2) 비트 오류율** 현재 $T$(초)간 지속하는 $S_1(t)$와 $S_2(t)$가 같은 에너지를 가진 두 종류의 파형을 이용하여 신호를 보낸다고 가정하면 $S_1(t)$가 송신된 경우의 **그림 8.1**의 상관기 출력은 다음과 같아진다.

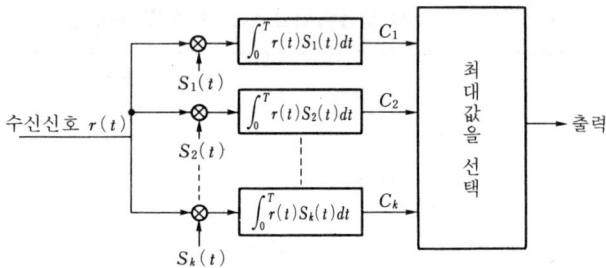

**그림 8.1 최적수신기의 구성**

$$C_1 = \int_0^T r(t)S_1(t)dt$$

$$= \int_0^T \{(S_1(t))^2 dt + \int_0^T n(t)S_1(t)dt \tag{8.1}$$

$$C_2 = \int_0^T r(t)S_2(t)dt$$

$$= \int_0^T S_1(t)S_2(t)dt + \int_0^T n(t)S_2(t)dt \tag{8.2}$$

여기에서 $n(t)$는 가우스잡음이며, 다음 식의 자기 상관을 갖는다.

$$\phi(\tau) = \int_{-\infty}^{\infty} n(t)n(t+\tau)dt$$

$$= \frac{N_0\delta(\tau)}{2} \tag{8.3}$$

여기에서

$$\delta(\tau) = 1 \ (\tau = 0, \ \text{그 외의 값에서는 } 0) \tag{8.4}$$

($C_1 - C_2 < 0$인 경우에는 오류가 발생한다.)

$$C_1 - C_2 = \int_0^T \{S_1(t)\}^2 dt + \int_0^T n(t)S_1(t)dt$$

$$- \int_0^T S_1(t)S_2(t)dt - \int_0^T n(t)S_2(t)dt$$

$$= (1-a)E_b + N \tag{8.5}$$

단,

$$E_b = \int_0^T \{S_1(t)\}^2 dt = \int_0^T \{S_2(t)\}^2 dt \tag{8.6}$$

$$a = E_b \int_0^T S_1(t) S_2(t) dt \tag{8.7}$$

$$N = \int_0^T n(t)\{S_1(t) - S_2(t)\} dt \tag{8.8}$$

$$\sigma^2 = E[N^2] = E\left[\int_0^T \int_0^T n(t)n(p)\{S_1(t) - S_2(t)\} \times \{S_1(p) - S_2(p)\} dtdp\right]$$

$$= \int_0^T \int_0^T E[n(t)n(p)]\{S_1(t) - S_2(t)\} \times \{S_1(p)\} dtdp$$

$$= \frac{N_0}{2} \int_0^T \{S_1(t) - S_2(t)\}^2 dt$$

$$= E_b(1-a)N_0 \tag{8.9}$$

식(8.5)의 상관기 출력의 차는 평균값$(1-a)E_b$, 분산$(1-a)E_oN_o$의 가우스 분포이다.

따라서 식(8.5)가 음수가 될 확률은 다음과 같아진다.

$$P_b = \int_{-\infty}^{\infty} p(t) dt$$

$$= \frac{1}{\sqrt{2\pi}\,\sigma} \int_{-\infty}^0 \exp\left(-\frac{[t - Eb(1-a)]^2}{2\sigma^2}\right)$$

$$= \frac{1}{2} erfc\left[\frac{\sqrt{E_b(1-a)}}{2N_0}\right] \tag{8.10}$$

단,

$$erfc(x) = \frac{1}{\sqrt{\pi}} \int_x^{\infty} e(-y^2) dy \tag{8.11}$$

$$erfc(x) = 2Q(\sqrt{2}\,x) \tag{8.12}$$

로서 $Q$함수가 자주 이용되며, 근사값에 대해서는 이미 수치계산에 의해 주어졌는데, 식(8.13)이 간단한 근사값으로서 제시되고 있다.

$$Q(x) = \left(\frac{1}{x\sqrt{2\pi}}\right)\left(1 - \frac{0.7}{x^2}\right)e\left(-\frac{x^2}{2}\right) \tag{8.13}$$

$x > 2$의 경우에는 오차는 매우 적다.

BPSK(Binary Phase Shift Keying)의 경우를 예로 들어 보면 BPSK에서는 위상이 180도 다른 두개의 정현파를 이용하기 때문에

$$S_1(t) = \sqrt{2E} \cos \omega_c t \tag{8.14}$$

$$S_2(t) = -S_1(t) \tag{8.15}$$

$$a = -1 \tag{8.16}$$

$$E_b = ET \tag{8.17}$$

따라서 식(8.10)은 아래와 같이 된다.

$$
\begin{aligned}
P_{bpsk} &= \frac{1}{2}\, erfc\!\left(\sqrt{\frac{E_b}{N_0}}\right) \\
&= Q\!\left(\sqrt{\frac{2E_b}{N_0}}\right)
\end{aligned} \tag{8.18}
$$

최적수신기에 의한 대표적인 변조방식의 오류율 특성은 **그림 8.2**와 같다. $E_b/N_o$는 비트레이트를 포함한 값이기 때문에 이 그림에서 동일한 비트레이트라도 변조방식에 따라서 큰 특성차가 있다는 것을 알 수 있다.

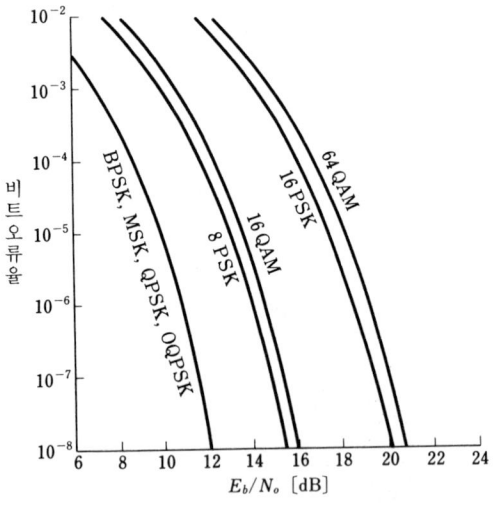

**그림 8.2 변조방식의 특성**

(3) $E_b/N_o$와 $C/N$  변조방식의 랜덤노이즈에 대한 강점은 식(8.10)과 같이 이미 $E_b/N_o$로 결정되는데, 대역폭에 제한이 있어 비트레이트가 항상 문제가 되는 실제 시스템에서는 $C/N$에 의해 평가되는 경우가 많다. 대역폭을 B, 비트레이트를 $1/T_b$라 하면 $E_b/N_o$와 $C/N$의 관계는 식(8. 19)에 의해 표시된다.

$$\frac{C}{N} = \left(\frac{1}{BT_b}\right)\frac{E_b}{N_0} \tag{8.19}$$

식(8.19)에서 $BT_b = 1$인 경우는 $C/N$과 $E_b/N_o$는 동일한 값이 된다. 즉 비

트레이트를 올려도 그만큼 대역폭을 넓히면 소요 $C/N$은 변하지 않게 된다. 반대로 대역폭은 바꾸지 않고 비트레이트만을 증가시킬 경우에는 당연히 소요 $C/N$은 그만큼 더 필요해진다. 예를 들면 BPSK의 경우는 $BT_b=$ 1이기 때문에 $C/N$에 대한 오류율은 $E_b/N_o$의 특성과 같다. 한편 QPSK에 의해 비트레이트를 2배로 올릴 경우에는 $BT_b=0.5$이기 때문에 식(8. 19)에서 BPSK와 동일한 비트 오류율을 얻기 위해서는 비트레이트를 올린 만큼 BPSK에 비해 3dB여분의 수신기입력이 필요하다.

## [3] 각종 변조방식

아날로그 변조와 마찬가지로 디지털 변조에서도 입력 데이터 열에 맞추어 정현파 진폭을 변화시키는 ASK(Amplitude Shift Keying), 주파수를 변화시키는 FSK(Frequency Shift Keying), 위상을 변화시키는 PSK(Phase Shift Keying)가 있으며, 이들은 독립적으로나 혹은 조합하여 사용된다.

그림 8.3에 각 변조방식의 상호 관계를, 그림 8.4에 대표적인 변조방식의 위상도면을 나타낸다.

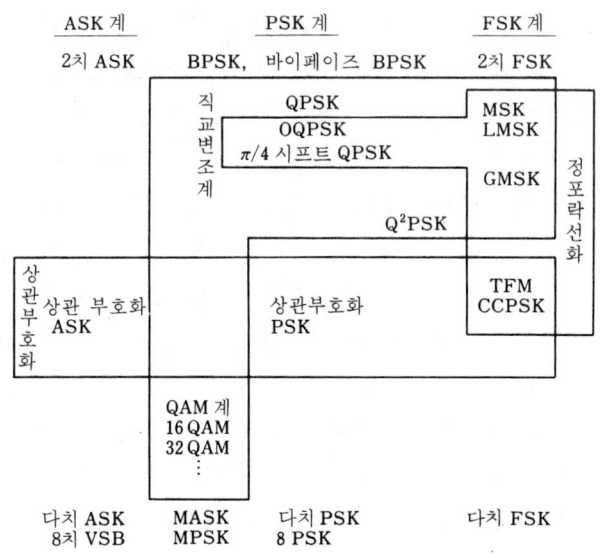

**그림 8.3 각종 디지털 변조방식의 관계**

(1) **주요 변조방식의 특징**　ASK는 가장 간단한 디지털 변조 방식이다. 1895년에 실시된 마르코니의 전파에 의한 최초의 통신실험은 2치 ASK

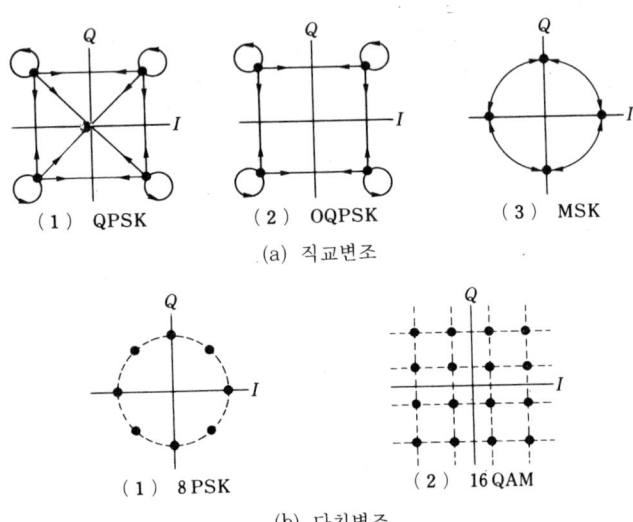

(1) QPSK     (2) OQPSK     (3) MSK

(a) 직교변조

(1) 8 PSK     (2) 16 QAM

(b) 다치변조

**그림 8.4 대표적인 변조방식의 위상도면**

로, '1', '0'을 반송파의 유무로 송신하는 전신이었다. TV신호인 VBL에 문자부호를 다중하는 문자다중방송은 2치 방식이며, MUSE의 음성/데이터 신호는 3치이다. 또한 미국지상 디지털 TV인 ATV 그랜드 얼라이언스의 변조방식으로 최근에 결정된 8치 VSB도 ASK의 일종이다. 진폭방향에 정보를 가지기 때문에 비선형에는 약한 결점이 있다.

FM변조계의 FSK는 송신측에서의 안정된 발진이 가능해짐에 따라 실용화되었다. 일반적으로 FSK는 전송 비트레이트 비율에는 비트 변화시 불연속에 의해 소용 대역폭이 넓어지기 때문에 신호변화시의 위상을 연속으로 하든지, 필터를 사용하는 등의 방법에 의해 대역폭을 좁히는 방안이 모색되고 있다. MSK(Minimum Shift Keying)가 가장 기본적인 FSK로, 연속 위상 FSD 중에서 최소의 변조지수(0.5)를 가지고 있다. 종종 비교되는 동일한 직교 변조계인 QPSK에 비하면 주엽의 대역폭은 1.5배 필요하지만, 진폭이 일정하기 때문에 비선형에 강한 이점이 있다. 일본의 12GHz대 CS(Communication Satellite) 음성방송에서는 MSK에 의한 24Mb/s 시스템을 이미 실용화하고 있다.

PSK에 대해서는 BPSK, QPSK, 8PSK 등이 널리 이용되고 있다. 바이페이즈 BPSK는 유럽의 FM 다중방송 RDS(Radio Data System)에 채용되고 있으며 "1", "-1" 신호를 각각 "1, -1", "-1, 1"에 대응시켜서 BPSK변조하는 방식이다. 신호의 대역폭은 BPSK에 비해 2배로 넓지만, 직류분이 없기 때문에 비트 동기를 취하기 쉬운 이점이 있다. QPSK는 BPSK에 덧붙여 또 다른 직교축인 BPSK도 이용하기 때문에 $E_b/N_o$에 대한 성능은 BPSK와 동일하다. OQPSK(Offset QPSK)는 QPSK의 상호 직교 변조계로의 입력신호의 위상을 $T/2$만큼 벗어나서 신호 진폭이 0이 되지 않도록 하며, 진폭변화를 적게 하여 비선형에 강하게 하고 있다. OQPSK는 위성 디지털 전송계의 디지털 변조방식으로 종종 이용된다. 또한 QPSK의 기본 캐리어 위상을 심벌마다 $\pi/4$ 회전시켜 OQPSK와 같이 진폭이 0이 되지 않도록 하여 진폭변화를 적게 한 $\pi/4$시프트 QPSK는 일본과 미국에서 디지털 자동차전화의 변조방식에 채용되고 있다. 8PSK는 후술할 [5]항에서 설명할 부호화 변조의 기본이 되고 있다. 또한 QPSK를 베이스로 해서 진폭방향으로 정보를 갖게 하여 대역효율을 올리고 있는 것이 QAM계이다.

**(2) QPSK와 MSK**  QPSK와 MSK는 디지털 변조방식의 기본이 되고 있으며, 동일한 직교변조방식이라는 면에서 비교의 대상이 되고 있다.

(a) **신호의 생성**  $m_1(t)$, $m_2(t)$를 입력정보로 하여 각각이 직교신호에 의해 변조시키는 것으로 한다. 전송신호는 아래와 같이 된다.

$$x_c(t) = m_1(t)\cos(\omega_c t + \alpha) + m_2(t)\sin(\omega_c t + \alpha)$$
$$= A\cos(\omega_c t + \phi(t) + \alpha) \tag{8.20}$$

$$A = m_1(t)^2 + m_2(t)^2 \tag{8.21}$$

$$\phi(t) = \tan^{-1}\frac{-m_2(t)}{m_1(t)} \tag{8.22}$$

$m_1(t)$와 $m_2(t)$가 각기 임의의 +1을 취하고, 그 변화점이 $m_1(t)$, $m_2(t)$ 모두 동일한 경우에는 식(8.20)은 QPSK를 나타내는 것이 된다. 따라서 식 (8.21)의 $\phi(t)$는 $\pm\pi/4$, $\pm3\pi/4$를 취하기 때문에 $\pi/4 \leftrightarrow -3\pi/4$, $-\pi/4 \leftrightarrow 3\pi/4$의 변화시에 진폭이 0이 된다. 식(8.20)의 캐리어위상 $\alpha$를 심벌마다 $\pi/4$변화시킨 것이 $\pi/4$ 시프트 QPSK이다. 또한 $m_1(t)$와 $m_2(t)$가 상호 1주기의 중앙값으로 신호를 변화시키려 한 것이 OQPSK이다.

나아가

$$m_1(t) = a_1(t)\cos\omega_s t \tag{8.23}$$

$$m_2(t) = a_2(t)\sin \omega_s t \qquad (8.24)$$

로 하여 $\omega_s = \pi /T$로 하고, $a_1(t)$, $a_2(t)$는 +1의 값을 취하며, $T$마다 변화 시키는데 그 값은 동시에 변화하는 것이 아니라 OQPSK와 마찬가지로 서로 $T/2$만큼 벗어난 점에서 변화하도록 한 것이 MSK이다. 여기에서 비트율을 $1/T_b$라 하면 $T=2T_b$이다. 이때

$$\phi(t) = -\tan^{-1}\left(\frac{a_2(t)}{a_1(t)}\tan \omega_s t\right)$$

$$= \pm \omega_2 t + u_k \qquad (8.25)$$

단 $u_k = n\pi$ 이다.

따라서 식(8.20)은

$$x_c(t) = \cos(\omega_c \pm \omega_s)t + u_k + \alpha) \qquad (8.26)$$

이 된다. MSK의 위상면에서의 동향은 그림 8.5와 같다.

최대각 주파수 편이가 $2\omega_s$, 변조주파수가 $1/T_b$이기 때문에 변조지수는

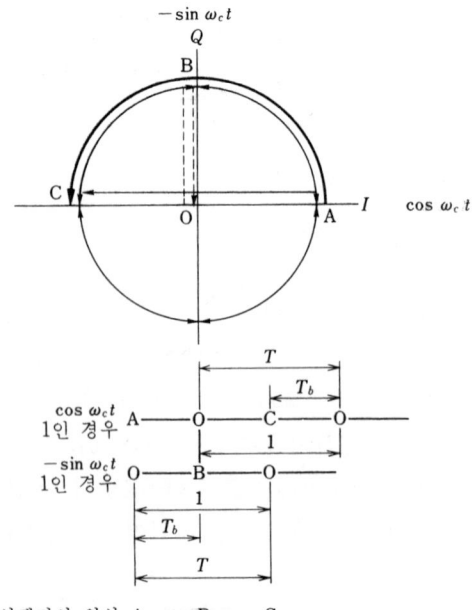

합성팩터의 위상 A ──→ B ──→ C ──

**그림 8.5  MSK의 위상도(그림 8.11 MSK의 A, B, C에 상당)**

$$\frac{1/(2T_b)}{1/T_b} = 0.5 \tag{8.27}$$

MSK에서는 1비트($T_b$) 사이에 위상면상에서 반드시 $+\pi/2$만큼 이동하기 때문에 이 특징을 살려서 직교 검파 회로에 오류정정기능을 갖게 할 수 있다.

직교 변조신호 생성회로의 구성은 **그림 8.6**과 같다.

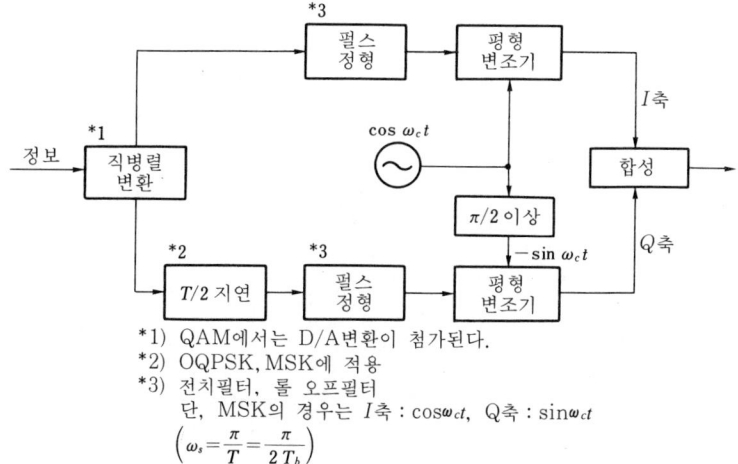

*1) QAM에서는 D/A변환이 첨가된다.
*2) OQPSK, MSK에 적용
*3) 전치필터, 롤 오프필터
단, MSK의 경우는 $I$축 : $\cos\omega_c t$, Q축 : $\sin\omega_c t$
$\left(\omega_s = \dfrac{\pi}{T} = \dfrac{\pi}{2T_b}\right)$

**그림 8.6 직교변조계 신호 생성회로**

(b) 소요 대역폭    BPSK와 QPSK 주엽의 대역폭은 각각 $2/T_b$, $1/T_b$이다. 한편 MSK와 관련해서는 식(8.26)은 주파수 차 $2\omega_s$의 FSK를 나타내고 있으며, FSK의 한 파는 각기 직교축에 값을 가지고 QPSK와 동일한 스펙트럼이 되기 때문에 이 주엽의 대역폭은 $1/T_b$이다. 또 한편의 FSK캐리어와의 각주파수 차이는 $2\omega_s$이기 때문에 $1/T=1/2T_b$의 주파수 차이가 된다. 따라서 MSK신호의 주엽 대역은

$$\frac{1}{T_b} + \frac{1}{2T_b} = \frac{3}{2T_b}$$

이 되기 때문에 BPSK의 3/4배, QPSK의 1.5배의 대역폭이 된다. 이러한 관계는 **그림 8.7**과 같다.

단, 부엽에 관련해서는 MSK쪽이 QPSK에 비해 급격히 감쇠하기 때문에 점유주파수 대역 $B$(99%의 에너지를 포함하는 주파수 대역폭)는 다음 식과 같이 MSK쪽이 작다.

$$B= \begin{cases} 1.2/T_b & (MSK) \\ 8/T_b & (QPSK) \end{cases} \qquad (8.28)$$

필터를 이용하지 않고 구형파만으로 변조했을 경우의 BPSK, QPSK, MSK 각 신호의 베이스밴드 등가전력 스펙트럼은 **그림 8.8**과 같다.

QPSK나 MSK 모두 대역폭이 무한대인 조건에서 복호할 경우에는

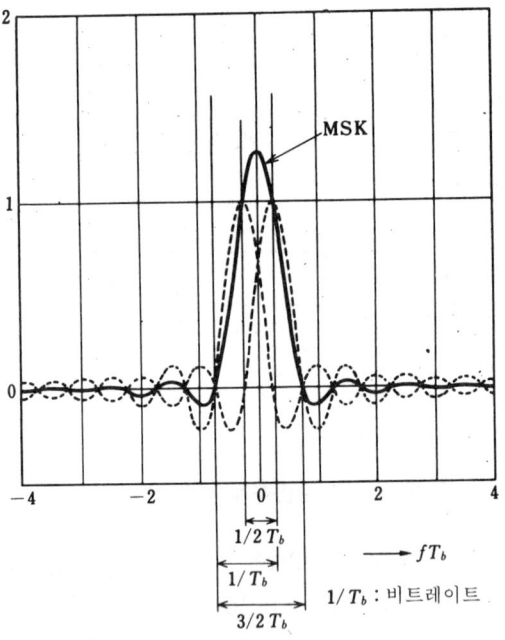

**그림 8.7 MSK의 스펙트럼**

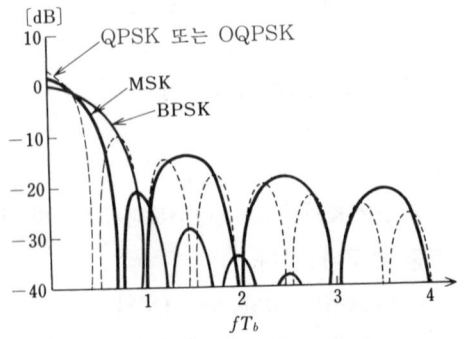

**그림 8.8 구형파 변조시의 베이스밴드
등가전력 스펙트럼**

상호 직교하고 있는 축의 신호를 복호하기 때문에 $E_b/N_o$에 관한 비트 오류율 특성은 변하지 않는다. 다만, 전송로 특성에 따라서는 상호 성능 차이가 발생하게 된다. 예를 들면 현행 방송 위성회선에서는 출력을 최대한으로 효과적으로 사용하기 위해서 TWT(Traveling Wave Tube)를 비선형 특성의 상태로 동작시키고 있다. 또한 대역폭도 27MHz의 제한이 있다. 그림 8.9에 비트율을 바꾸었을 경우의 QPSK 와 MSK를 비교하였다. 이러한 회선에서의 대개의 경향은 그림 8.9에서도 알 수 있듯이 QPSK의 롤오프율에도 의존하지만, 비트율이 대역폭 정도 이하라면 QPSK가 비선형에서 받는 왜곡쪽이 MSK가 대역제한에 의해 받는 왜곡보다 커서 MSK쪽이 유리하다. 반대로 비트율이 그 이상인 경우에는 MSK가 대역제한에 의해 받는 열화쪽이 커지기 때문에 QPSK쪽이 유리하게 된다. 당연히 비트율이 대역폭의 2배에 가까워지면 QPSK라도 특성은 급격히 열화된다.

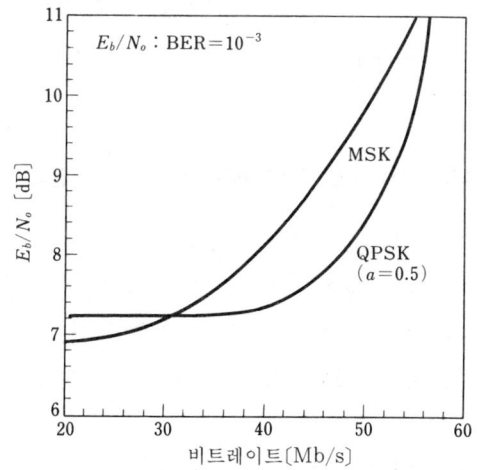

그림 8.9 위성회선($B=27$MHz)에서의 QSK와 MSK

**(3) 협대역화**  시스템에 따라서는 인접 주파수대를 방해하지 않고 한정된 주파수 대역 내에서 가능한 한 높은 비트율로 서비스해야만 하는 경우가 있다. 변조방식에 따라서 다양한 협대역화에 대한 검토가 진행되고 있다.

상관부호화인 부분 응답(Partial Response)은 전술한 신호를 중첩하여 가산해서 변조한다. 즉 비트율을 올리기 위해 부호간 간섭을 고의로 발생시켜 신호를 송신하고, 수신측에서는 판명되어 있는 간섭량을 역산하여 올바른 비트를 복원한다. 아메리카 세이코사가 실시하고 있는 FM다중방송의 변조방식은 부분 응답 방식을 채용하고 있다.

상호 직교관계가 없는 상태에서의 다치화(多値化)는 비트율을 높일 수는 있지만, $E_b/N_o$를 열화시킨다. 예를 들면 **그림 8.10**과 같이 ASK에서 2값에서 4값으로 대역폭을 바꾸지 않고 비트율을 2배로 높이려고 한다면 9.5dB 증가된 전력이 필요하여 비트율의 3dB만큼을 빼서 $E_b/N_o$에서 6.5dB정도 열화한다. 그 때문에 선형성이 유지되고 있는 시스템에서는 위상변조를 단순히 다치화하는 것이 아니라, 위상변조 속에서도 효율적인 QPSK와 다치 ASK를 조합하여 QPSK의 진폭방향으로 정보를 가지게 한 16QAM과, 32QAM 등의 QAM계가 이용된다. 미국의 그랜드 얼라이언스에서 후보로 끝까지 남아 있던 것이 32QAM이다.

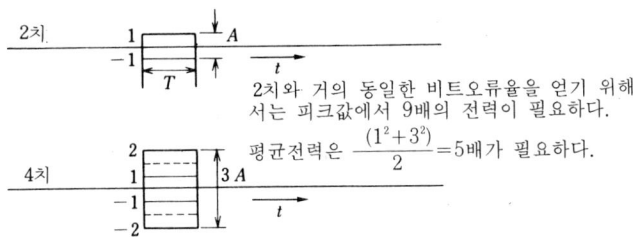

**그림 8.10 ASK의 다치화에 의한 $E_b/N_o$ 열화**

GMSK(Gaussian filtered MSK)는 MSK의 직교변조계 베이스밴드 신호에 가우스필터를 걸어 협대역화하고 있는데, 당연히 부호간 간섭이 일어나기 때문에 본래의 MSK에 비하면 오류율 특성은 열화한다. 유럽의 디지털 자동차 전화시스템GSM(Global System for Mobile Communication)에서는 GMSK를 채용하고 있다.

또한 TFM(Tamed FM)신호는 일종의 부분 응답으로, 위상 변화량을 식 (8.29)와 같이 하여 로컬 오프 필터를 통해 FM파를 생성하고 있다. MSK에 비해 주엽의 넓이가 제한되어 부엽도 급격히 감쇠한다.

$$\Delta\phi = (\frac{d_{t-1}}{4} + \frac{d_t}{2} + \frac{d_{t+1}}{4}) \times (\frac{\pi}{2}) \tag{8.29}$$

$Q^2$PSK는 두 쌍이 직교하는 MSK 신호를 사용하여 비트레이트를 높이고 있다. 나아가 다상(多相) PSK와 다치(多値) ASK를 조합시켜 비트레이트를 높이는 방식도 있다.

또한 협대역화와 동시에 특정 비트를 오류에 대해 강하게 하기 위해서 위상면상의 위치를 왜곡시키는 방식도 검토되고 있다.

주요한 변조방식의 위상변화를 그림 8.11에 나타낸다.

**(4) 내(耐)방해 대책용 변조방식**  변조방식의 기본적인 정(靜) 특성은 그림 8.2에 주어져 있는데, 실제의 전송로에서는 CW, 임펄스, 고스트, 페이딩, 중계기 파형왜곡 등 디지털 파형 전송상의 여러 가지 방해가 존재한다.

(a) LMSK(Level-controlled MSK)  이동 수신용 FM 다중방송의 변조방식으로 최근 개발된 방식이다. FM방송의 경우 다중경로 방해를 받으면 베이스밴드 신호의 상호 변조성분이 발생하여 FM 검파 후의 다중신호 주파수영역의 SN비가 열화된다. 특히 변조도가 높은 38kHz(*L-R*) 변조파에 의한 76kHz의 방해가 크다. LMSK에서는 다중경로시에도 76kHz다중변조신호의 SN비가 열화되지 않도록 진폭방향에 정보를 포함하지 않은 MSK의 진폭을 (*L-R*) 신호의 레벨에 따라 변조하고 있다. 수신측에서는 제한을 주어 통상의 MSK검파를 실시한다.

(b) SS(Spread Spectrum)  직접 확산방식에 의한 SS신호 발생 예를 그림 8.12에 나타낸다. 기본이 되는 QPSK, 혹은 MSK 등의 변조에 더 높은 칩레이트 신호로 확산 변조하여 생성하는 광대역 신호이다. 알기 쉽게 설명하기 위해 칩레이트를 *N*[cps](Chip Per Second)라 하고, 1초간 $2^N$종류의 파형이 전송 가능하다고 하자. 이 경우 SS에서는 $2^N$의 파형 중 거의 일부의 신호만을 사용하도록 하고, 신호간 유클리드 거

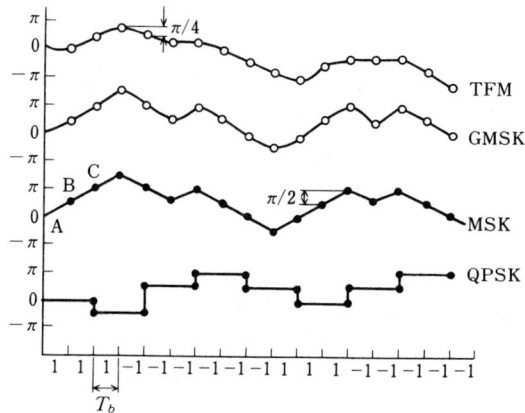

그림 8.11  주요 변조방식의 위상변화 예(A, B, C는 그림 8.5의 A, B, C에 상당한다)

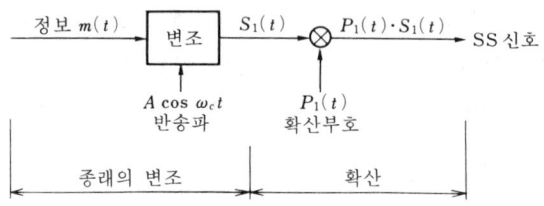

**그림 8.12 직접 확산 SS방식 신호 발생 예**

리를 크게 하여 CW와 고스트 등의 방해에 강하게 한다. 송신하는 신호의 수를 늘리면 그만큼 잡음이 증가하게 된다. 당연히 $2^N$개의 신호를 송신하도록 하면 $N$[b/s]의 기본 변조방식과 같은 특성이 된다.

SS는 소요 대역폭의 비율에는 비트레이트를 취할 수 없기 때문에 방송분야에서 주미디어의 변조방식으로서의 이점은 거의 없다. 그러나 대역폭의 비율에는 개개의 비트레이트가 낮아 다중에 의한 이득을 얻을 수 있는 자동차 전화 등에서는 이미 실용화되고 있다.

(c) OFDM　그림 8.13과 같이 주파수간격을 $1/T_s$($T_s$ : 유효 심벌간격)로 하여 각 캐리어간을 직교시키고, 부호간 간섭이 없도록 한 수 백개의 반송파를 사용하여 각 반송파에 낮은 비트레이트 신호를 할당하고, 전체적으로 소요 비트레이트를 얻도록 하고 있는 멀티캐리어방식이다. 일본에서는 OFDM에 대해서 이전부터 연구되고 있었지만, 최근의 고속·고집적 LSI 개발에 의해 고성능의 시스템이 가능해지게 되었다. 신호생성은 주파수 영역에서 시간영역으로 변화하는 역FFT에

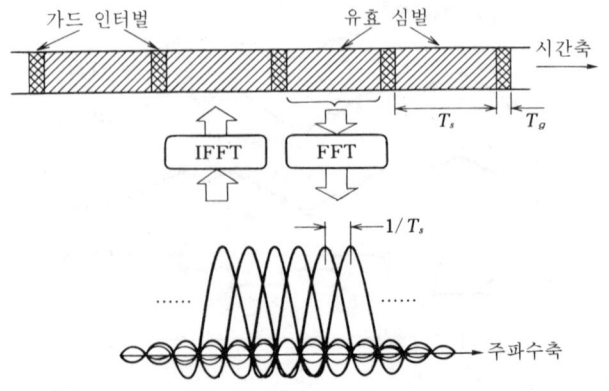

**그림 8.13 OFDM신호의 복조**

의해 $(T_s + T_g)$ 기간의 신호를 발생시켜 행한다($T_g$ : 가이드 인터벌). 복호는 역으로 $T_s$ 기간의 파형을 메모리하고, $T_s$ 기간의 모든 정보를 이용하여 FFT에 의해 주파수영역신호를 구하고 있다. 각 신호의 비트레이트가 저속인 데다가 고스트를 흡수하기 위한 가드 인터벌($T_g$)을 마련하기 때문에 복잡한 파형 등화기 없이 고스트와 페이딩에 매우 강한 시스템을 구성할 수 있다. 또한 고스트에 강한 이점을 이용한 SFN과 방해를 받기 쉬운 특정 캐리어를 사용하지 않도록 하여 혼신 보호비를 향상시킬 수 있는 등 방송으로서 유리한 점이 많다는 점에서도 이동체 디지털 음성 방송용 혹은 지상디지털 TV용 변조방식으로서 각국에서 채용이 검토되고 있다.

## [4] 복조방식

수신기측의 검파 방식으로는 동기 검파, 지연 검파, 주파수 검파, 적응동기 검파 등의 방식을 생각할 수 있다. 여기에서는 가장 일반적인 **그림 8.14**에 나타낸 동기 검파와 지연 검파에 대해 살펴보자.

이상적인 검파 방식은 동기 검파이지만, 동기 검파의 경우에는 수신기측에서 송신측과 동위상의 반송파를 재생시키지 않으면 안 된다. 고정통신과는 달리 방송에서는 다양한 수신조건이 존재할 것, 기준신호를 항상 보내야 할 것 등 일반적으로 동기 검파 조건은 매우 엄격하다는 점에서 송신측에서 미리 차분 부호화한 후 변조함으로써 수신측의 기준반송파 위상이 송신측의 반송파 절대위상에 합치하지 않아도 복호할 수 있는 방식을 채용하고 있다.

보통은 재생한 방송파신호의 위상을 기준으로 동기 검파를 하여, 전 심벌의

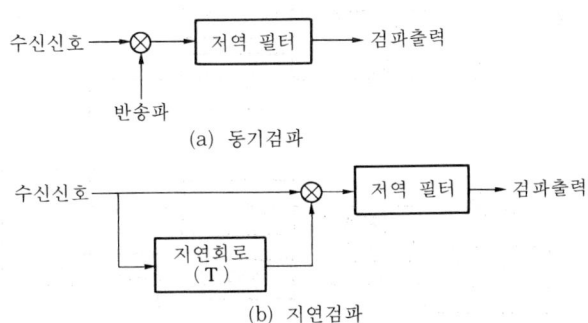

(a) 동기검파

(b) 지연검파

**그림 8.14 대표적인 검파 방식**

검파 출력과의 차이를 구하여 복호하는 방식을 취하고 있다. 이 경우 하나의 심벌 에러가 복호시에는 그 전후의 복호에도 영향을 미치기 때문에 본래의 동기 검파에 비해 오류율은 약 2배 열화한다.

$N$상 QPSK에서의 반송파신호는 입력신호를 $N$승 함으로써 얻을 수 있는데, 노이즈 성분도 $N$승 되기 때문에 $C/N$저하시의 비트오류율이 열화하여 현재로서는 거의 이용되고 있지 않다. 실제로는 반송파 재생과 검파를 동시에 실시하는 코스터스형의 검파 방식이 채용되고 있다. $N$상 QPSK코스터스 검파 방식회로의 예는 그림 8.15와 같다. MSK에 대해서도 코스터스형의 검파 방식이 이용되는데, 비트동기의 왜곡을 반송파발생회로로 귀환하는 형태로 한 방식도 실제로 채용되고 있다.

또한 이동체수신과 같이 고스트와 페이딩 등의 열악한 수신조건에서는 반송파를 항상 정확하게 수신하는 것은 불가능하다. 일본에서 개발된 이동 수신용 FM 다중방송을 비롯하여 이동체용 복조방식의 대부분은 반송파를 재생할 필요가 없는 지연 검파를 채용하고 있다. 지연 검파는 동기 검파와 달리 동일한 잡음을 포함한 신호와 더해지기 때문에 특성은 열화한다. 어느 정도의 $E_b/N_0$가 확보되어 있을 경우의 위상변조신호에서의 동기 검파에 대한 지연 검파의 오류율의 열화는 위상 수가 증가함에 따라서 점차 3dB에 가까워짐을 알 수 있다. BPSK에서의 이 열화는 0.5dB, QPSK에서는 2.3dB이다. 이와 같이 지연검파는 동기검파에 비해 정특성의 점에서는 열화하지만, 반송파를 재생할 필요가 없기 때문에 동기 검파의 약점인 고스트와 페이딩 등의 방해에는 매우 강한 특성을 보인다.

일본의 CS음성 PCM방송에서는 MSK의 수신측 복조방식으로서 순수한 동기 검파 방식을 채용하고 있다. 이 시스템에서는 재생한 반송파의 위상을 변화시켜

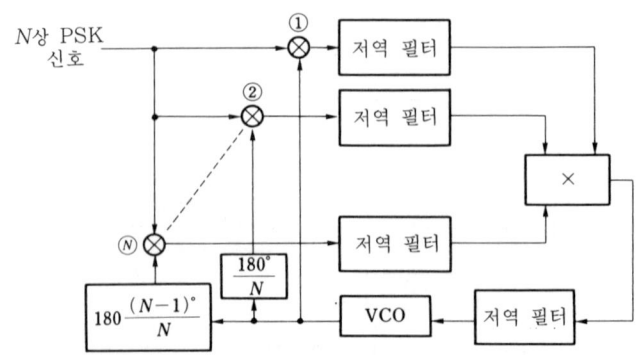

**그림 8.15 $N$상 PSK 코스터스형 검파 회로**

수신신호 속에서 일정한 패턴을 포함한 플레이밍 신호를 검출하게 됨에 따라 검파용 반송파신호의 절대위상을 결정하여 동기 검파하는 방식을 채용하고 있다. 회로는 약간 복잡해지지만 $E_b/N_o$ 대 비트 오류율 특성이 완만한 비트 오류율이 나쁜 점에서의 효과가 커서 종전 방식에 비해 비트 오류율 $10^{-2}$에서 1dB정도 유리해진다.

## [5] 부호화 변조방식

다상 PSK와 다치 QAM과 오류정정부호를 조합시키고, 변조파 신호점의 배치와 오류정정부호의 복호 특성을 실효적인 신호간 거리를 증대시켜서 비트 오류율 특성을 개선시키는 것이 부호화 변조방식이다. 이 경우 다상 PSK와 다치 QAM과 같은 비2원 전송로는 보통 전송로는 아니기 때문에 신호간 거리로서는 종래의 해밍거리가 아니라, 유클리드 거리를 이용하여 설계한다. 종래의 변조이론에서는 부호화 변조방식에 대해서는 별로 화제가 되지 않았지만, 정보전송 스피드를 높이기 위해 다상/다치 변조가 검토됨에 따라 전송분야에서 중심적인 연구테마가 되고 있다. 부호화 변조방식은 오류정정부호, 블록부호와 길쌈부호 중 어느 쪽을 이용해도 실현할 수 있는데, Ungerboeck에 의한 TCM(Trellis Coded Modulation) 발표이래 길쌈부호가 주류를 이루고 있다. TCM에 대해서는 많은 문헌에 기록되어 있기 때문에 여기에서는 그 효과만을 **그림 8.16**에 나타내기로 한다. 8상 TCM의 경우 비트오류율 $10^{-3}$으로 4상 PSK에 비해 2.2dB 개선된 것이다. 길쌈부호에 의해 모든 오류가 정정되었다고 해도 최종적으로는 부호화되어

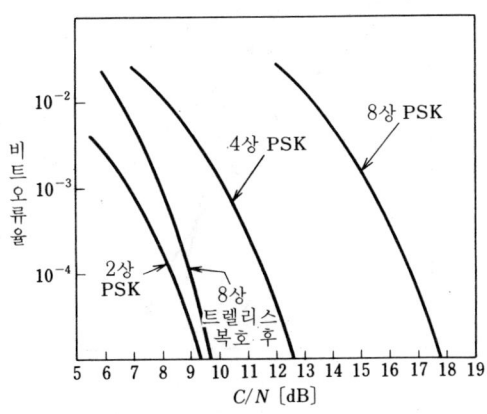

**그림 8.16  8상 트렐리스 특성**

있지 않은 최상위 비트의 오류율이 문제가 되기 때문에 점차적으로는 BPSK의 특성에 가까워지게 된다.

길쌈부호가 아니라, 일본의 문자방송과 FM다중방송에 채용되어 있는 블록부호인 (272, 190) 차집합 순회부호를 사용한 경우의 8상 부호화 변조방식의 신호생성 회로 구성과 특성은 그림 8.17, 8.18과 같다. 오류정정 후의 특성이 향상되어 $E_b/N_o$가 7dB 이상에서는 TCM에 비해 (272, 190)부호에 의한 방식쪽이 우수하다.

16QAM에 관한 TCM도 동일한 방법으로 구성된다. OFDM과 16QAM · TCM을 조합시킨 방식의 해석결과가 이미 발표되었다.

부호화 변조방식은 수신기측의 회로는 복잡해지지만 한정된 대역폭에서 보다 많은 정보를 보낼 경우에는 적합한 방식이다. 그러나 목표로 하는 비트 오류율이 TV신호와 같이 $10^{-8}$ 이하가 되면 TCM의 경우는 오류특성이 향상되지 않기 때문에 그다지 장점은 얻을 수 없다. 따라서 이러한 경우에는 부호화 변조방식뿐만아니라 또 하나의 오류정정부호를 부가하여 비트 오류율을 내리는 방법이 이용된다.

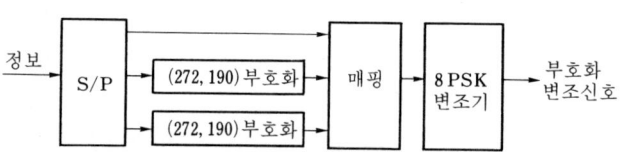

**그림 8.17 (272, 190)부호에 의한 8PSK부호화 변조**

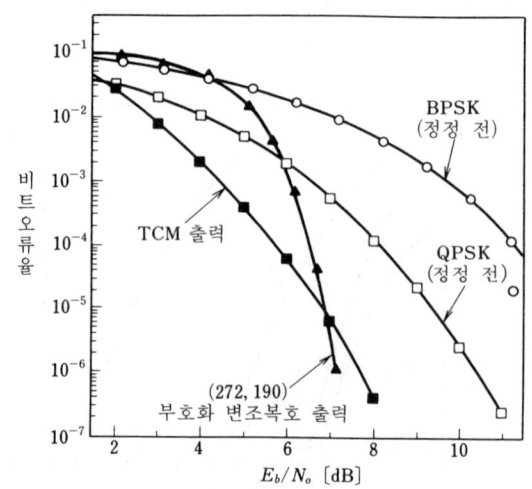

**그림 8.18 부호화 변조방식의 비교**

# 8.2 위성용 변복조기술

## [1] 위성방송에 이용되는 주파수대의 특징

위성계 전송로는 지상계에서 문제가 되는 고스트 방해가 없어, 채널당 대역폭을 넓게 취할 수 있다. 이 때문에 높은 비트율 서비스가 가능하다. 또한 지상계나 케이블계에 비하면 매우 낮은 비용으로 일본전국을 일시에 커버할 수 있기 때문에 디지털 방송과 같은 새로운 방송시스템을 도입하는 데에는 매우 유력한 수단이다.

현재 위성방송은 12GHz대의 주파수를 이용한 시스템이 실용화되고 있다. 또한 21GHz대, 2.6GHz대에 금후의 이용이 기대되고 있다. 또한 42GHz대, 84GHz대 등에도 위성방송에 할당된 주파수대가 있지만 아직 실용화되기에는 시간이 필요하다.

현재 실시되고 있는 12GHz대 위성방송은 정지위성을 이용하고 있다. 이 전송로의 기본적인 특성은 다른 주파수대와도 공통되는 점이 많기 때문에 우선 이것을 정리하고 이어서 각 주파수대의 특징에 대해 살펴보기로 하겠다.

### (1) 정지위성의 전송로 특성

(a) 위성출력　　표 8.3은 현재 일본에서 이용되고 있는 위성방송 BS-3을 수신하는 경우의 회선설계 예이다.

위성 송신출력과 제손실 및 송신안테나 이득에서 등가방사전력(EIRP)으로서 위성에서 송신된 전파의 강도를 구할 수 있다. BS-3의 송신출력은 120W로 예를 들면 도쿄에서의 EIRP로서 58dBW를 얻을 수 있다.

지금까지 실용화되고 있는 주요 정지위성은 통신위성에서 10 - 50W, 위성방송에서 100 - 120W 정도의 출력 중계기를 탑재하고, 50 - 60dBW 정도의 EIRP를 실현하고 있다. 또한 최근 실용화되고 있는 통신위성 중에는 50W이상의 중계기 출력을 갖는 것도 있다. 이것은 방송서비스를 목표로 하는 위성 수요의 증대가 그 요인 중의 하나로 출력 면에서는 위성방송과의 차이가 줄어들었다.

유럽에서는 TWT출력 250W이상에서 64dBW의 EIRP를 얻을 수 있는 대전력 위성이 발사된 적이 있지만 TWT 고장 등에 의해 서비스할

수 있는 채널이 적어 수신기 보급에는 이르고 있지 않다. 송신전력 증
대라는 점에서는 100W급 TWT를 병렬 운전하여 미국 전역과 같은 넓
은 지역에서 높은 EIRP를 확보하는 위성이 계획되고 있다. 그러나 지
상 방송기와 같은 킬로와트급 송신출력을 실용위성방송에서 얻는 것
은 위성의 발생전력의 한계와 열처리 등의 문제로 인해 아직 어렵다.

(b) **전송로 손실**　위성방송회선에서는 위성의 송신 안테나에서 지구상
의 수신 안테나까지의 전반거리가 매우 길다. 예를 들면 BS-3는 동경
110도의 적도상에 있는데 이 위성으로부터 도쿄까지는 대략
37,000km이다. 이 때문에 전반손실이 크다. 우주공간에서의 전반손실
은 자유공간손실로서 다음 식으로 주어진다.

$$L_d = \left(\frac{\lambda}{4\pi d}\right)^2 \tag{8.30}$$

여기에서 $\lambda$는 파장, $d$는 거리이다. 이 식에 따라 계산하면 12GHz
에서의 자유공간손실은 206dB이다. 또한 2.6GHz, 21GHz로 동일 거리
를 전송할 때에는 각각 192dB, 210dB의 손실이 있다.

(c) **강우 감쇠**　SHF대의 주파수에서는 빗방울이 전반로상에 있으면 전
파는 산란/흡수되어 현저하게 감쇠한다. 또한 기체분자 고유의 흡수
스펙트럼에 일치하면 공명현상에 의해 전파는 흡수되어 감쇠한다. 따
라서 이러한 주파수를 이용할 경우에는 강우와 대기흡수에 의한 감쇠

**표 8.3　12GHz대 위성방송의 회선설계 예**

| | 주파수 | 12.0GHz | |
|---|---|---|---|
| $P_e$ | EIRP(도쿄) | 58.0dBW | |
| $L_d$ | 자유공간손실 | -205.6dB | |
| $R$ | 강우마진 | -2.0dB(99%) | -6.0dB(99.9%) |
| $G/T$ | 수신기 $G/T$(수신안테나 지름 $D=$ 45cm, 안테나 개구효율 $\eta=0.7$, 잡음지수 $N_f=1.2$dB) | 9.8dB/K | 8.4dB/K |
| $B_o$ | 볼츠만 정수 | -228.6dBW/K·Hz | |
| $L_s$ | 고정열화 | -3.0dB | |
| $C/N_0$ | 실효 $C/N_o$ | 85.8dB/Hz | 80.4dB/Hz |

량을 미리 마진으로서 예상해 둘 필요가 있다.

이 값은 기후에 따라 다르지만, 일본 대부분 지역에서의 99% 서비스 시간율을 달성할 경우의 대기 흡수분을 포함하는 강우 마진은 12GHz대에서 2dB, 21GHz대에서 8dB이다. 또한 2.6GHz대에서의 마진은 0.1dB이하로 대부분 무시할 수 있다.

(d) **방해, 혼신**　정지위성의 전송로에서 방해가 되는 잡음은 열잡음이 지배적이다. 또한 주파수, 궤도의 이용이 고도가 됨에 따라 다른 무선 시스템으로부터의 간섭도 고려할 필요가 있다. 특히 전파를 편파 공용하고 있는 위성시스템에서는 강우에 의해 직교성분이 발생하여 교차편파 식별도가 열화되기 때문에 간섭이 증가한다. 예를 들면 12GHz대의 위성방송대역에서는 일본이 우향 편파, 우리나라는 좌향 편파를 이용하여 주파수를 공용하고 있기 때문에 간섭마진을 신중히 검토할 필요가 있다. 현재 이 주파수대에서는 혼신보호비가 정해져 있어서 이를 만족하도록 전송하지 않으면 안 된다.

나아가 수신안테나의 소형화가 진행됨에 따라서 빔이 확산되고, 근접한 궤도위치의 위성으로부터의 전파가 간섭파로 수신되어 버릴 가능성이 있다. 이러한 간섭의 영향은 간섭 마진으로서 회선계산에 반영시키는 경우가 있다.

(e) **수신안테나, 변조방식**　이상 설명한 것처럼 위성회선에서는 지상에서 수신할 수 있는 전력에 한계가 있다. 이 때문에 잡음지수가 좋은 수신기와 파라볼라 안테나 등의 높은 이득을 얻을 수 있는 수신안테나를 이용하여 신호를 효율적으로 수신한다. 수신기 성능은 $G/T$라는 지표에 의해 평가할 수 있다. 이것은 수신안테나 이득과 잡음온도의 비로 결정된다.

12GHz를 예로, 일본에서 널리 이용되고 있는 45cm파라볼라 안테나를 모토로 수신기의 $G/T$를 계산한다. 안테나 이득은 다음 식으로 주어진다.

$$G = \eta \left( \frac{\pi D}{\lambda} \right)^2 \qquad (8.31)$$

여기에서 $\eta$은 안테나 개구효율이며, 현재의 위성방송 수신안테나에서는 0.7정도를 얻고 있다. 또한 $D$는 안테나 지름이다. 다음에 수신장치의 잡음온도는 강우 감쇠량 $R$과, 잡음지수 $N_f$에 의해 구할 수 있다.

$$T = \frac{60}{R} + 290(N_f - \frac{1}{R})\qquad(8.32)$$

식(8.31), 식(8.32)에서 강우 감쇠 2dB, 잡음 1.2dB인 경우의 $G/T$는 9.8dB/K가 된다.

최종적으로 얻을 수 있는 수신 $C/N_0$는 데시벨 연산에서

$$\frac{C}{N_0} = P_e + L_d + R + \frac{G}{T} - B_0 + L_s\quad[dB]\qquad(8.33)$$

에 의해 구할 수 있다. 여기에서 $P_e$, $B_0$, $L_s$는 각각 EIRP, 볼츠만 정수, 고정열화 등의 제손실이다. 표 8.3에서 수신할 수 있는 $C/N_0$는 시간율 99%로 86dB/Hz이며, 방송시스템에서는 변조방식의 선택에 의해 효율적인 시스템을 구성하는 것이 중요하다. 또한 위성회선에서 종종 얻을 수 있는 $C/N$은 잡음대역폭 $B_w$가 정해지면

$$C/N = \frac{C}{N_0 B_w}\qquad(8.34)$$

에 의해 구할 수 있다.

**(2) 12GHz대**　　현재 12GHz대의 위성방송대역(BSS밴드 : 11.7 ~ 12.2GHz)은 WARC-BS에 의해 각국이 이용할 수 있는 채널, 궤도, 편파가 미리 할당되어 있다. 이 할당은 주파수와 궤도라는 자원이 각국에 평등하게 분배되도록 책정된 것이다. 일본에서는 경도 110도에서부터 **그림 8.19**와 같이 27MHz대역의 8채널 주파수를 이용할 수 있다.

이 주파수대는 강우 감쇠의 영향도 후술할 21GHz대에 비해 적어 다른 나라에서 이미 많은 위성이 이용되고 있다. 이 때문에 디지털용 채널이 확보되었을 경우 고정수신용 디지털 방송을 조기에 도입하는 데에는 비교적 용이한 주파수대이다.

최근의 디지털화의 흐름에 따라서 FM방식에 기초하여 정해진 현재의 플랜에 대한 재검토 움직임이 유럽을 중심으로 높아지고 있다. 1997년경까지는 기술진보에 따른 수신장치와 위성 성능의 개선을 고려한 새로운 기술기준을 토대로 한 새로운 플랜이 나오게 될 것이다. 이 경우 디지털화를 포함한 기술진보를 고려함으로써 현재 규정되어 있는 혼신 보호비와 소요 EIRP가 재검토되어 주파수나 궤도위치와 같은 유한 자원의 보다 효율적인 이용이 가능해질 것이다.

아시아, 오세아니아지역의 12GHz대 방송위성대역의 바로 위에는 통신
위성 대역(FSS밴드 : 12.2~12.75GHz)이 있다. 현재 여기에서는 민간통신
위성(JCSAT, SUPERBIRD)을 이용하여 스포츠와 뉴스 등의 전문화된 TV
서비스가 실시되고 있다. 또한 1995년에는 우정성의 전기통신기술심의회
에서 통신위성에 의한 디지털 위성방송의 기술기준(부록참조)이 정리되
어 이 규격에 기초하여 1996년부터 디지털 다채널방송이 개시되었다.

이 주파수대는 지상 통신회선의 확보를 위해 위성의 송신출력이 위성방
송대역에 비해 제한되어 있다. 무선통신규격에 따르면 지표의 전력속밀도
는 위성방송대역의 -103dBW/m²에 비해 저감된 -111dBW/m²를 유지하지
않으면 안 된다. 이 때문에 이 대역에서 위성방송서비스를 실시할 경우
BSS밴드와 동일한 전송방식을 이용하면 수신안테나의 대형화 또는 시간
율의 저하 등이 문제가 된다.

또한 이 대역에서는 이미 복수의 디지털 음성을 다중한 PCM음성방송
도 실용화되고 있다. 이것은 조기에 실용화된 수많은 디지털 위성방송의
실용 예로 상세한 것은 후술한다.

**(3) 21GHz대**　이 주파수대는 1992년 세계무선주관청회의(WARC'92)에서
아시아, 유럽, 미국지역에 할당되었다. 주파수는 21.4~22.0GHz의
600MHz이다.

이 대역은 12GHz대에 비해 훨씬 광대역이며 고속전송이 가능하기 때
문에 현재의 MUSE방식에 의한 HDTV이상의 입체방식을 포함한 고정밀
HDTV와 고속데이터에 의한 21세기의 전혀 새로운 방송서비스 실현을

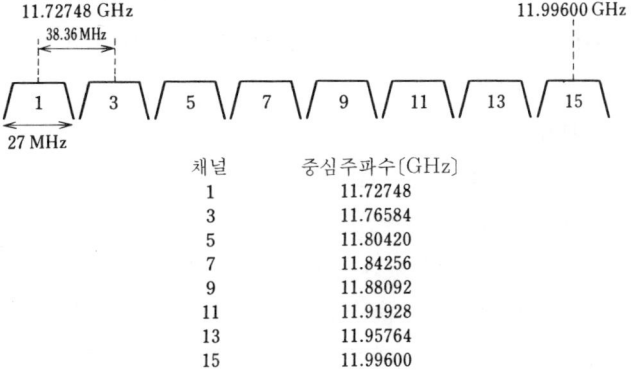

| 채널 | 중심주파수[GHz] |
|------|------------------|
| 1 | 11.72748 |
| 3 | 11.76584 |
| 5 | 11.80420 |
| 7 | 11.84256 |
| 9 | 11.88092 |
| 11 | 11.91928 |
| 13 | 11.95764 |
| 15 | 11.99600 |

그림 8.19 일본에 할당된 12GHz대 위성방송 채널

목표로 현재 연구가 진행되고 있다.

21GHz대의 강우 감쇠, 대기흡수는 12GHz대에 비해 매우 크다. 99%의 시간율을 얻기 위해서는 대기 흡수분을 포함하여 8dB 이상이 필요한 데 다가 강우감쇠의 변화도 급격하다. 이 때문에 방송으로서 이용하기 위해 서는 강우에 의해 수신전계가 현저하게 저하된 환경에서도 방송서비스가 가능하도록 하는 기술 개발이 필수이다.

일본에서는 1997년 발사 예정인 COMETS위성에서 21GHz대 위성전송 실험이 계획되어 있다. 이 위성은 관동과 규슈 지역을 커버하는 두개의 스폿 빔에 의해 안테나이득을 높이고, 큰 강우 감쇠에 대응하기 위한 높 은 EIRP를 확보하고 있다. 게다가 탑재중계기는 120MHz 대역을 확보하 기 위해 광대역 ISDB와 멀티 빔에 의한 방송의 가능성을 실험할 예정이 다. 이러한 실험에 의해 본격적인 디지털 위성방송의 실용화를 위한 각종 데이터 취득이 기대되고 있다.

그 후 주파수와 궤도의 상세한 할당이 이루어질 예정이며, 21GHz대의 실용화 이용은 2007년부터 결정되어 있다. 또한 이 주파수의 궤도 할당에 대한 검토도 이미 시작되었다. 예를 들면 21GHz대의 광대역성을 살리기 위해 12GHz대와 같은 고정적인 채널할당이 아니라, 각국이 600MHz의 대 역폭을 자유롭게 사용하는 "Common Frequency Plan"을 실현할 수 있는 가 능성이 확실해지게 되었다. 이것은 위성기술의 진보에 의해 일식기간 동 안의 운용도 가능한 위성을 상정할 수 있고, 서비스지역의 서측 궤도위치 를 취해야 한다는 제약이 없어지는 것과, 같은 구경의 안테나에서도 12GHz에 비해 샤프한 빔을 이용할 수 있는 것에 의한다.

**(4) 2.6GHz대**  이동체용 고품질 음성방송을 실시할 목적으로 WARC-92 에서 결정한 주파수 대역이다. 세계적으로는 이 목적으로 1.5GHz대(1.45 2~1.492GHz)가 할당되어 있지만, 한국과 일본을 비롯한 몇 개의 국가에 서는 2.535~2.655GHz의 120MHz폭이 할당되어 있으며, 일본에서는 2.6GHz대에서의 이동체용 위성방송에 대한 연구개발이 진행되고 있다.

2.6GHz에서의 유력한 방식은 OFDM에 의한 음성 방송이다. 이것은 지 상 디지털 음성방송과 조합시킨 하이브리드 시스템이 되며, 광범위한 이 동체 수신이 가능한 시스템이 그 목표이다.

이동체에서는 페이딩, 건물의 차폐, 고스트 등의 영향에 의해 시시각각 수신전계가 변동한다. 따라서 고정수신에 비해 현저하게 곤란한 환경에서도 안정된 수신이 가능해야만 하며, 수신전계 마진으로서 5dB 이상을 필요로 하고 있다. 또한 이동체에서의 안정된 수신을 위해 멀티캐리어전송이 검토되고 있는데, 이 경우 위성중계기의 비선형성이 혼변조를 이끌기 때문에 후술하는 중계기의 백 오프를 크게 취하는 등의 대책이 필요하다. 이러한 이유에서 매우 큰 송신전력이 필요하여 위성의 대규모화가 문제가 된다.

고위도지역에서의 이동체수신으로 정지위성을 이용하면 위성을 예측하는 앙각이 낮아지기 때문에 건물이나 지형으로부터의 차폐 영향이 크다. 수신 시간율을 개선하기 위해서 종전의 정지궤도 외에 긴 타원궤도(HEO : Highly Elliptical Orbit)를 이용한 위성계획도 있다. 그림 8.20은 이 일례로서 유럽에서 검토되고 있는 아르키메데스(ARCHIMEDES) 계획의 궤도와 방송하는 위치를 나타내고 있다. 복수의 위성에 의한 음성방송서비스를 상정하고 있으며, 원지점(Apogee : 지구로부터 가장 멀리 떨어진 위치) 근처에서 미/일/유럽용으로 방송한다. 이 때문에 정지위성에 비해 높은 앙각의 수신이 가능해져 위성이 보이는 시간율이 개선된다.

## [2] 디지털 위성방송에서 이용할 수 있는 변조방식

(1) **위성방송의 수신능력**　WARC-BS플랜은 FM전송, 수신기 $G/T=6$dB/K, 대역폭 27MHz, 최악의 달(月)의 서비스 시간율 99%, 수신 $C/N=14$dB로

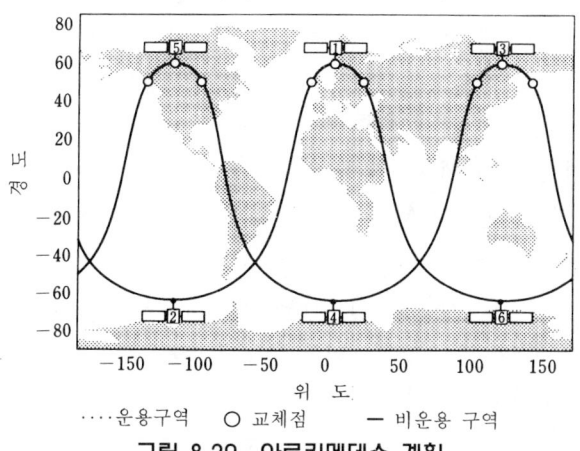

그림 8.20　아르키메데스 계획

계획되어 있다. 강우에 의해 수신전계가 저하됨에 따라서 노이즈가 증가하여 화질이 열화된다. 그러나 $C/N=9\text{dB}$ 정도의 한계점에서는 아직 방송되고 있는 내용은 파악할 수 있다. 한편 디지털 전송에서는 수신할 수 있는 화질은 어느 레벨 이상의 수신전계가 확보되면 오류정정 처리에 의해 일정한 품질을 유지할 수 있다. 그러나 강우에 의한 수신전계의 열화에 따른 급속한 차단이 발생한다.

여기에서 다시 **표 8.3**의 회선설계를 생각해 보자. 중계기에서의 대역제한, 비선형특성에 의한 열화와 수신기의 고정열화로서 3dB의 마진을 가늠하면 BS-3와 같은 높은 EIRP의 위성에서도 수신 $C/N_o$는 시간율 99%에서 85.8/dB/Hz 밖에 얻을 수 없다.

일본에서는 이미 많은 아날로그 방식의 수신기가 보급되어 있다. 따라서 시청자의 이익을 손상하지 않기 위해서 예를 들면, 디지털 방송 도입시에 아날로그 방식과의 동시방송을 실시하는 등 디지털 방송으로의 이행을 도모할 필요가 있다. 이때 아날로그 방식이 아직 저품질이면서도 내용을 파악할 수 있는 것에 비해서, 디지털 방식이 차단상태로 되어 있는 것은 바람직하지 않다. 이 때문에 디지털 방식의 시간율은 더 크게 할 필요가 있다. 예를 들면 서비스 시간율 99.9%를 생각하면 강우 마진은 6dB이며, 수신 $C/N_o$는 거의 80dB/Hz가 된다. 디지털 방송시스템에서는 이러한 조건에서 이용할 수 있는 변조방식을 이용하지 않으면 안된다.

## (2) 각종 변조방식의 비교

(a) QPSK　　그림 8.21은 구해진 수신 $C/N_o$에서 전송 가능한 비트레이트를 나타낸 것이다. 여기에서는 오류정정의 이용을 전제로 복조기 출력에서의 비트오류율 10-3을 얻은 $E_b/N_o$를 가정하고 있다. 단, 전송대역폭의 제한에 의한 열화의 영향은 고려하지 않는 것으로 한다.

그림 8.21에서 QPSK를 이용했을 경우 서비스 시간율 99%에서는 전송률의 상한은 80Mb/s 정도가 된다. 또한 99.9%를 확보하면 20Mb/s 정도로 감소한다. 이렇게 소요 $E_b/N_o$가 낮은 QPSK에서도 시간율을 개선시키면 전송 가능한 비트레이트는 저하된다.

또한 QPSK의 응용으로서 다양한 변조방식이 제안되고 있다. 그 하나인 OQPSK는 비선형 특성에서의 스펙트럼 재생이 QPSK보다도 작다는 특징을 가지며, 종종 위성통신에도 이용된다. 포화 동작하는

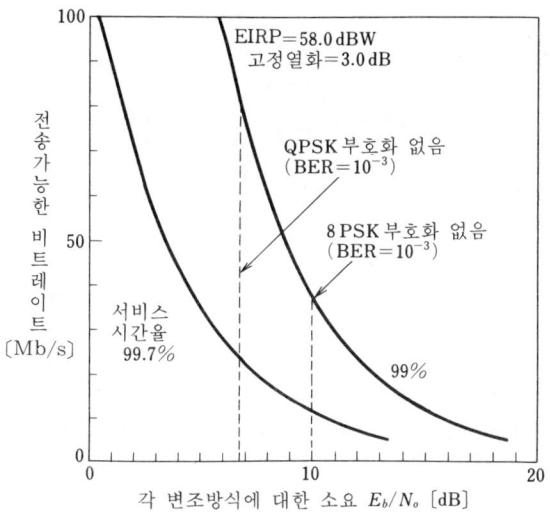

그림 8.21 에는 다음이 표시되어 있다. 세로축: 전송가능한 비트레이트 (Mb/s), 가로축: 각 변조방식에 대한 소요 $E_b/N_o$ [dB]

- EIRP = 58.0 dBW, 고정열화 = 3.0 dB
- QPSK 부호화 없음 (BER = $10^{-3}$)
- 8PSK 부호화 없음 (BER = $10^{-3}$)
- 서비스 시간율 99.7%
- 99%

**그림 8.21  위성방송 시스템에서 전송 가능한 비트레이트**

TWT에서의 스펙트럼 재생 양상은 그림 8.22와 같다. 이 그림에서 가장 아래에 표시되어 있는 스펙트럼은 롤 오프 필터에서 대역을 제한한 것으로 QPSK, OQPSK 모두 동일하다. 그러나 비선형 전송로를 통과하면 대역 외에 스펙트럼 재생이 발생한다. 이때 중간 단계의 OQPSK의 재생량은 상단의 QPSK에 비해 작다.

이 방식의 주파수 이용효율은 원리적으로는 QPSK와 동등하지만, 소요 $E_b/N_o$는 전송로 특성에 따라 QPSK와 약간 다른 경우가 있다. 그러나 이 차이는 아주 약간으로 열화마진에 포함되는 것으로 위의 논의를 그대로 적용할 수 있다.

QPSK는 가장 간단하고 효율적인 변조방식으로서 지금까지 종종 위성 전송로에서 이용되어 왔다. 조기에 실용화될 디지털 위성방송에서도 QPSK가 중점적으로 이용될 것이다.

(b) 8PSK    8PSK의 주파수 이용효율은 이상적인 상태에서 3b/s/Hz로 QPSK의 1.5배이다. 그러나 **그림 8.21**에서 99% 시간율에서의 전송할 수 있는 비트레이트를 읽으면, 40Mb/s 정도로 QPSK보다도 작다. 이것은 판정점간의 거리가 신호에 따라서는 QPSK보다도 가까워지기 때문에 소요 $E_b/N_o$가 QPSK에 비해 비트 오류율 10-3으로 3dB 이상 커지는 것에 기인한다.

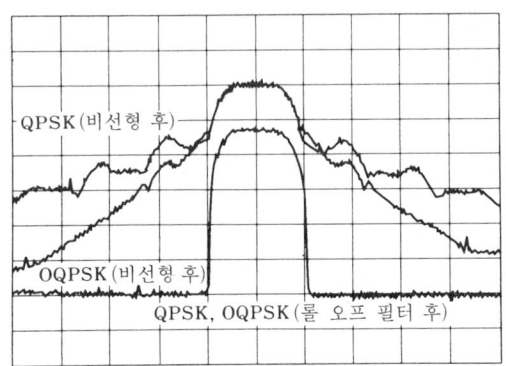

그림 8.22  비선형 전송로에서의 QPSK, OQPSK의 스펙트럼 재생
(비트레이트 24Mb/s, 10dB/div, 10MHz/div)

이렇게 이용할 수 있는 전력에 제한이 있는 위성 전송로에서는 주
파수 이용효율이 높은 변조방식이라도 소요 $E_b/N_o$가 높아지기 때문에
얻을 수 있는 전송률은 QPSK보다도 일반적으로는 낮아진다. 단, (e)
항의 설명처럼 오류정정부호와 조합시킴으로써 QPSK 이상의 성능을
얻을 수 있는 경우도 있다.

(c) 16QAM      8PSK에서의 고찰에서 밝혔듯이 주파수 이용효율이
QPSK의 2배가 되는 16QAM에서는 8PSK보다도 소요 $E_b/N_o$가 높아지
기 때문에 전송할 수 있는 비트레이트는 더 저하된다.

또한 16QAM은 진폭의 차이에 따라서도 정보를 전달하기 때문에
비선형 특성에 대해서 열화가 크다. 이러한 변조방식에서는 백 오프
를 취할 필요가 있기 때문에 수신전계가 저하하여 전송률은 점점 낮
아진다. 이 때문에 16치 이상의 다치 방식을 포함한 QAM 위성방송에
서의 이용은 적당하지 않다.

(d) MSK      주파수 변조방식(FSK)은 원리적으로 등포락선이기 때문에
비선형 증폭기에서의 열화가 적다. 또한 수신기도 비교적 안정된 것
을 제조할 수 있다. 단, 소요 대역폭이 넓다는 결점을 갖는다.

FSK 중에서도 위상연속조건을 만족시키고, 주파수 편이를 가장 작
게 한 MSK는 원리적으로 QPSK와 동등한 $E_b/N_o$에서의 수신이 가능하
다. 그러나 이 방식에서도 주파수 이용효율은 QPSK에 비해 떨어진다.

현재 이 변조방식은 사용할 수 있는 주파수대역폭에 비해 소요 비

트율이 낮은 음성방송시스템에서 이용되고 있다. 그러나 영상전송 등과 같이 한정된 스펙트럼 속에서 높은 전송률을 확보하는 데에는 적당하지 않다.

또한 MSK변조기의 베이스밴드 신호에 가우스필터를 부가하여 협대역화하는 GMSK는 부호간 간섭에 의해 특성이 열화한 데다가 주파수 이용효율도 롤 오프 필터로 대역이 제한된 QPSK에 떨어진다.

(e) **부호화 변조방식**    QPSK보다 전력효율을 개선시키기 위해서는 오류정정 부호화 변조를 동시에 실시하여, 짧은 신호간 유클리드 거리를 실질적으로 길게 하는 부호화 변조방식이 고려되고 있다. 그 일례로서 트렐리스 부호화 8PSK(Trellis Coded 8PSK, TC8PSK)가 있다. 이것은 예를 들면 2/3길쌈 부호와 8PSK를 조합시켜 8PSK에 있어서의 인접 심벌의 신호간 거리의 저하를 보상함으로써 전송 특성을 개선한 것이다. 이 방식은 부호화하지 않은 QPSK와 같은 주파수 이용효율하에서 소요 $E_b/N_o$에서 1~?dB를 개선할 수 있다. 또한 개선량은 부호화의 구속길이 복호 방식에 따라서 변한다.

지금까지 높은 비용 때문에 실용화되기 어려웠던 이러한 방식도 최근의 반도체기술의 진보에 의해 위성방송에 이용할 수 있는 가능성이 커졌다. 부호화 변조방식은 현재도 더욱 효율적인 방식의 개발을 위해서 연구개발이 진행되고 있어서, 고품질의 서비스를 지향하는 위성방송에의 이용이 기대되고 있다.

(3) **혼신보호비**    필요한 $E_b/N_o$와 이용 가능한 $C/N_o$에 의해 변조방식의 후보와 전송률은 밝혀졌지만, 실제의 전송에서는 혼신의 가능성도 이용할 수 있는 전송률을 결정하는 요인이 된다.

WARC-BS에서는 동일 채널, 인접 채널의 혼신 보호비로서 각각 31dB, 15dB가 규정되어 있다. 이것은 FM전송을 전제로 하여 정해진 것인데, 디지털 전송을 이용할 경우에도 기존 시스템의 보호를 위해 이 값은 지키지 않으면 안 된다.

아날로그 TV신호에는 휘선 스펙트럼성분이 있기 때문에 이 신호가 방해파가 되는 아날로그 TV에서는 비트방해가 발생하여 혼신이 검지되기 싶다. 그러나 디지털 변조파는 랜덤한 신호로 평담한 스펙트럼을 가지고 있다. 이 때문에 디지털 파가 방해가 될 경우의 아날로그

TV에 비트방해는 발생하지 않는다. 또한 디지털 방식은 한계값 판정에 의해 복호하기 때문에 피간섭도 아날로그방식에 비해 강하다.

단, 디지털 방식에서도 비트레이트가 커짐에 따라서 스펙트럼 폭이 넓어지고, 인접채널에 미치는 방해가 커진다. 이 때문에 주관평가실험 등에 따라서 방해를 주지 않는 비트레이트를 이용하여야 한다.

또한 플랜을 재검토하는 중에 새로운 동일 채널 혼신 보호비로서 23dB가 제안되었다.

## [3] 디지털화의 문제점과 대책

디지털 전송을 이용하면 고품질화, 저가격화를 비롯하여 수많은 이점이 있다. 그러나 그 반면, 디지털화에 의해 급격한 차단이 발생한다는 문제가 있다. 이것에 대해서는 이하에 설명하는 대책이 고려되고 있다.

(1) **전력제어**    위성의 송신전력에 여유가 있는 경우, 강우 감쇠가 큰 지역의 송신전력을 증가시켜 강우 감쇠를 보상하는 방법이다. 특히 멀티 빔위성을 이용한 경우에는 빔마다 송신전력을 증가시킬 수 있기 때문에 하나의 빔의 범위에서만 심한 비가 내리는 경우에는 효과적인 수단이 된다.

현재, 이 전력제어방식은 강우 감쇠가 큰 21GHz대에서의 이용이 검토되고 있다. 단, 위성의 대규모화를 비롯하여 빔 사이즈와 강우구역의 부정합 문제 등 이 방법의 유효성에 대한 검토가 필요하다.

(2) **점차적 열화(graceful degradation)**    높은 서비스 시간율을 확보하는 데에는 큰 강우 마진이 요구된다. 그 중에서 특히 높은 전송률을 확보하기 위해서는 큰 송신전력이 필요하며, 위성규모의 확대에도 연결되어 실현은 어렵다. 강우 마진을 부호화 이득으로 확보하는 것도 생각할 수 있지만 정정능력이 높은 오류정정부호를 이용할 때의 차단 특성은 정정능력이 낮은 부호를 사용할 때보다도 향상되기 때문에 서비스 시간율 개선을 위해서는 충분치 않다.

이 때문에 디지털 전송에 있어서도 아날로그 방식과 같이 품질이 저하된 전송을 허용하고, 실질적인 시간율을 개선하는 점차적 열화를 나타내는 변조방식이 검토되고 있다.

그림 8.23은 오류정정능력에 차이를 둔 신호를 시분할다중하여 낮은 $C/N$일 때에는 정정능력이 높은 부분만을 이용함으로써 점차적 열화를 실

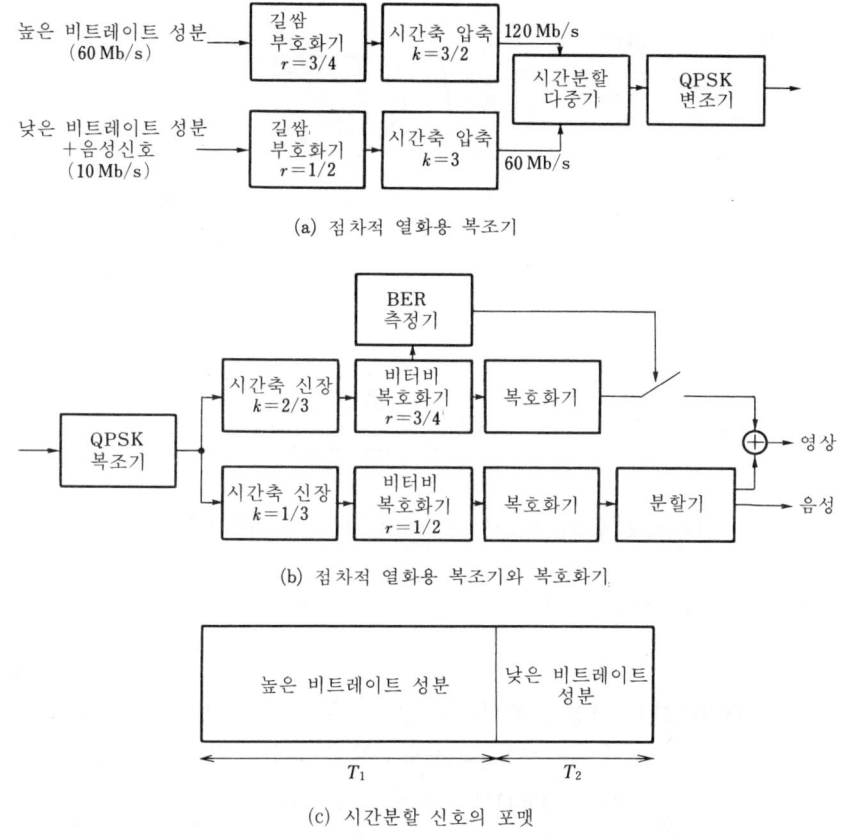

(a) 점차적 열화용 복조기

(b) 점차적 열화용 복조기와 복호화기

(c) 시간분할 신호의 포맷

**그림 8.23 점차적 열화를 실현하는 시분할 다중방식의 예**

현하는 변복조기의 구성 예이다. 영상은 스케일러블 부호화한 신호의 계층전송 또는 저해상도 신호의 저계층측에서의 전송을 이용한다. 점차적 열화 효과를 **그림 8.24**에 나타낸다. 여기에서는 화질에 2단계의 차이를 두어 아날로그 방식에 가까운 화질열화특성을 실현하고 있다.

이밖에 불균일한 매핑에 의한 점차적 열화 등 다양한 방식이 제안되고 있다.

위성방송에서 점차적 열화를 이용할 경우에는 수신기의 복잡성 정도, 화상부호화의 균형과 실제 강우 감쇠 상황을 고려한 *C/N* 배분을 하는 것이 중요하며, 그 유효성을 최종적으로는 실험 등으로 검증하지 않으면 안 된다. 또한 방송국에서 송출한 신호와 동일한 품질을 수신할 수 있다는

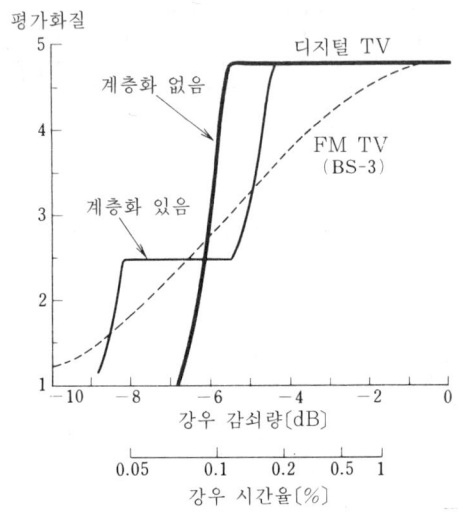

그림 8.24  강우에 의한 수신$C/N$ 저하와 화질열화의 예

디지털 방식의 큰 특징을 상실할 수 있기 때문에 앞으로의 충분한 검토가 필요하다.

(3) **멀티 캐리어화와 비선형 특성의 개선**  열악한 특성의 전송로라도 안정된 수신이 필요한 이동체용 방송에서는 캐리어당 비트율을 매우 낮게 하여 멀티 캐리어화하는 OFDM이 검토되고 있다. 이 변조방식은 주파수 선택성 페이딩과 고스트 등의 간섭에 강하고, 혼신 보호비의 개선과 동일 주파수 네트워크(SFN)의 특징을 살린 지상디지털 방송용 변조방식으로서 유망한 방식이다. 위성으로부터도 동시에 동일한 OFDM으로 방송하는 것으로 지상방송과의 혼신시스템을 구성하는 것도 검토되고 있다.

한편, 현재의 방송위성의 중계기는 전력효율을 높이기 위해 TWT를 포화동작(최대 출력점에서의 동작)시키고 있다. 이 경우 중계기의 증폭 특성은 비선형이 되는데, 현재의 TV 방송은 FM 변조를 이용하고 있기 때문에 이러한 비선형 특성에 대해서는 거의 열화를 만들지 않는다. 또한 QPSK 등의 위상변조방식도 비선형에서의 열화는 적다. 그러나 OFDM과 같은 멀티캐리어방식과 QAM 등 포락선 변동이 큰 변조파를 비선형 특성의 전송로에 통과시키면, 비선형 왜곡과 혼변조를 만들어 수신특성이 열화된다. 따라서 이러한 변조방식을 이용하는 데에는 비선형 특성의 영향을 보상하지 않으면 안 된다.

위성전송에서 가장 간단히 보상을 실시하는 방법으로서 중계기의 백 오프를 취하는 방법이 있다. 이것은 중계기의 증폭기 동작점을 포화영역 보다도 낮은 곳에 설정하여 저출력으로 운용하는 것이다. 이때 TWT는 선형영역에서 동작하기 때문에 왜곡과 혼변조를 줄일 수 있다. 이 방법은 통신위성 등에서는 널리 이용되고 있지만, 수신전계는 백 오프를 취할수록 더욱 저하되어 위성으로부터의 전파를 낮은 이득의 안테나로 직접 수신하는 데에 필요한 EIRP를 확보하는 데에는 위성의 규모가 너무 커져 버린다. 이것에 대한 대책은 금후의 이동체용 위성방송시스템에서의 중요한 검토 과제이다.

또한 비선형 특성에 대한 그 밖의 대책으로서 리니어라이저의 이용, 플레디스토션법 등의 기술이 있다. 리니어라이저는 비선형 소자를 이용하여 중계기의 비선형 특성을 보상하는 특성을 실현시키는 것으로 중계기 효율을 떨어뜨리지 않고 비선형 특성을 개선할 수 있다. 또한 플레디스토션법은 TWT와 역특성의 비선형 회로에서 미리 왜곡을 주어 전송하는 것이다. 이러한 기술은 통신 위성용으로 개발되고 있는데, 비선형 특성이 강한 고출력 TWT에 대해서도 동일한 기술이 개발된다면 이동체용 위성방송에서의 이용이 가능할 것이다.

## 8.3  지상용 변복조기술

### [1] 지상방송에 이용되는 전송방식의 특징

지상계 전송로는 산이나 빌딩 등으로 인한 반사파에 의한 고스트 방해가 큰 문제가 된다. 이것은 지상방송의 사용주파수가 VHF, UHF로 비교적 낮은 주파수이기 때문에 회절과 반사가 일어나기 쉬운 것에 기인한다. 그러나 이것은 수신점에서 송신점을 예측할 수 없는 경우에도 회절파와 반사파에 의해 수신전계를 확보하기 쉬우며, 안테나 높이가 낮은 자동차에서의 수신과 휴대단말에서의 수신에 적합하다. 또한 위성방송과는 달리 하나의 송신소에서 일본 전국을 커버하는 것이 불가능하기 때문에 넓은 영역을 확보하기 위해서는 매우 많은 송신소가 필요하므로 비용이 많이 든다. 이 때문에 새롭게 지상계 디지털 방송을 도입할 경우에는 전파의 특징을 살려서 고스트 방해에 강한 이동체에서의 수신에 적합한 전송방식으로 하여 위성방송과의 차별화를 도모할 필요가 있다. 현재 검토되고 있는 지상계 디지털 전송방식은 원리적으로 고스트 방해에 강하거나 혹은 등화에 의해 고스트 방해를 제거할 수 있는 방식이다.

여기에서는 고스트 방해에 강하다고 하는 OFDM과 등화와 강력한 오류정정에 의해 고스트 대책을 실시하고 있는 다치 VSB에 대해 그 특징을 살펴보고자 한다. 또한 다중방송이기는 하지만 이동수신이 가능한 디지털 방송인 FM 다중방송에 이용되고 있는 LMSK에 대해서도 살펴보자.

## [2] OFDM방식

OFDM(Orthogonal Frequency Division Multiplexing)은 멀티캐리어 변조방식의 일종으로 다중경로 환경에서나 이동체수신에 있어서 뛰어난 성능을 발휘하는 변조 방식이다. 이 때문에 지상계 디지털 TV 방송과 디지털 음성방송에 적합한 변조방식으로 최근 주목을 받고 있다. OFDM은 지금까지 주로 통신 분야에서 연구되어 왔지만, EBU(European Broadcasting Union)가 제안하고 있는 디지털 음성방송 시스템의 변조방식으로 채용된 이후 방송 분야에서도 연구/개발이 활발해졌다.

(1) **OFDM의 원리**　OFDM의 송신신호는 **그림 8.25**와 같이 다수의 디지털 변조파를 더해 합친 것이다. 각 반송파의 변조방식으로서는 음성방송용으로는 QPSK, 지상계 디지털 TV 방송용으로는 대역이용효율이 좋은 64QAM 등의 다치변조방식이 자주 이용된다.

OFDM에 의한 데이터 전송은 **그림 8.25**와 같은 전송심벌을 단위로 하여 실시된다. 각 전송 심벌은 유효 심벌기간과 가드 인터벌이라 불리는 기간으로 이루어진다. 가드 인터벌은 다중경로(고스트)의 영향을 경감하기 위한 신호기간으로 유효 심벌기간의 신호파형을 순회하여 반복한 것이다. 각 전송심벌기간에 있어서의 베이스밴드 신호파형은 다음 식으로 주어진다.

$$x(t) = \sum_{k=-N/2}^{N/2-1} Re[c_k e^{j2\pi f_k t}]$$

$$= \sum_{k=-N/2}^{n/2-1} [a_k \cos(2\pi f_k t) - b_k \sin(s\pi f_k t)]$$

$$(8.35)$$

단, $c_k = a_k + jb_k$는 송신데이터, $f_k$는 베이스밴드에 있어서의 $k$번째 반송

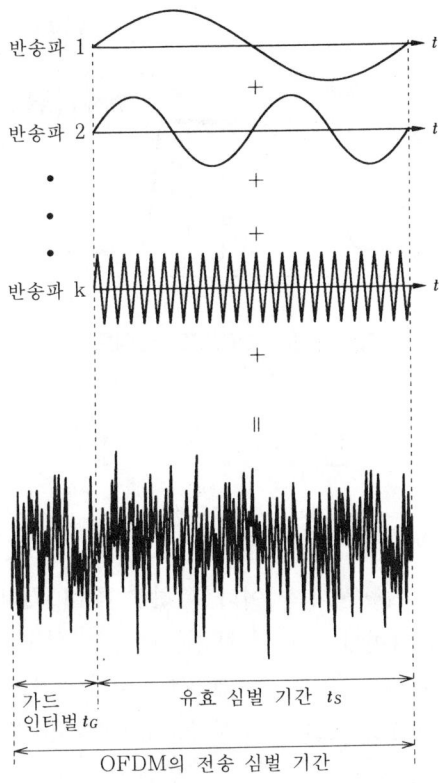

반송파 1

\+

반송파 2

\+

•
•
•

\+

반송파 k

\+

∥

가드
인터벌 $t_G$

유효 심벌 기간 $t_s$

OFDM의 전송 심벌 기간

**그림 8.25 OFDM의 신호파형**

파 주파수이다. 유효 심벌기간의 길이를 $t_s$라고 하면 $f_k$는

$$f_k = \frac{k}{t_s} \tag{8.36}$$

으로 주어진다. 각 반송파의 주파수간격은 유효 심벌기간 길이의 역수인 $1/t_s$와 같기 때문에 유효 심벌기간의 신호파형을 푸리에 변환하면 **그림 8.26**과 같이 각 디지털 변조파의 주파수 스펙트럼의 0점은 인접하는 변조파의 반송파 주사수와 일치하여 반송파간에 상호 간섭은 발생하지 않는다.

유효 심벌기간 $t_s$를 $N$분할하여 표본화 주기를 $T=t_s/N$으로 하여 식(8.35)의 신호 시각 $t=nT$에서의 표본값을 생각하면

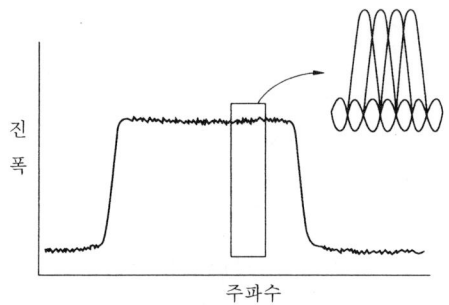

그림 8.26 OFDM의 스펙트럼

$$x(nT) = \sum_{k=-N/2}^{N/2-1} Re[c_k e^{j2\pi \frac{k}{NT} nT}]$$

$$= \sum_{k=-N/2}^{N/2-1} Re[c_k e^{j\frac{2\pi}{N} nk}] \qquad (8.37)$$

여기에서 $N=2^m(m$은 정수)이라고 하면 식(8.37)의 우변은 복소수 $c_{-N/2}\sim c_{N/2-1}$을 IDFT(역이산 푸리에 변환)하여 그 실수부를 취한 것이다. 즉 변조처리에 있어서는 주파수축상에서 $N$개의 복소수 데이터 $C_{-N/2}\sim C_{N/2-1}$을 주고 $N$점 IDFT하여 그 실수부를 취하면 식(8.35)의 베이스밴드 송신 신호 시간 T별로 표본값을 얻을 수 있다. 이 표본값을 로패스 필터에 입력함으로써 식(8·35)의 베이스밴드 신호파형을 얻을 수 있다.

수신측에서는 시간축 파형을 주기 $T$로 샘플링하고 $N$점 DFT(이산 푸리에 변환)함으로써 데이터를 복원할 수 있다.

이상 설명한 것처럼 OFDM의 변복조처리는 이산 푸리에 변환을 이용하여 모든 반송파에 대해 일괄하여 실시할 수 있어서 다수의 반송파 각

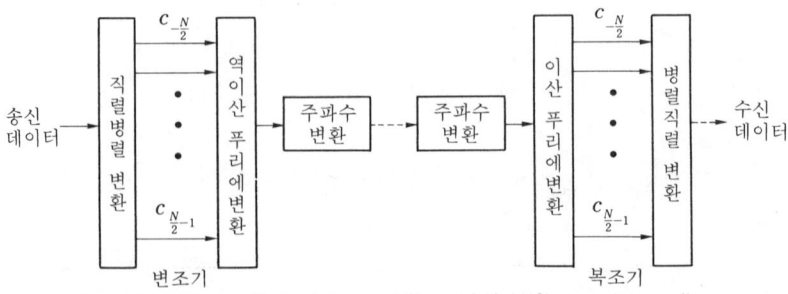

그림 8.27 OFDM 변복조기의 개념적 구성

각에 개별적으로 변복조기를 설치할 필요는 없다. **그림 8.27**에 OFDM변복조기의 개념적 구성을 나타냈다. **그림 8.27**에서 송신 데이터 $c_{-N/2}$~$c_{N/2-1}$는 N개의 데이터 전체를 유효 데이터로 할 필요는 없고, 일반적으로는 그 일부에 대해 0이 아닌 복소수값을 주고, 나머지 송신데이터는 0으로 한다. 예를 들면 $L$번째 송신 데이터 $c_L$을 0으로 두면 주파수 $f_L$의 반송파는 송신신호에서 제외된다. 따라서 실제로 송신되는 반송파 수 $N_C$는 임의의 값으로 설정할 수 있다.

송신 데이터 $c_k=a_k+jb_k$가 취할 수 있는 값은 각 반송파의 변조방식에 의해 결정된다. 예를 들면 각 반송파를 QPSK변조할 경우에는 $c_k$가 취할 수 있는 값은 $\pm1\pm j$가 된다. 이 경우 반송파수를 $N_C$라 하면 각 전송 심벌기간마다 $2N_C$ 비트의 데이터가 전송된다.

**그림 8.28**은 OFDM 전송 프레임의 구성 예이다. OFDM 전송 프레임은 보통 **그림 8.25**의 전송 심벌이 수 백개 정도 모인 것에 프레임 동기용 심벌과 서비스 식별용 심벌을 부가한 것이다.

## (2) OFDM의 특징

(a) 전송대역폭과 비트율이 일정하다는 조건에서 단일 캐리어방식과 비교하면 송신데이터를 $N_C$개의 반송파로 분산하여 보냈을 경우 전송 심벌 1개의 계속시간은 단일 캐리어방식의 약 $N_C$배가 된다. 이렇게 전송심벌 1개의 계속시간이 단일 캐리어방식보다는 훨씬 길다는 것과 시간축에서 가드 인터벌을 부가하고 있는 것에 의해 다중경로(고스트)가 부가되어도 전송특성의 열화가 적다.

**그림 8.29**는 가드 인터벌 효과를 나타낸 것이다. **그림 8.29**에서 DFT윈도우라는 것은 수신측에서 이산 푸리에 변환한 신호기간을 말한다. DFT윈도우의 길이는 심벌기간의 길이 $t_s$와 같다. **그림 8.29**와 같이 고스트 신호의 지연시간 $t_D$가 가드 인터벌 길이 $t_G$보다 짧으면

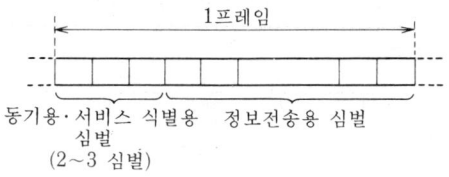

그림 8.28 OFDM의 프레임 구성 예

인접하는 전송심벌의 고스트는 DFT윈도우 내에 침입하지 않아 전송 특성의 열화는 적다.

(b) 데이터를 전송대역 전체에 분산하여 보내기 때문에 어떤 특정한 주파수대에 방해 신호가 존재할 경우라도 그 영향을 받는 것은 일부의 데이터비트 뿐이며, 인터리브와 오류정정부호에 의해 효과적으로 특성을 개선할 수 있다.

(c) 변조파는 랜덤잡음에 가깝기 때문에 다른 서비스에 미치는 방해의 특성은 랜덤잡음과 동일하다.

(d) OFDM의 각 반송파는 낮은 비트율, 협대역 디지털 변조파이기 때문에 그림 8.27에서 알 수 있듯이 전력 스펙트럼의 부엽은 급격히 감쇠하여 대역 외로의 전력 누설은 적다.

(e) FFT(Fast Fourier Transform)에 의한 변복조처리가 가능하다.

(f) 다중경로에 강하다는 특징을 살려서 비교적 소전력의 다수의 방송국을 이용하여 단일 주파수로 서비스 에어리어를 커버하는 SFN을 구성할 수 있다.

(g) 반송파가 같은 주파수간격으로 나열된 멀티캐리어방식이므로 전송로에 비선형 특성이 존재하면 상호 변조에 의한 특성열화가 발생하기 쉽다. 따라서 방송기기의 전력증폭기 등은 충분히 선형 영역에서 사용할 필요가 있다.

**(3) OFDM의 전송 특성**　예로서 다음과 같은 전송 파라미터의 경우에 대해 OFDM의 수신 $C/N$ 대 비트 오류율 특성을 그림 8.30에 나타낸다.

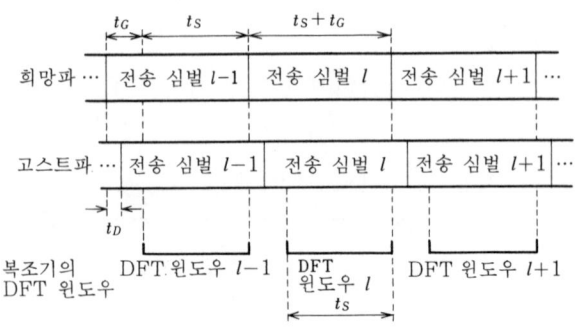

**그림 8.29  가드 인터벌 효과**

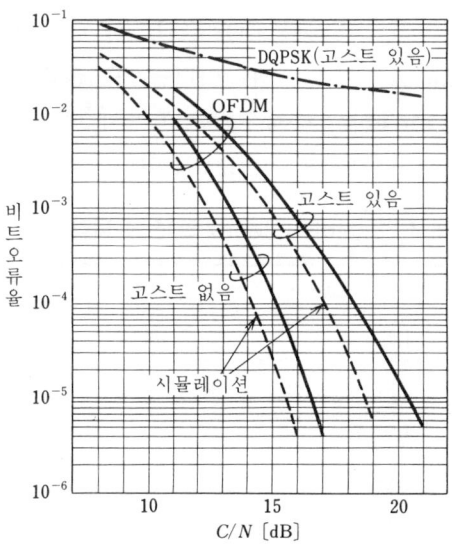

그림 8.30 OFDM의 비트 오류율 특성

유효 심벌길이 : 128μs, 가드 인터벌길이 : 32μs, 캐리어 수 : 448, 대역
폭 : 3.5MHz, 비트율 : 5.6Mb/s, 각 캐리어 변조방식 : DQPSK

실제로는 실험장치에 의한 실측값, 점선 및 일점 쇄선은 계산기 시뮬
레이션에 의한 계산값을 나타낸다. 그림 8.30의 결과에서 고스트 환경
하의 OFDM의 비트 오류율 특성은 단일 캐리어인 DQPSK(지연 검파 4상
phase shift keying)에 비해 매우 뛰어나다는 것을 알 수 있다.

## (4) OFDM의 응용 예

(a) 디지털 음성방송에의 응용    디지털 음성방송(Digital Sound Broadca-
sting)은 CD와 같은 고품질 디지털 음성을 디지털 변조방식에 의해
방송하는 기술이다. 현행 FM 방송과 비교하여 보다 고품질의 음성
프로그램을 이동수신 등의 엄격한 전송조건하에서도 확실히 수신할
수 있게 된다.

특히 자동차와 같은 이동체를 주요 서비스 대상으로 하는 이동체용
디지털 음성방송은 변조방식으로서 OFDM을 이용함으로써 이동수신
시의 다중경로나 페이딩에 강한 방식이 될 수 있다.

이동체용 디지털 음성방송 분야에서 현재 개발이 진행되고 있는 것
은 유럽의 Digital System A라 불리는 방식이다. Digital System A는 변

조방식으로서 각 반송파를 DQPSK변조한 OFDM을 사용하고 있다. Digital System A의 전송 파라미터를 표 8.4에 나타낸다. Digital System A에는 사용하는 주파수대에 따라서 3종류의 전송모드가 있다. 전송대역폭은 어떤 모드나 1.536MHz이다.

**표 8.4 Digital System A의 전송 파라미터**

| | 모드 1 | 모드 2 | 모드 3 |
|---|---|---|---|
| 유효 심벌길이 | 1ms | $250\mu s$ | $125\mu s$ |
| 가드 인터벌길이 | $246\mu s$ | $62\mu s$ | $31\mu s$ |
| 전체 심벌길이 | 1.246ms | $312\mu s$ | $156\mu s$ |
| 캐리어 수 | 1536 | 384 | 192 |
| 프레임길이 | 96ms | 24ms | 24ms |
| 사용가능주파수의 상한(이동수신인 경우의 목표) | 400MHz | 1.5GHz | 3GHz |

(b) **지상계 디지털 TV 방송에의 응용**　OFDM은 고스트에 강하고, 기존 서비스에 방해를 주지 않는다는 특징이 있기 때문에 지상계 디지털 TV 방송에의 응용에도 적합하다.

지상신호는 음성신호에 비해 정보량이 매우 많기 때문에 지상계 디지털 TV 방송에서는 디지털 음성방송과 비교해서 한정된 주파수대역폭 속에서 보다 많은 데이터비트를 보낼 필요가 있다. 이 때문에 OFDM을 지상계 디지털 TV 방송에 응용할 경우, 각 반송파의 변조방식으로서는 보통 64QAM과 같은 다치변조방식이 이용된다.

또한 지상계 디지털 TV 방송에서 OFDM을 이용한 경우의 이점은

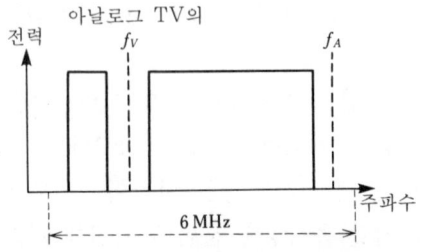

그림 8.31 캐리어 홀을 설치한 경우의 OFDM 스펙트럼

그림 8.31과 같이 아날로그 TV의 영상반송파와 음성반송파의 위치에 상당하는 주파수 근방에서 OFDM 반송파를 보내지 않는 캐리어홀(Carrier Hole)이라 불리는 영역을 설치함으로써 기존의 아날로그 TV로부터의 방해량을 큰 폭으로 경감할 수 있다.

## [3] 다치 VSB방식

다치 VSB방식은 펄스 진폭 변조(PAM : Pulse Amplitude modulation)의 일종으로 미국의 지상계 디지털 TV의 변조방식으로 채용되었다.

(1) **다치 VSB방식의 원리**   그림 8.32에 8치 VSB변복조기의 기본적인 구성을 나타냈다. 변조기는 송신데이터를 3비트씩을 1조로 하여 그것을 8종류의 진폭값의 하나로 변환한다. 2치 데이터에서 8치 데이터로의 변환을 그림 8.33에 나타낸다. 이 8치 데이터신호에서 반송파를 진폭 변조하면 양측파대 신호를 얻을 수 있다. 대역을 효과적으로 이용하기 위해서 VSB 필터로 양측파대 신호의 대역을 제한함으로써 8치 VSB 변조신호를 얻을 수 있다. 복조기는 동기 검파에 의해 8치 데이터신호를 복원하여 펄스 진폭을 판정함으로써 데이터를 수신한다. 그림 8.34는 다치 VSB신호의 전송스펙트럼을 나타낸 것이다.

(2) **디지털 TV에의 응용**   미국에서는 지상계 디지털 TV(ATV)의 변조방식으로 8치 VSB가 채용되었다. 이 방식은 전송대역폭 6MHz 안에서

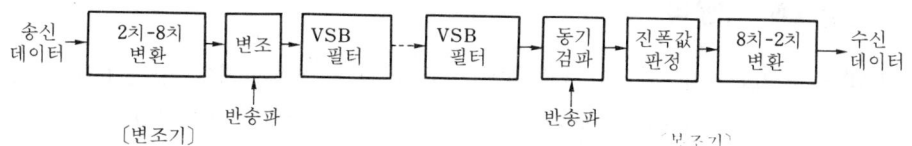

그림 8.32  다치 VSB 변복조기의 기본적인 구성

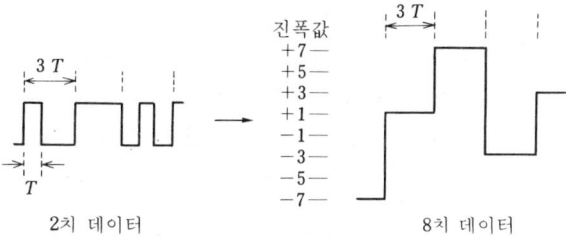

그림 8.33  2치 데이터에서 8값 데이터로의 변환 예

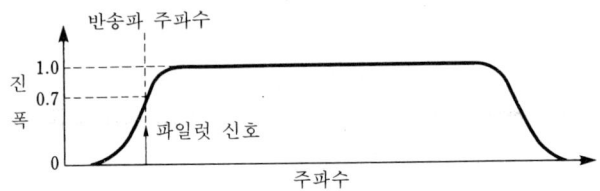

**그림 8.34  다치 VSB신호의 전송 스펙트럼**

10.76Msymbol/s의 8치 데이터를 보낸다. 따라서 비트레이트는 32.28Mb/s 가 된다. 오류정정방식으로는 부호화율 2/3의 트렐리스 부호화 변조와 (208, 188) 리드솔로몬부호를 이용하고 있다. 유효 비트레이트는 19.3Mb/s 가 된다. 또한 그림 8.34와 같이 반송파 위치에서 저전력의 파일럿 신호 를 보내고, 수신측에서는 이 파일럿 신호를 이용하여 반송파를 재생하고 있다.

### (3) 다치 VSB방식의 특징

(a) 대역이용효율이 일정한 조건에서 VSB와 QAM을 비교하면 가우스 잡 음에 대한 오류율 특성은 거의 동등하다. 예를 들면 4값 VSB와 16QAM은 가우스 잡음에 대해서는 거의 동등한 성능을 보인다.

(b) 다중경로의 영향을 경감하기 위해 파형등화기가 필요해진다.

(c) 전송로의 그룹 지연 특성의 경향과 복조기 재생반송파의 위상오차에 대해서는 QAM보다 강하다고 한다.

## [4] LMSK방식

LMSK는 이동체용 지상디지털 방송으로서 현재 실용화되고 있는 FM다중방송(DARC : Data Radio Channel)용으로 개발된 디지털 변조 방식이다. FM다중방송은 기존의 FM스테레오음성방송의 베이스밴드 스펙트럼에 있어서 스테레오음성 스펙트럼보다도 높은 주파수에 디지털 신호를 다중하는 것에 의해 종래의 스테레오음성방송과 양립성을 가지면서 문자나 도형과 같은 새로운 서비스를 가능케 하는 방송 시스템이다. LMSK는 FM다중방송으로서 중요해질 스테레오음성방송과의 양립성이 뛰어나며, 다중경로 왜곡에도 강한 디지털 변조 방식이다. 여기에서는 FM다중 전송로의 특징 및 LMSK의 전송특성에 대해 살펴보겠다.

### (1) FM다중전송방식의 특징    일반적으로 디지털 전송로에서 다중경로 왜곡

이 있으면 디지털 신호 자체가 지연되어 서로 겹치게 되어 전송특성이 악화된다. [2]항에서 설명한 OFDM은 다수의 캐리어를 직교 다중하는 것에 의해 심벌길이를 늘리고, 또한 가드스페이스 등을 마련하여 심벌길이에 대한 다중경로 왜곡에 의해 열화하는 기간의 비율을 낮게 억제할 수 있다.

FM다중방송의 경우에는 디지털 신호는 아날로그 스테레오 음성과 함께 주파수가 다중되어, 전체적으로 주파수가 변조되기 때문에 전송로에서 다중경로 왜곡이 있으면 혼변조가 발생하여 스테레오 음성이 디지털 신호에 방해를 준다.

그림 8.35에 FM 스테레오 음성의 베이스밴드 스펙트럼을 나타낸다. 스테레오 부채널(좌신호와 우신호와의 차신호($L$-$R$)를 전송하는 채널)보다 높은 주파수대역이 다중 신호대역이다. 그림 8.36에 다중경로 왜곡하에서의 베이스밴드 스펙트럼을 나타낸다. 그림 8.35와 비교하면 다중경로 왜곡에 의해 발생하는 음성신호의 고조파에 의해 디지털 신호를 다중화해야 하는 대역이 방해파가 심하여, 다중신호에 따라서는 엄격한 조건이라는 것을 알 수 있다. 또한 상세한 검토에 따르면 FM다중대역에 새어들어가는 스테레오 음성신호는 다중경로 지연시간 $13\mu s$, 캐리어 위상각 $180°$에서 최대가 된다고 한다. 그림 8.36은 이러한 조건하에서의 시뮬레이션 결과이다.

이 조건하에 변조방식으로서 MSK를 이용하여 디지털 신호를 다중한 경우의 수신 아이패턴 시뮬레이션 결과는 그림 8.37과 같다. 음성신호에 의한 방해로 오류가 생기는 것을 알 수 있다. 한편 음성이 무변조인 경우

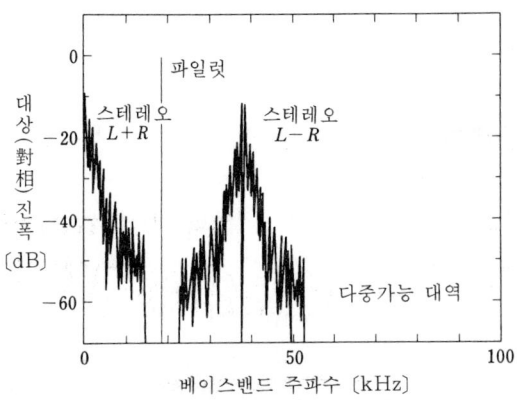

**그림 8.35 FM방송의 베이스밴드 스펙트럼**

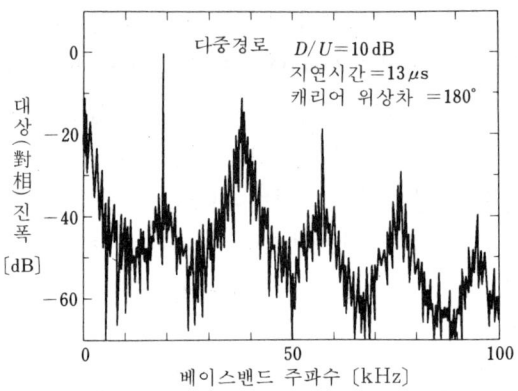

**그림 8.36  멀티패스 변형하에서의 베이스밴드
스펙트럼**

의 아이패턴은 그림 8.38과 같다. 다중신호 자체의 중복에 의해 약간의
왜곡은 있지만 음성으로부터의 방해는 없어 오류가 생기고 있지 않다.

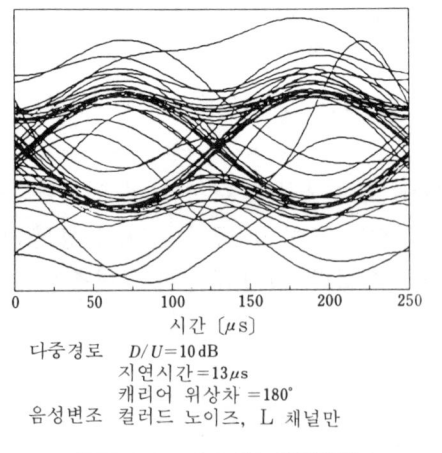

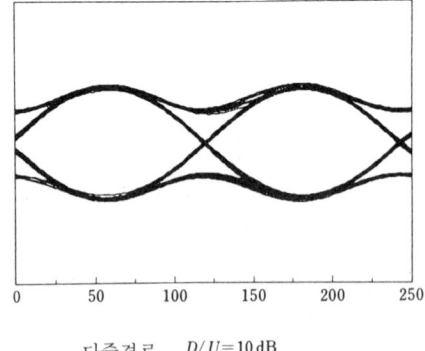

**그림 8.37  MSK의 아이패턴**

**그림 8.38  MSK의 아이패턴**

　　이상의 결과에서 다중경로 왜곡하에서 이 FM다중 전송로의 특징은 신
호 자체가 지연되어 서로 중복되는 것에 의한 파형왜곡보다도 음성신호,
특히 스테레오 부채널의 고조파에 의한 방해가 지배적이어서, 다중하는
신호의 디지털 변조방식으로서는 이 점에 주의할 필요가 있다.

(2) **LMSK 디지털 변조방식**　　다중 디지털 신호의 전송 특성을 확보하기 위해서는 그 다중레벨을 가능한 한 높게 하는 것이 바람직하다. 그러나 반대로 기존의 스테레오 음성신호에 대한 방해를 가능한 한 억제할 필요가 있으며, 다중레벨을 너무 크게 할 수는 없다. 이 스테레오 음성신호에의 방해는 스테레오 음성의 변조도가 낮을 때에 검토되기 쉽다. 또한 전항의 검토에서 스테레오 음성에서 다중신호로의 방해량은 스테레오 부채널의 진폭과 상관이 있다는 점에서 다중 디지털 신호의 다중레벨을 스테레오 부채널음성의 변조도에 맞추어 변화시키는 방식이 고려된다. 즉 송출측에서 신호 다중시에 스테레오 부채널음성을 전파 정류하여 **그림 8.39**에 나타난 특성에 의해 다중레벨을 컨트롤한다.

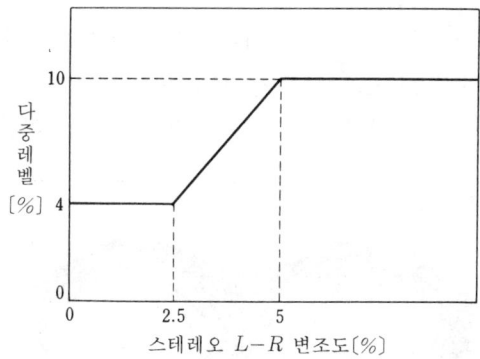

그림 8.39　다중레벨의 컨트롤 특성

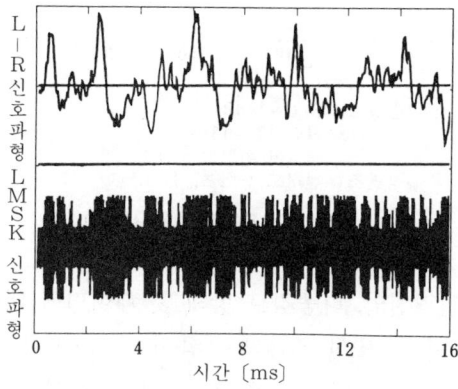

그림 8.40　음성신호파형과 LMSK신호파형

디지털 신호로서는 진폭방향을 변화시키기 위해 원래부터 진폭방향에 정보를 갖지 않고, 진폭이 일정한 MSK가 적합하다. 이렇게 진폭레벨을 컨트롤한 MSK를 LMSK라 한다. 그림 8.40에 스테레오 부채널음성신호와 LMSK신호파형의 예를 나타냈다. 여기에서 음성신호는 ITU-R 권고 559에 규정되어 있는 의사 프로그램 신호인 컬러드노이즈를 L채널마다 변조하고 있다. 다중신호대역에의 방해레벨이 커질 때에 다중신호레벨도 커지기 때문에 LMSK변조방식은 다중경로 왜곡에 의한 방해를 받았을 때에 그 $S/I$, 즉 희망 디지털 신호 대 방해신호의 레벨비를 거의 일정하게 유지하는 효과를 가지고 있는 것을 알 수 있다. 게다가 스테레오 음성변조도가 낮은 경우에는 최저 진폭을 가진 디지털 신호가 되기 때문에 스테레오 음성에 대한 방해는 그림 8.39의 최저 진폭(4%)의 MSK신호와 동등하다.

그림 8.41은 다중경로 왜곡하에서의 LMSK아이패턴을 나타낸 것이다. 그림 8.37의 MSK의 경우와 비교하면 음성신호로부터의 누수에 의한 열화는 일어나고 있지만 오류는 발생하고 있지 않은 것을 알 수 있다.

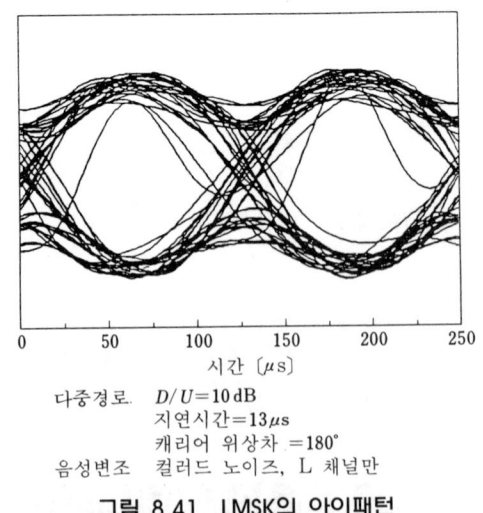

다중경로   $D/U=10\,\mathrm{dB}$
         지연시간$=13\,\mu\mathrm{s}$
         캐리어 위상차 $=180°$
음성변조   컬러드 노이즈, L 채널만

**그림 8.41  LMSK의 아이패턴**

**(3) 전송특성**   입력전압, 다중경로 방해 및 페이딩에 대한 비트 오류율의 측정결과를 나타낸다. 또한 스테레오 음성신호는 L채널에만 컬러드 노이즈를 변조한다. 다중신호의 제원은 DARC방식 즉 부반송파 주파수는 76kHz,

비트레이트는 16kb/s, 또한 LMSK의 레벨 제어 특성은 **그림 8.39**에 나타낸 것을 이용하였다.

(a) 입력전압에 대한 측정　　그림 8.42에 입력전압에 대한 비트 오류율 특성을 나타냈다. 그림 속의 MSK의 다중레벨은 4%이다.

비트 오류율 $10^{-2}$에서 LMSK는 MSK에 비해 약 2dB의 이득이 있다. 또한 DARC방식에서 이용되고 있는 오류정정 방식인 (272, 190)부호에 의한 적부호를 적용한 경우에는 17dB$\mu$V 이상이면 오류율을 충분히 작게 할 수 있다.

스테레오 음성방송의 서비스 영역은 저잡음 지역에서 48dB$\mu$V/m 이상으로 되어 있다. 안테나이득이 -10dB인 휩 안테나 및 안테나 높이 1m에서 수신한다고 가정했을 경우의 입력전압은 26.4dB$\mu$V(75$\Omega$ 종단) 이상이 된다는 점에서 입력전압에 대한 마진은 9.4dB 이상 확보할 수 있는 것을 알 수 있다.

(b) 다중경로 방해에 대한 특성　　그림 8.43에 다중경로 D/U에 대한 비트 오류율 특성을 나타냈다. 다중경로 지연시간은 13$\mu$s, 캐리어 위상차는 180도를 이용했다.

다중경로에 대한 LMSK의 개선효과는 높아서, 비트 오류율 $10^{-3}$에서 약 7dB의 이득이 있다. 또한 LMSK방식을 이용하면 비트 오류율 $10^{-2}$가 되는 $D/U$는 6.5dB가 된다. 관동지역의 장소율 99%에서 다중경로 지연시간 5$\mu$s 이상의 다중경로 $D/U$는 15dB 이상이라는 결과를 고려하면 FM다중방송에서 문제가 되는 지연시간 13$\mu$s 부근의 다중경로

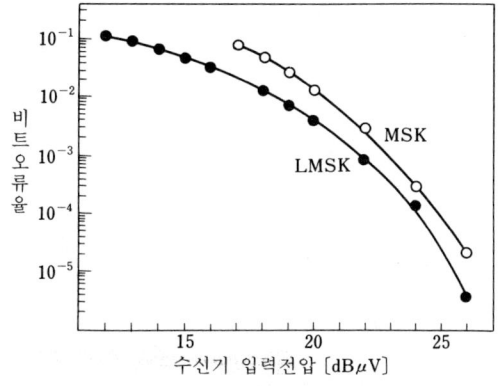

**그림 8.42  입력전압에 대한 비트 오류율**

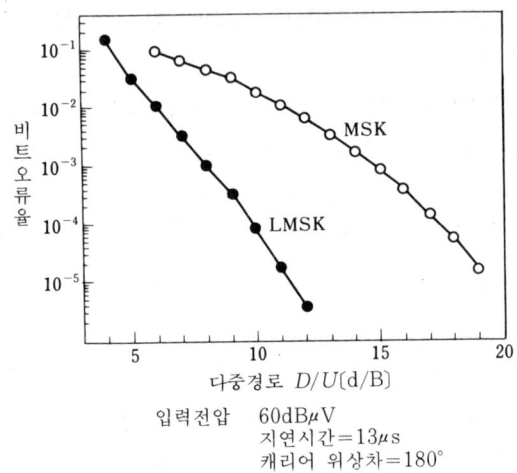

입력전압    60dBμV
지연시간=13μs
캐리어 위상차=180°

**그림 8.43   다중경로 *D/U*에 대한 비트 오류율**

에 대해서는 *D/U*로 하여 8.5dB이상의 마진이 있는 것을 알 수 있다.

(c) 페이딩에 대한 특성    실제 이동수신의 경우에는 정상적인 다중경로 방해에 더해 전계가 변동하는 소위 레일리 페이딩도 큰 문제가 된다. 여기에서는 지연시간 5μs, *D/U*10dB의 다중경로 왜곡에 시속 40km/h로 주행했을 경우의 페이딩을 부가한 경우의 비트 오류율 특성을 측정한 측정결과를 그림 8.44에 나타낸다.

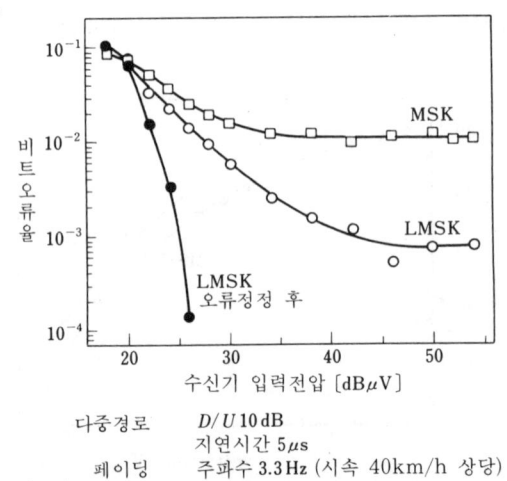

다중경로    *D/U* 10 dB
지연시간 5μs
페이딩    주파수 3.3 Hz (시속 40km/h 상당)

**그림 8.44   페이딩하에서의 입력전압에 대한 비트 오류율**

입력전압이 높아져도 정상적인 다중경로 왜곡이 발생하고 있기 때문에 특성이 좋아지지 않는 소위 플로어 현상이 보인다. 그러나 LMSK를 이용함으로써 이 때의 비트 오류율은 1자리 이상 개선해 있는 것을 알 수 있다. 나아가, 오류정정을 통해 27dB $\mu$V 이상 있으면 오류를 충분히 작게 할 수 있다.

# 8.4 변조방식에서 본 시스템 예와 전망

## [1] 디지털 위성방송의 실시와 검토 예

디지털 TV 위성방송 서비스는 이미 미국에서 시작되어 수신자가 증가하고 있다. 1995년에는 ITU-R에서 디지털 다채널 위성방송의 권고가 이루어지고, 유럽 제안의 DVB방식이 그 일례로서 기재되었다. 일본에서도 통신위성에 의한 디지털 다채널은 이미 많은 FM방식에 의한 수신기가 보급되어 있다. 예를 들면 BS의 수신자는 모두 1000만 세대를 넘고 있다. 이 때문에 BSS대역에서의 기존 위성방송의 디지털화로의 완전한 이행에는 아직 시간이 필요하다. 여기에서는 이미 실용화와 규격화가 이루어진 디지털 위성방송의 실시 예와 장래의 디지털 위성방송의 검토 예를 디지털 변조방식의 관점에서 살펴 보고자 한다.

(1) PCM 음성방송 시스템    일본에서는 통신위성(JCSAT, SUPERBIRD)의 이용을 고려한 PCM음성방송이 실용화되고 있다. 여기에서는 BS 표준방식의 텔레비전방송에 이용된 음성전송 포맷을 복수 다중하여, 방송위성에 비해 EIRP가 낮은 통신위성이라도 소형 안테나로 안정되게 수신할 수 있는 시스템을 구성하고 있다. 표 8.5에 그 사양을 나타내었다. 비선형 특성에 강한 MSK를 이용하고, 나아가 소형 안테나에서의 안정된 수신을

표 8.5  PCM음성방송의 전송 사양

| 변조방식 | MSK |
|---|---|
| 전송률 | 24.576Mb/s |
| 오류정정 | 고차 다중부 : 길쌈부호(구속길이 4, 부호화율 1/2)<br>저차 다중부 : BCH(63, 56)(음성, 데이터) |
| 포맷 | BS방식, B모드 스테레오 6채널 |

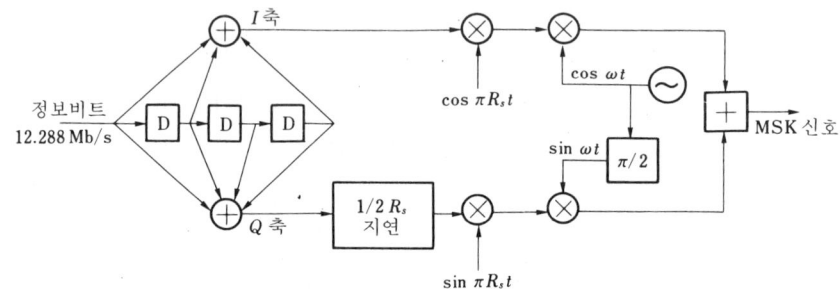

$\oplus$ : Mod 2 가산기    $R_s$ (심벌 레이트) : 12.288 Mb/s

$\boxed{D}$ : 시프트 레지스터   $\omega$ : 각(角)주파수

**그림 8.45  PCM음성방송용 변조기의 구성**

실현하기 위해 효율 1/2의 길쌈부호를 이용하고 있는 것이 특징이다. 그림 8.45는 변조기의 구성을 나타낸 것이다.

또한 이 방식은 ITU-R 권고 BO.712에 12GHz 위성 음성/데이터 방송 시스템 MDSD(Multi-channel Digital Sound/Data)로서 권고되어 있다.

ITU-R 권고 BO.712에는 나아가 유럽에서의 디지털 음성방송 시스템으로서 DSR(Digital Satellite Radio)이 기재되어 있다. 이것도 12GHz대의 위성방송에서 이용될 예정으로 제안된 시스템으로, 20.48Mb/s의 QPSK를 이용하여 스테레오 16채널의 디지털 음성방송을 실시하고 있다. 오류정정에는 BCH(63, 44)를 이용하고 있다.

이 시스템은 독일의 대전력 방송위성 TV-SAT에서 실시될 예정으로 개발이 진행되었지만 수신기 보급은 별로 이루어지고 있지 않다.

**(2) 미국의 디지털 위성방송 시스템**    Hughes사의 위성 DBS-1, DBS-2를 이용하여 DirecTV사와 USSB사가 실시하는 미국 최초의 직접 위성방송 서비스이다. 1994년에 서비스가 시작되어 이미 많은 수신기가 판매되고 있다. 16대의 중계기를 탑재한 2기의 위성으로 디지털 대역압축을 실시한 TV화상을 150채널 이상 전송할 수 있다. 부호화는 MPEG-2를 이용하고, 45cm의 수신안테나를 포함한 수신 시스템이 판매되고 있다. 이 방식의 전송방식은 QPSK(롤 오프율 20%), 전송 심벌률은 20Mbaud, 오류정정에는 길쌈부호(효율 2/3 또는 6/7)와 리드솔로몬부호(146, 130)를 이용하고 있다.

나아가, DirecTV의 성공에 이어 PrimeStar/TEMPO와 Echostar 등의 시스
템도 직접 위성방송으로서의 실용화를 목표로 하고 있다.

**(3) DVB-S규격**    유럽 제안의 디지털 위성방송 규격이다. 부호화, 다중화
에는 MPEG-2, MPEG Systems을 각각 이용하고, 역시 다채널 서비스를 제
공한다. 이 규격의 개요는 **표 8.6**과 같다.

**표 8.6  DVB-S 규격**

| 변조방식 | QPSK |
|---|---|
| 전송률 | 21.1Mbaud(중계기 대역폭 27MHz인 경우) |
| 롤 오프율 | 35% |
| 오류정정 | 내부호 : 길쌈(구속길이 7, 부호화율 1/2, 2/3, 3/4, 5/6, 7/8)<br>외부호 : 리드솔로몬(204, 188) |
| 다중화 | MPEG Systems |
| 영상 부호화 | MPEG-2 |

1996년 초부터 유럽의 일부 위성에서 이러한 방식에 기초한 전파가 발
사되었다. 일본의 통신위성에서 1996년부터 개시된 디지털 다채널방송은
이 규격을 참고로 하고 있다.

**(4) 위성 ISDB시스템**    모든 정보를 디지털화하여 전송함으로써 유연성과
확장성을 높인 ISDB시스템을 12GHz대의 위성으로 실시할 경우의 전송
방식에 대한 검토가 이루어지고 있다. 여기에서는 WARC-BS 규격 내에
서 현행 FM TV와 동등한 시간율을 확보할 수 있는 시스템을 검토하고
있다.

12GHz대의 위성방송에서는 이미 아날로그에서의 시스템이 실용화되
고 있으며, 이것에 간섭을 미치지 않도록 WARC-BS에서 규정되어 있는
혼신보호비가 중요하다. 게다가 아날로그 방식과 동시방송을 실시하는
것을 고려하면 강우시의 서비스 계속성을 동등하게 하지 않으면 안 된다.

나아가, ISDB의 유연성을 적극적으로 이용하여 전송방식에 주파수 이
용효율이 높은 TC8PSK의 이용, 서비스 시간율을 개선하기 위한 계층화
전송의 이용에 의해 고품질이면서도 신뢰도가 높은 시스템을 장래의 위
성디지털 방송의 목표로 하고 있다.

## [2] 디지털 지상방송의 검토 예

디지털 지상방송은 다중방송을 제외하면 1995년부터 영국과 스웨덴에서 실시하고 있는 디지털 음성방송 DAB뿐이다. 디지털 TV 방송으로는 미국에서 규격화된 ATSC방식, 유럽에서 규격화된 DVB-T가 있다. 여기에서는 이들 방식의 특징을 살펴봄과 동시에 일본에서의 검토 상황을 소개하고자 한다.

(1) DAB     유럽의 Eureka 프로젝트에 의해 개발된 디지털 음성방송이다. 음성 부호화 방식으로서 MPEG레이어Ⅱ를 이용하고 있다. 변조방식에는 OFDM을 이용하고 있고, 다중경로 방해에 강하고 이동수신이 가능하다. 나아가, 복수의 방송국에서 동일내용, 동일주파수의 전파를 발사하는 SFN(Single Frequency Network)이 가능하며 주파수 유효이용이 가능하다. 표 8.7은 전송 제원을 나타낸다.

### 표 8.7  DAB의 전송 제원

| 변조방식 | QPSK-OFDM |
|---|---|
| 대역폭 | 1.54MHz |
| 전송률 | 2.543Mb/s |
| 오류정정 | 길쌈부호 |
| 다중화 | 고정 |
| 음성 부호화 | MPEG 레이어Ⅱ |

### 표 8.8  DVB-T의 전송 제원

| 변조방식 | QPSK-OFDM, 16 QAM-OFDM, 64 QAM-OFDM |
|---|---|
| 대역폭 | 7.61MHz |
| 전송률 | 약 10 ~ 36Mb/s* |
| 오류정정 | 내부호 : 길쌈부호<br>외부호 : 리드솔로몬(204, 188) |
| 다중화 | MPEG-2 Systems |
| 영상 부호화 | MPEG-2 |
| 음성 부호화 | MPEG-2 |

*캐리어 변조방식, OFDM 가드 인터벌 비의 차이에 따른다.

(2) DVB-T     유럽의 DVB 프로젝트에 의해 개발된 방식으로 1995년 말에 프로젝트로서 규격화되었다. 영상/음성 부호화 방식은 MPEG2, 다중방식은 MPEG Systems을 이용하고 있다. 변조방식에는 OFDM을 이용하고 있다. 위성디지털 방송인 DVB-S와는 변조방식은 다르지만 공통화가 꾀해지고 있다. 고정 혹은 포터블 수신기에 대해 다채널 TV 방송을 실시하는 것을 목표로 설계되어 있다. 표 8.8은 전송 제원을 나타낸다.

(3) ATSC 방식     미국에서 개발된 방식으로 1997년 말에 FCC에의 규격이 채택되었다. 영상부호화에는 MPEG-2, 음성부호화에는 돌비 AC3, 다중화는 MPEG Systems을 이용하고 있다. 변조방식은 8VSB를 이용하고 있다. 표 8.9에 전송방식의 개요를 나타낸다. MPEG-2를 이용하고 있다는 점에서 멀티프로그램도 가능한데, 방송사업자는 HDTV서비스에 대해서 적극적이다.

**표 8.9  ATSC의 전송 제원**

| 변조방식 | 8VSB(롤 오프율 15%) |
|---|---|
| 대역폭 | 6MHz |
| 전송률 | 32.28Mb/s |
| 오류정정 | 내부호 : 트렐리스 부호화 변조<br>외부호 : RS(207, 187) |
| 다중화 | MPEG-2 Systems |
| 영상 부호화 | MPEG-2 |
| 음성 부호화 | AC3 |

(4) 지상 ISDB 시스템     일본에서 검토되고 있는 지상디지털 방송이다. ISDB에서는 음성방송이나 TV방송이라는 서비스에 의존하지 않고 동일방식에 의해 방송을 실시하려는 것이다. 수신형태로는 지상계의 이점을 살려서 고정수신, 휴대수신에 더해 이동수신이 가능한 방식을 목표로 하고 있다. 나아가 현재 실시되고 있는 아날로그 방송의 빈 주파수에 의해 도입할 필요가 있는 등 많은 요구조건이 부가되어 있다. 이 때문에 대역 설정에 자유도가 있고, 장래의 확장성이 있는 전송방식으로서 BST-OFDM(Band Segmented Transmission-OFDM)을 검토하고 있다.

# 참고문헌

( 1 )  ACATS Technical Subgroup : "Grand Alliance HDTV System Specification-Draft Document" (Feb. 22, 1994)

( 2 )  亀田耕造："通信衛星を利用した PCM 音声放送", NHK 技研 R & D, No. 18 (Feb. 1992)

( 3 )  進士昌明, 외 ："小特集―ディジタル自動車電話", 信学誌, **73**, 8, pp. 800-803 (Aug. 1990)

( 4 )  V. K. Bhargava, D. Hoccoun, R. Matyas and P. Nuspl : "Digital Communications by Satellite", John Wiley&Sons Inc. (1981)

( 5 )  加藤久和, 斉藤知弘, 武智　秀, 松村　肇："ディジタル衛星放送用変調方式の検討", テレビ誌, **47**, 10, pp. 1358-1366 (1993)

( 6 )  黒田　徹, 斉藤知弘, 高田政幸, 山田　宰："移動受信用 FM 多重ディジタル変調方式", 信学論 (B-II), **J75-B-II**, 9, pp. 613-621 (Oct. 1992)

( 7 )  R. E. Ziemer and R. L. Peterson : "Digital Communications and Spread Spectrum Systems", Macmillan (1985)

( 8 )  B. Hirosaki : "An orthogonally multiplexed QAM system using the discrete Fourier transform", IEEE Trans. Commun., **COM - 29**, 7, pp. 982-989 (July 1981)

( 9 )  斉藤繁樹, 森山正典, 山田　宰："ゴースト環境下における OFDM 伝送方式の誤り率特性", 1991 信学秋季全大, B-231

(10)  G. Ungerboeck : "Trellis-Coded Modulation with Redundant Signal Sets", IEEE Trans. Commun., **25**, 2, pp. 5-21 (Feb. 1987)

(11)  笠原正雄："符号化変調方式", 信学誌, **72**, 3, pp. 306-316 (March 1989)

(12)  M. Saito, S. Moriyama and O. Yamada : "A Digital Modulation Method for Terrestrial Digital TV Broadcasting Using Trellis Coded OFDM and its Performance", GLOBECOM 92, 49-2 (Dec. 1992)

(13)  "無線通信規則, 無線通信規則付録" Geneva (1979)

(14)  都竹愛一郎, 외 ："COMETS 計画における高度衛星放送実験", 信学技報, SANE 93-29 (Aug. 1993)

(15)  川口　豊, 외 ："衛星放送用 21 GHz 帯を柔軟に使用するための基礎検討", 1993 信学春季全大, B-214

(16)  "欧州の DAB およびパーソナル移動衛星通信計画", ITU 研究, No. 257 (April 1993)

(17)　Recommendation 521, WRC 95 Final Acts, Geneva, 1995

(18)　正源和義, 외 : "放射電力可変型 21 GHz 帯全国放送衛星の検討", 1992 信学秋
季全大 B-196

(19)　都竹愛一郎, 외 : "階層変調方式によるデータ伝送の検討", 1993 信学春季全大,
B-179

(20)　S. B. Weinstein and P. M. Ebert : "Data Transmission by Frequency Division
Multiplexing Using the Discrete Fourier Transform", IEEE Trans. Commun.,
**COM-19**, 5, pp. 628-634 (Oct. 1971)

(21)　加藤久和, 斉藤知弘, 松村　肇 : "衛星 ISDB における最大伝送容量と衛星放送プ
ランへの適用", 信学論(B-II), **J79-B-II**, 7, pp. 371-380 (July 1996)

(22)　B. Le Floch, R. Halbert-Lassalle, and D. Castelain : "Digital Sound Broad-
casting to Mobile Receivers", IEEE Trans. Consum. Electron., **35**, 3, pp. 493-
503 (Aug. 1989)

(23)　M. Alard and R. Lasalle : "Principles of Modulation and Channel Coding for
Digital Broadcasting for Mobile Receivers", EBU Review Technical, No.
224 (Aug. 1987)

(24)　福地　一 : "数百以上の搬送波を使う OFDM, ディジタル放送の移動受信に向
く", 日経エレクトロニクス・ブックス　データ圧縮とディジタル変調, p. 207-
222, 日経 BP 社 (1993)

(25)　斉藤正典, 森山繁樹 : "地上系ディジタル放送用トレリス符号化 OFDM 変調方式
とゴースト環境下における伝送特性", テレビ誌, **47**, 10, pp. 1374-1382 (March
1993)

(26)　森山繁樹, 斉藤正典 : "OFDM 変調方式の室内伝送実験結果", 1993 テレビ年次大,
14-7

(27)　ITU-R Recomendation BO. 712 : "High-quality Audio/data standards for the
broadcasting-satellite service in the 12 GHz band" …

(28)　黒田　徹, 高田政幸, 山田　宰 : "移動受信用 FM 多重放送の誤り訂正方式", 信学
論 (B-II), **J77-B-II**, 1, pp. 19-25 (Jan. 1994)

(29)　森山繁樹, 斉藤正典, 山田　宰 : "都市部における VHF・UHF 帯遅延伝搬特性",
1991 信学春季全大, B-406

(30)　ITU-R Recommendation BO. 1211 : "Digital multi-programme emission sys-
tems for television, sound and data services for satellites operating in the 11/
12 GHz frequency range" …

# Digital
# Broadcasting

0101010101010101010101010101010101
10101010101010101010101010101010101
010101010101010101010101010101010
101010101010101010101010101010101

## 9
## 디지털 TV의 수신

0101010101010101010101010101010101
101010101010101010101010101010101

디지털 방송수신기는 종전의 아날로그 TV 수신기의 신호처리를 단순히 디지털 로 교환한 것 뿐만 아니라, 컴퓨터기술과 융합한 단말이라는 점에 주목해야 할 것이다. 이러한 점에서 종래의 디지털 TV 서비스를 포함한 수신이용 이미지에 대해 설명하고, 그러한 것에 대응한 수신기 기능의 요구조건을 명확히 하고자 한다. 그런 다음 그러한 요구조건의 실현 포인트가 되는 요소기술에 대해 표준화 동향 등을 설명하겠다.

# 9.1  기본적인 시점

디지털 TV의 도입에는 아날로그 TV와의 차별화가 필요하다. 디지털 TV는 전송특성에 있어서 유리하다는 것과 새로운 서비스의 가능성이 있다는 점이 사회 시스템으로서 받아들여질 수 있는 필수조건이라고 할 수 있을 것이다.

따라서 디지털 TV 수신기는 종전의 아날로그 TV 수신기의 신호처리를 단순히 디지털 로 바꾸어 놓은 것 뿐만 아니라 컴퓨터의 기능을 겸비함으로써 여러 가지 지능적인 처리가 가능하여, 종전의 아날로그 TV 수신기에 없는 기능을 가질 수 있다.

한편 영상 표시를 동반하는 정보통신 서비스는 방송에만 한정되지 않고 통신, 컴퓨터, 패키지 분야에 있어서도 영상의 재생기능을 동반한 서비스가 실시되고 있다. 시청자는 이들 단말로부터 퍼스널로 대화형 방송과 다른 형태의 영상 서비스와 친숙해지게 되었다.

이러한 상황 속에서 새로운 서비스 기능을 가지는 수신 시스템이라는 관점에서 디지털 TV의 수신을 생각할 필요가 있을 것이다.

# 9.2  디지털 TV의 수신이용 개념

디지털 TV의 수신이용 개념을 그림 9.1에 나타낸다. 수신이용 개념은 방송서비스의 고도화와 단말 이용형태의 고도화 등 두 가지 방향에서 정리할 수 있다.

**그림 9.1 디지털 TV의 수신 이용 개념도**

## [1] 방송 서비스의 고도화

현행 방송 서비스와 금후의 방송 서비스의 차이에 대한 검토 예가 **그림 9.2**에 나타나 있다. 금후의 방송 서비스는 전송, 표현 미디어 기능을 강화함과 동시에 새롭게 프로그램 정보선택기능, 대화형 프로그램기능이 부가된다. 이렇게 하여 실현될 디지털 방송 서비스의 이미지는 다음과 같다.

**(1) 고품질, 고실감**  디지털 방송 시스템에 있어서는 약전계, 페이딩, 다중경로 등이 존재하는 '열악한 전송로'에서도 안정된 수신을 확보할 수 있고, 전송열화가 적은 고품질의 영상, 음성 등을 수신 이용할 수 있게 된다. 또한 장래에는 현재의 HDTV보다도 정밀도가 높은 영상 서비스와 입체 TV 등의 등장이 예상된다.

**(2) 멀티채널**  디지털 방송 시스템에 있어서는 지금까지 아날로그파에서는 하나의 영상밖에 보낼 수 없었던 주파수 대역을 이용하여 복수의 영상을 전송할 수 있다. 이것에 의해 방송채널 수가 증가될 수 있다. 멀티채널방송의 수신에는 아래의 (3)항에서 설명할 프로그램 안내방법과 그것을 이용한 쉬운 프로그램 선택방법이 사용된다.

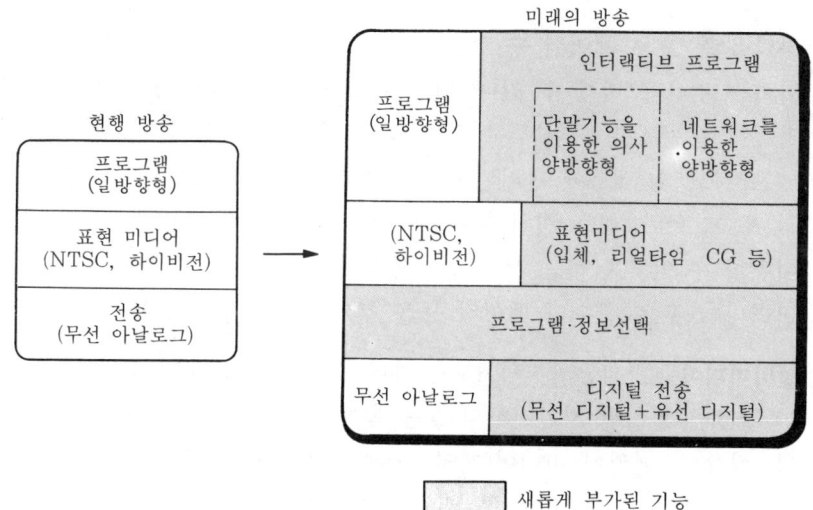

그림 9.2  현행 방송 서비스와 금후의 방송 서비스의 구조

한편, 복수 영상의 전송기능을 하나의 방송채널 프로그램으로 이용하는 것도 생각할 수 있다. 예를 들면 스포츠중계 프로그램에 있어서는 하나의 경기를 복수의 카메라로 포착하여 다양한 시점의 영상을 방송국측의 스위치에서 선택한 결과를 현재는 방송하고 있지만, 이러한 복수의 소재화상을 방송하여 수신자측에서 자유롭게 선택할 수 있도록 하는 프로그램도 생각할 수 있다. 이러한 형태의 프로그램에서는 복수의 영상을 조합시켜 시청하기 위한 안내방법이 사용된다.

또한 영상에 동반되는 음성을 복수 채널(다언어음성, 시청각 장해자용 음성 등)로 지원하는 것도 생각할 수 있다.

**(3) 인트러덕션, 캡션, 인포메이션**    종래의 TV방송에서는 시청할 수 있는 프로그램 자체는 방송되고 있지만, 지금 어떤 프로그램이 방송되고 있는지, 오늘 어떤 프로그램의 방송이 있는지, 보고 싶은 프로그램이 언제 방송되는지 등을 알기 위한 정보가 항상 방송되고 있는 것은 아니다. 이러한 목적을 위해서는 방송 이외의 신문이나 잡지 등과 같은 미디어가 필요하다. 프로그램 안내에 관련된 데이터를 방송하여 이상과 같은 수신자의 요구에 답하는 서비스를 생각할 수 있다.

또한 자막(캡션)에 대해서는 방송영상에 직접 삽입하는 것이 아니라, 지금까지 청각 장해자용으로 문자방송에서 실시된 것 같이 수신측에서 자막을 온 오프 제어할 수 있는 클로즈드 캡션 서비스를 디지털 TV에 조합하는 것을 고려할 수 있다. 나아가 복수 언어의 자막을 방송하여 수신자측에서 선택할 수 있도록 하는 것도 생각할 수 있다.

프로그램의 내용에 관련된 부가정보를 같이 방송하여 수신기에 메모리 해 두고 프로그램을 시청하는 동안에 그 부가정보를 언제라도 호출하여 이용할 수 있도록 하는 서비스도 생각할 수 있다. 예를 들면 드라마의 줄거리나 스포츠 선수의 데이터 등을 부가정보로 방송한다.

(4) **멀티미디어**　　지금까지의 TV는 하나의 영상과 두개의 음성으로 구성되는 정보를 일정한 시간진행의 흐름 속에서 제시하는 기능만 가지고 있었다. 컴퓨터, 패키지 미디어(게임 등)에서 실현되고 있는 것처럼 영상, 정지화면, 문자, 도형, 음성 등 복수의 제시 데이터를 인터랙티브하게 제시하여 진행할 수 있는 멀티미디어 서비스가 향후 방송에서도 실현될 것이다. 예를 들면 (3)항에서 설명한 내용은 하나의 영상을 주체로 한 멀티미디어 서비스라고 할 수 있다. 이밖에 멀티미디어 방송의 예로서 PRESENT와 IDUN이 보고되고 있다

(5) **참여(participation)**　　앞으로 정보화사회의 진전 속에서 정보통신 수단이 고도화됨에 따라 그러한 수단을 지금보다도 더 적극적으로 활용하는 시청자상을 생각할 수 있다. 이러한 상황 속에서 전화, 팩시밀리뿐만 아니라 인터넷 서비스(전자메일, WWW 등)나 영상통신 등을 이용한 시청자 참여형 프로그램도 일반화될 것이다.

## [2] 단말 이용형태의 고도화

(1) **통신 · 패키지 미디어의 공용**　　통신, 패키지 미디어에 있어서의 영상 이용 서비스의 보급은 TV에 대한 통신 · 패키지 재생기능의 부가라는 형태로 진행될 것이다. TV는 화상통신 수신단말의 표시장치로서도 사용되며, 전자출판과 게임 컴퓨터의 표시장치로서도 사용되어 왔다. 앞으로 TV에 부가된 통신 · 패키지 재생기능은 시청자 참가 프로그램과 데이터 베이스형 프로그램 등 소프트웨어면에서의 융합 서비스에도 이용될 것이다.

디지털화는 방송 뿐만 아니라 통신, 패키지 등 모든 정보통신분야에서의 공통적인 동향인데, 그 결과 공통의 디지털 처리기능에 의해 하나의

단말에서 각 미디어의 수신표시가 가능해질 것이다. 디지털화를 통해 통신·패키지 미디어와의 공용이라는 이용형태가 더욱 진전될 것이다.

**(2) 정보의 축적 이용**    종래의 방송은 리얼타임의 정보제공이 주를 이루었지만, VTR의 보급에 의해 타임 시프트한 시청도 일반적으로 실시되고 있다. 방송된 프로그램이나 정보를 축적함으로써 시청자의 상황에 맞게 언제라도 필요한 때에 그러한 것을 시청할 수 있게 된다.

또한 축적된 정보 속에서 필요한 것을 고속으로 추출해 낼 수 있는 것도 중요한 포인트이다. 장시간의 프로그램 축적 이용과 더불어 다수의 단시간 축적정보의 검색 이용도 앞으로 점점 중요해질 것이다.

**(3) 정보의 편집가공**    축적된 정보를 소재로 하여 개인적인 목적으로 편집 가공하여 재이용하는 것도 생각할 수 있다. 디지털화의 장점으로는 축적된 정보의 열화가 없다는 것, 편집 가공 툴을 저렴하고도 쉽게 조작할 수 있다는 것을 들 수 있다. 이러한 의미에서 정보의 편집 가공이 확산될 것이다.

**(4) 휴대성**    실내 뿐만 아니라 옥외 어디에서나 이용할 수 있는 단말이 필요해진다. 예를 들면 전자수첩과 같은 휴대형 정보단말에 방송의 수신기능, 통신기능을 송수신뿐만 아니라 가정에서 수신한 방송정보를 메모리 매체를 이용하여 오프라인으로 시청하는 것도 생각할 수 있다.

# 9.3    수신기의 요구조건

이상 설명한 것처럼 수신이용의 이미지를 바탕으로 하여 디지털 TV의 수신시스템을 설계하는데 있어서는 다음과 같은 것이 고려되어야 할 것이다.

**(1) 규모 확장성(Scalability)**    종래에는 단일의 서비스 품질에 대응한 수신시스템이 고려되어 왔지만, 디지털 TV에 있어서는 다양한 서비스품질로 수신 이용하는 것이 고려된다. 고품질의 서비스에 대응하여 고품질의 수신재생을 실시하는 단말이 있는 한편, 휴대형 단말도 있다는 것을 생각할 필요가 있다.

구체적으로는 수신 규모 확장성과 표시 규모 확장성이 있다. 수신 규모 확장성이란, 단일한 수신 데이터로부터 단계적으로 공간 또는 시간해상도가 다른 영상 데이터를 추출할 수 있는 기능이다. 표시 규모 확장성은 전송신호가 다른 데이터량에 따라 공간 또는 시간해상도를 바꾸어 표시할 수 있는 기능이다.

**(2) 사용의 용이성(Usability)**　단말기능이 지능화되고 휴먼 인터페이스를 향상시켜 사용하기 쉽게 하는 것을 생각할 수 있다. 또한 단말의 소형화, 통신, 패키지 기능의 부가 등에 의해 다양한 서비스를 하나의 단말로 쉽게 이용할 수 있게 해야 할 것이다.

**(3) 상호 운용성(Interoperability)**　통신, 컴퓨터, 패키지 미디어 등과 호환성이 있는 신호의 수신이 가능해야 한다. 디지털화를 통해서 동화상, 정지화면, 음성 등의 정보를 구성하는 요소가 되는 신호의 부호화방식이 각 미디어간에 공통화 되도록 함으로써 수신기에서 그 복호 부분을 공통적으로 사용할 수 있게 된다. 정보의 전송매체에 의존하는 처리부분을 제외한 정보의 복호 처리와 표시, 제어장치를 방송, 통신, 패키지와 같은 특정 정보통신미디어에 한정하지 않고 공통으로 대응할 수 있도록 구성함으로써 각종 정보통신 미디어를 모두 수신재생 할 수 있는 단말을 생각할 수 있다.

**(4) 확장성(Extensibility)**　부가적인 기능을 추가하거나 기술적인 발전 성과를 도입한 새로운 방식에도 대응할 수 있도록 하드웨어와 소프트웨어를 구성함으로써 높은 확장성을 확보할 필요가 있다.

　　이러한 개념에 기초하여 구성된 디지털 TV의 수신기는 **그림 9.3**과 같다. 각 부에 요구되는 기능은 다음과 같다. 이러한 것에는 필요에 따라서

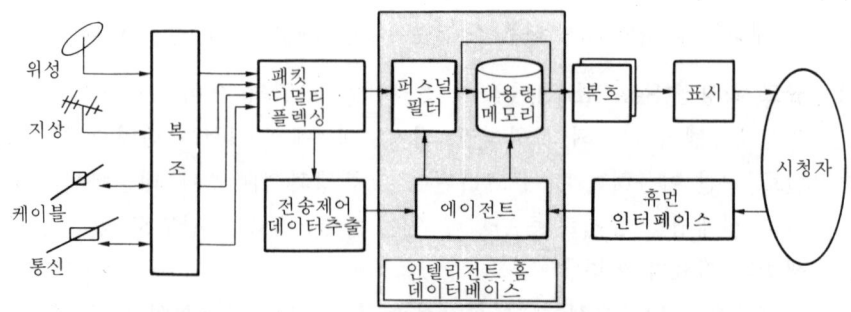

**그림 9.3　디지털 TV 수신기의 구성**

조합할 수 있는 옵션기능도 포함되어 있다.

(a) **전송로 신호입력**　방송(위성파, 지상파, CATV), B-ISDN, 패키지(디스크, 테이프), 컴퓨터(LAN) 등

(b) **제시정보 복호 처리**　복수의 영상, 음성, 정지화면, 문자, CG데이터의 복호와 그것들의 합성기능 등

(c) **데이터베이스**　고속으로 지능적인 검색기능을 가지는 대용량의 멀티미디어 데이터베이스

(d) **표시**　복수의 영상 포맷, 다채널 음성재생기능 등

(e) **휴먼 인터페이스**　문자, 도형, 음성 등에 의한 선택정보, 응답정보의 제시기능, 리모컨, 음성 등에 의한 지시정보입력기능 등

(f) **제어부**　대화형 어플리케이션에 있어서의 휴먼 인터페이스부와 제시 복호 처리부, 데이터베이스부간의 제어와 통신 프로토콜의 처리기능 등

# 9.4　수신기의 기술요소

9.3절에서 설명한 요구 조건에 관련된 요소 기술의 동향에 대해 설명한다.

(1) **디지털 오디오 비주얼 단말의 표준화**　디지털 방송 수신기에 이용되는 기술은 PC와 비디오 온 디맨드의 수신단말(셋탑 유닛) 등에 사용되는 기술과 관련성이 크다. 이러한 단말요소기술 양식에는 MPEG-2와 같이 이미 ISO/IEC와 같은 공적인 국제적 표준화단체에서 규격화되어 있는 것과 셋탑 유닛의 OS처럼 업계단체에 의한 사실상 규격으로 되어 있는 것이 있으며 이러한 것들을 방송수신기에 응용하는 것도 고려할 필요가 있다.

　단말의 요소기술을 통합화하는 기술에 대해서는 ITU-T가 B-ISDN망에서 사용하는 통신용 디지털 오디오 비주얼 단말의 모델 사양으로서 H.32x의 표준화작업을 실시하고 있다. 비디오 온 디맨드 등의 대화형 디지털 오디오 비주얼 서비스를 실시하는 시스템을 규격화하는 민간의 국제적 표준화 단체인 DAVIC(Digital Audio Visual Conference)에서는 비디오 온 디맨드와 대화형 방송 등의 서비스에 사용할 수 있는 셋탑 유닛의 규격화가 진행되고 있다.

멀티채널 디지털 방송은 이미 실용화시기에 와 있으며, 유럽에서는 DVB 프로젝트의 사양에 따른 수신기가, 미국에서는 DirecTV, USSB의 수신기가, 일본에서는 ARIB(전파산업계)의 사양에 따른 CS디지털 방송 수신기가 제조되고 있다.

(2) **하드웨어·소프트웨어 구성**　수신기의 하드웨어 구성은 복조기와 오류정정 처리부 등 전송로에 의존한 신호 처리부분과 디지털의 베이스밴드 신호의 처리부분, 표시·휴먼 인터페이스 부분으로 크게 나뉘어진다. 이 가운데 디지털 베이스밴드 신호의 처리부분에 대해서는 CPU의 성능향상과 더불어 전용 LSI에서 실시하고 있던 처리가 점차 소프트웨어에서의 처리로 이행되어 갈 것이 예상된다. 따라서 이 부분에는 복호 처리의 유연성, 확장성을 높이기 위해 CPU와 메모리를 기본으로 한 범용성이 높은 하드웨어 구성이 적용된다.

소프트웨어 구성은 예를 들면 **그림 9.4**와 같이 OS, 디바이스 드라이버, API(Application Programming Interface), 스크립트 엔진, 어플리케이션으로 구성된다. 소프트웨어 다운로드기능을 활용하기 위해서는 CPU, OS에 의존하지 않고 어플리케이션 이동성을 확보하는 API, 스크립트 엔진과 같은 미들웨어가 중요하다.

(3) **CPU와 OS**　방송의 디지털화의 장점 중의 하나로 컴퓨터와의 친화성을 들 수 있다. 디지털화 된 방송 신호는 컴퓨터와의 인터페이스가 용이하며, 방송 수신기에 컴퓨터의 CPU기능을 조합함으로써 지금까지 받아온 신호를 단순히 복호하여 표시만 하는 수신기에서 다양한 지능적인 처

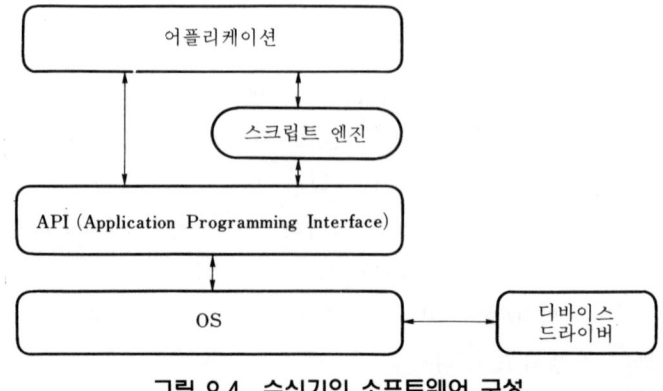

**그림 9.4　수신기의 소프트웨어 구성**

리를 할 수 있게 된다. 예를 들면 대화형 방송정보를 검색/호출하는 것을 들 수 있다.

이러한 목적에서 사용되는 CPU는 컴퓨터의 세계에서 개발된 것을 사용하게 된다. 한편 OS에 대해서는 컴퓨터의 OS와 같은 범용성은 필요없지만 (5), (7)항에서 설명할 사용자 인터페이스, 통신기능을 강화한 양식의 것이 필요하다.

**(4) 개방 구조 수신기와 멀티포트 수신기**　　개방 구조 수신기와 멀티포트 수신기는 디지털 방송 수신기의 영상 복호 제시에 관련된 중요한 기술 개념이다. 개방 구조 수신기는 다양한 전송 미디어로 전송되어 온 다양한 영상 포맷 및 표시 파라미터를 가지는 신호를 수신하며 다양한 영상포맷으로 표시하는 것이 가능하다. 멀티포트 수신기는 다양한 전송 미디어로 전송되어 온 동일한 영상 포맷 및 표시 파라미터를 가지는 신호를 수신하여 고정된 하나의 포맷으로 표시하는 것이 가능하며, 개방 구조 수신기의 특별한 경우로 볼 수 있다. 그 개념도를 **그림 9.5**에 나타낸다.

개방 구조란 고정 밴드 폭, 라인/프레임 수, 프레임/초로 정의되는 하나의 영상규격보다도 제작, 전송, 축적, 시청에 있어서 특정 상황에 대해서 최적화된 다양한 규격을 자유롭게 다룰 수 있는 시스템 개념이다. 개방

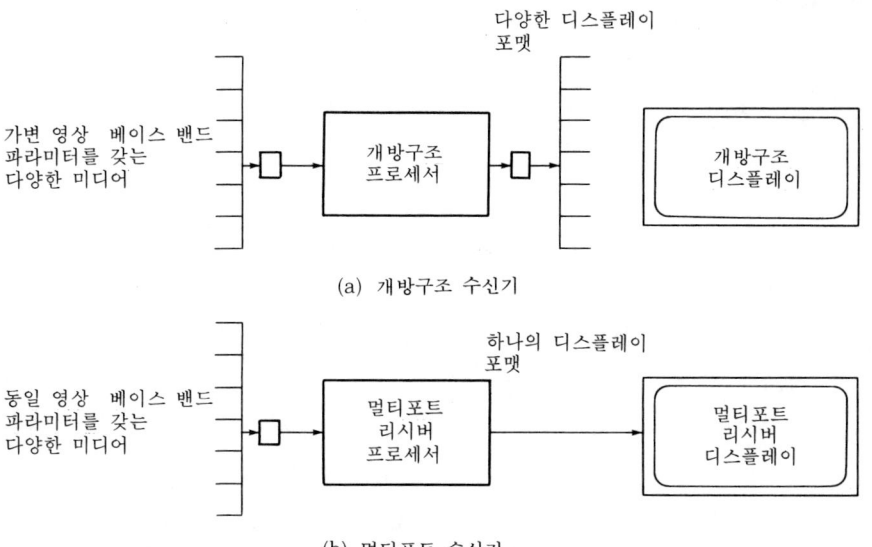

(a) 개방구조 수신기

(b) 멀티포트 수신기

**그림 9.5　개방 구조 수신기와 멀티포트 수신기의 개념도**

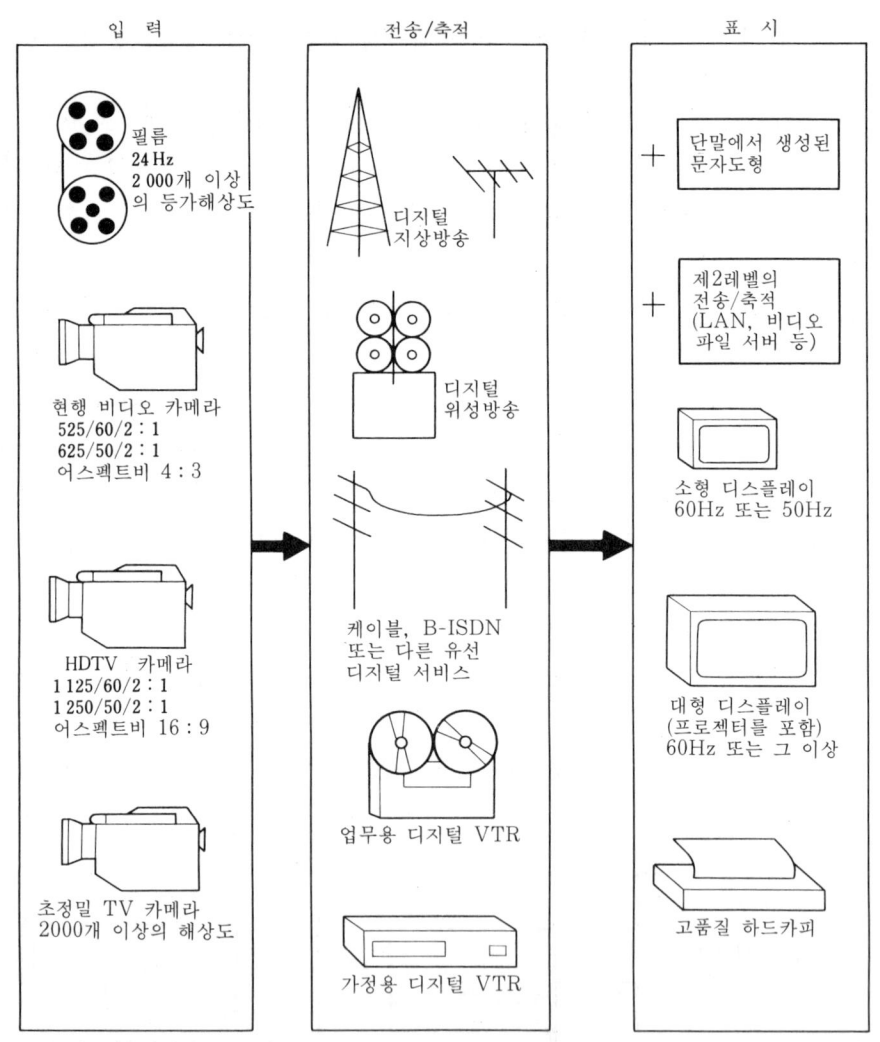

**그림 9.6  개방 구조 수신기의 구성**

구조 수신기는 **그림 9.6**과 같이 제작, 전송, 표시에 있어서의 영상 파라미터를 상호간에 관계가 없도록 할 수 있다. 개방 구조 수신기를 수신측에 상정함으로써 방송하는 신호를 특정한 주사선 수나 특정한 프레임률의 영상에 한정하지 않아도 좋아진다. 또한 앞으로 제작계와 전송로, 디스플레이 기능이 향상된 경우에도 방송영상 서비스 품질을 보다 쉽게 높일 수 있다.

(5) **휴먼 인터페이스**   수신기와 시청자간의 인터랙션에 관한 휴먼 인터페이스로서 컴퓨터 분야에서 사용되고 있는 GUI(Graphic User Interface)의 응용이 고려되며, 수신기의 이용성을 향상시킬 수 있다. GUI는 대화형 서비스를 쉽게 실현하기 위해서라도 중요하다.

구체적으로는 아이콘, 버튼, 리스트박스 등 선택요소를 도형으로 표시하고 커서를 이동, 선택하는 방법이다. 여기에서 가정에서의 방송수신에 적합한 지시입력에 대해서는 다양한 포인팅수단을 통합적, 효과적으로 이용하는 것을 생각할 수 있다. 예를 들면 트랙볼 등의 물리적인 장치와 음성인식(단어, 자연언어) 등의 조합에 의해 자연스러운 인터페이스를 실현한다. 또한 수신기의 응답 및 지시 안내 정보에 대해서는 음성합성에 의한 응답출력 등의 방법도 고려된다.

나아가 고도화된 휴먼 인터페이스로서 에이전트를 생각할 수 있다. 에이전트는 방송정보에 관한 AI(인공지능)를 가지고 있어 이용자에게 적합한 정보를 확실히 수신 축적함과 동시에 수신한 정보를 시청자의 요구와 기호에 맞는 스타일로 표시하는 기능을 갖는다.

참고로 가전제품분야에서의 휴먼 인터페이스의 검토사항 리스트는 **표 9.1**과 같다.

(6) **메모리 이용**   방송 수신에서 사용되는 축적매체는 지금까지 자기 테이프 뿐이었지만, 디지털 방송의 수신에 있어서는 컴퓨터적인 메모리의 이용형태가 전망되며 랜덤 액세스성, 고속 액세스성, 고품질성 등의 특징을 가지는 반도체 메모리, 자기디스크, 광자기 디스크, 콤팩트디스크, DVD(Digital Video Disc) 등도 사용될 것이다. 이러한 축적매체의 대용량화가 진행됨에 따라 새로운 이용 가능성이 확대될 것이다.

예를 들면 동화상 정보의 디지털 기록에는 대용량의 축적매체가 필요하며, 방송품질의 표준 TV영상의 압축 부호화 비트율을 9Mb/s라 상정하면, 2시간분 정보의 소요 메모리량은 8G바이트 이상이 된다. HDTV의 경우는 이 배수의 용량이 필요하다. 이 용량을 커버할 수 있는 것은 현시점에서는 테이프 및 디스크어레이, DVD 등인데, 장래에는 1T바이트의 콤팩트한 메모리가 출현했을 경우 10일분의 영상정보를 축적 이용할 수 있게 된다.

**표 9.1 휴먼 인터페이스의 검토 항목**

| | 검토항목 |
|---|---|
| 사용자 인터페이스의 설계논리와 실천 | • 직접 조작<br>• 비디오베이스의 인터페이스에서의 색, 아이콘, 윈도우, 도형의 사용<br>• 사용자 인터페이스에 있어서의 스토리성, 개성의 사용<br>• 사용자 인터페이스의 인지적 측면(예 : 지각, 기억, 판단 등)<br>• 문맥 생성과 보호 유지<br>• 디시전트리<br>• 대화어 설계(예 : 자연언어, 통제어 등)<br>• 라벨 붙이기와 사상<br>• 반응시간 vs 문맥 vs 사용자의 숙련도<br>• 특정 사용자의 숙련도에 대한 적응<br>• 디바이스 이용패턴의 습득적응<br>• 사용자 정의의 액세스 구조<br>• 객체지향 프로그램언어<br>• 미숙련자용 프로그램환경<br>• 가전제품에 있어서의 인공지능의 역할<br>• 사용자 인터페이스의 에러<br>• 유저빌리티기술 및 설계자를 의한 테스트모델<br>• 사용자 · 시스템간 정보대역의 증가 방법<br>  (예 : 음성 아이콘, 행동인식, 자연언어)<br>• 멀티미디어의 온라인 헬프 |
| 사용자 인터페이스 디바이스 기술 | •1차원 인터페이스 디바이스<br>  (예 : 키패드, 전용제어패널, 휴대형 리모컨)<br>• 터치스크린 및 휴대형 터치스크린 제어장치<br>• 평면형 터치스크린 기술의 코스트 삭감<br>• 액정 디스플레이키(아이콘키)<br>• 특별한 필요성을 가지는 사람들을 위한 디바이스<br>• 음성합성 및 음성인식을 사용자 인터페이스의 일부로서 사용하는 것<br>• 다양한 타입의 디바이스에 대한 이용자 만족도의 측정방법<br>• 가상현실 인터페이스 |

가까운 장래에는 랜덤 액세스를 요구하지 않는 장시간 기록에는 테이프를 사용하고, 대화형 시청을 가능케 하기 위해 10G바이트 정도의 랜덤 액세스 메모리를 사용하는 것을 생각할 수 있다. 예를 들면 프로그램 안

내, 드라마의 줄거리, 프로그램의 분기진행, 최신 뉴스 헤드라인 등에 사용할 수 있다.

(7) **네트워크 이용**　디지털 TV 수신기에 있어서는 그 컴퓨터 통신기능을 시청자 참여에 활용하는 것을 생각할 수 있다. 예를 들면 전화 요청이나 토의 프로그램에 있어서의 시청자 의견 집계와 같은 시청자 참여 프로그램에 있어서 TV 단말이 통신기능을 가지고 있어서 TV모니터상의 GUI 등을 이용하여 쉽게 전화를 걸거나 의견 투표를 할 수 있도록 하는 것이 아날로그 TV에서도 이미 시도되고 있다. 이를 위해서는 방송파로 다운로드되는 선택정보를 제시하여 시청자로부터 입력을 받아 그 정보를 통신 회선을 통해서 방송국에 송출하는 기능이 필요하다. 이러한 기능은 디지털 TV 수신기의 기본적인 기능으로 되어 있고, 실현 수단으로는 인터넷의 WWW서비스 등을 생각할 수 있다.

컴퓨터 통신기능을 이용하여 전자메일이나 CG, MIDI 등의 데이터 파일을 업 로드하는 것도 생각할 수 있다.

사용하는 업 스트림 회선은 당분간은 전화선이겠지만, CATV망에 있어서는 현재 개발이 진행되고 있는 케이블 모뎀과 같은 광대역 양방향 전송장치가 이용되게 될 것이다. 또한 앞으로는 B-ISDN에 의해 시청자가 수시로 영상에 참여할 수 있을 것이다.

(8) 가정내 네트워크　디지털 TV의 수신환경으로서 한 가정 내에서 거실이나 개인의 방 등에 복수의 TV단말 및 정보단말(PC, 프린터, VTR 등)이 있는 상황을 생각할 수 있다.

이들 가정 내의 각종 정보단말을 독립하여 stand-alone으로 사용하는 것보다 상호간을 접속하는 것에 의해 정보자원을 공유할 수 있어 각 단말의 부담을 경감할 수 있을 뿐만 아니라 상호간 정보교환이 가능하게 되는 등 편이성을 향상시킬 수 있다. 이러한 가정용 LAN에 상당하는 멀티미디어 데이터의 가정내 네트워크가 필요해질 것이다.

가정내 네트워크의 개념은 다음과 같다.

① 위성파, 지상파, 케이블, 통신 등 가정의 외부로부터의 각종 미디어신호는 가정용 정보 서버를 경유하여 가정내 네트워크를 통해 각종 단말에 분배된다.

② 가정용 정보 서버는 대용량의 메모리도 보유하고 있어, 가정내 각 단말로부터 액세스 가능한 홈 데이터베이스 기능도 제공한다.

③ 각 단말상호간에 통신할 수 있다.

④ 가정내 네트워크 안에는 복수의 영상을 포함한 정보가 전송된다.

⑤ 단말의 추가삭제가 용이하다.

가정내 네트워크의 실현수단으로서는 IEEE1394 규격 등이 고려된다.

## 9.5 향후의 전망

멀티채널 디지털 TV 서비스를 출발점으로 하여 금후 WWW와 같은 인터넷 서비스와 방송을 연결한 서비스 등 보다 다양한 디지털 방송 서비스로의 전망이 예상된다.

한편 여기에서는 언급하지 않았지만 수신기에 있어서의 평면 디스플레이와 게임기의 CG기능의 이용도 기대된다. 또한 유료방식을 위한 안전성 기술과 저작권보호를 위한 기능도 중요한 수신기의 기술 요소이다.

디지털 방송 서비스의 전개와 더불어 수신기의 기술은 점점 광범위로 고도화되고 중요해질 것이다.

# 참고문헌

( 1 )  柳町昭夫："ISDB による放送サービスの高度化とマルチメディア"，NHK 技研 R&D, No. 33（Sept. 1994）

( 2 )  臼井和也，외 ："ISDB でのテレビジョン高機能化"，テレビ学技報, BCS 94-10（March 1994）

( 3 )  妹尾 宏，외 ："高機能テレテキスト（PRESENT）の伝送法の一検討"，テレビ学技報, BCS 92-38（Oct. 1992）

( 4 )  A. Ahl："Broadcasting Multi-media : A Complimentary Service or the Mainstream of the Future", NAB MultiMedia World Journal（March 1994）

( 5 )  NHK 放送技術研究所編："マルチメディア時代のディジタル放送技術事典", pp. 186-187, 丸善（1994）

( 6 )  DAVIC 1. 0 Specifications part 5 and part 9（Jan. 1996）

( 7 )  M. Botteck："Vom Rundfunk zu Multimedia [DVB Endgeraete] "，Fernseh und Kino Technik, **50**, 4（April 1996）

( 8 )  "Digital Video", IEEE Spectrum, pp. 24-30（March 1992）

( 9 )  V. Bove, et al.："Scalable Open-Architecture Television", SMPTE Journal, pp. 2-5（Jan. 1992）

(10)  柳町昭夫，외 ："放送とヒューマンインターフェース"，テレビ誌, **48**, 8, pp. 977-982（Aug. 1994）

(11)  D. A. Butler："The Impact of Home Bus Standards on Consumer Product Design : Addressing the Challenge for a Better User Interface", IEEE Trans. Consum. Electron, **37**, 2, pp. 163-167（May 1991）

(12)  Brown："The Interactive Network", NAB 1991 MultiMedia World Proceedings, pp. 491-494（April 1991）

(13)  "The trials and travails of INTERACTIVE TV", IEEE Spectrum, pp. 22-28（April 1996）

# Digital
# Broadcasting

10
## 방송국의 디지털화

1937년 프랑스의 A.Reeves에 의한 PCM 발명이래 TV신호의 디지털화에 대해서는 일찍부터 방식적으로는 완성단계에 도달해 있었지만, 1970년대 초의 방송국용 TV 디지털 기기의 실용화에 이르기까지는 30년 이상이라는 긴 시간이 필요했다. 디지털화는 반도체기술과 회로기술의 발달에 힘입은 바 크며, 최근에는 집적화 기술 등의 비약적인 진보에 의해 소형 · 경량 · 저전력화, 고속화가 진행되어 방송 기기는 물론 종합 시스템으로서의 디지털화도 실현되고 있다.

본 장에서는 방송국에서의 디지털화의 현상, 특히 방송국 내에서의 디지털 인터페이스를 중심으로 개설하고 끝으로 전송계의 디지털화에 대해서도 언급하고자 한다.

# 10.1  방송국에서의 디지털화 현상

## [1] 프로그램 제작 · 송출 설비의 디지털화

### (1) 기기의 디지털화

(a) VTR    방송국에서의 디지털화는 1970년대 초의 단체기기에의 응용에서 그 기원을 찾아 볼 수 있다. 당시에는 타임 베이스 코렉터(TBC)에 응용된 몇 개의 라인 메모리를 이용한 디지털 처리가 고작이었지만, 그 후 프레임 메모리를 이용한 비동기 신호 결합장치(프레임 동기장치)와 디지털 특수효과장치(DVE)로 발전해 갔다.

이러한 진보 과정에서 디지털화의 이점이 최대한으로 발휘된 것 중의 하나가 디지털 VTR일 것이다. 디지털 VTR로는 4 : 2 : 2 컴포넌트 기록 방식인 D1 포맷이 규격화되어 1987년에 상품화되었지만, 실제의 대부분의 시스템이 콤퍼지트 방식을 채용하고 있던 점과 비용 등의 문제로 시장 전체적으로는 별로 보급되지 않았다. 1988년 이후 콤퍼지트 디지털 VTR로서 D2, D3 포맷이 함께 규격화되어 상품화되었는데, 이들은 시장의 수요와 일치되어 현재와 같은 발전을 하기에 이르렀다.

한편 최근에는 D1을 대신하는 컴포넌트 디지털 VTR의 상품화가 잇따라서 장래의 컴포넌트 시스템 대응용으로 큰 기대가 모아지고 있다. 주요 디지털 VTR의 제원을 **표 10.1**에 나타낸다.

### 표 10.1 주요 디지털 VTR의 제원

| | 콤퍼지트 VTR | | 컴포넌트 VTR | | |
|---|---|---|---|---|---|
| | D2 | D3 | D1 | D5 | 디지털 베이터캠 |
| 테이프 폭[mm]/재료 | 19.01/MP | 12.65/MP | 19.01/OX | 12.65/MP | 12.65/MP |
| 최대기록시간[분] $\{$ S 카세트 사이즈 M (테이프 두께) L | 32(14$\mu$m) | 64(11$\mu$m) | 11((16$\mu$m) | 32(11$\mu$m) | 40(14$\mu$m) |
| | 94(14$\mu$m) | 125(11$\mu$m) | 34(16$\mu$m) | 62(11$\mu$m) | |
| | 208(14$\mu$m) | 245(11$\mu$m) | 76(16$\mu$m) 94(14$\mu$m) | 123(11$\mu$m) | 124(14$\mu$m) |
| [비디오] 샘플링 주파수[MHz] | 14.31818 | 14.31818 | | | |
| Y | | | 13.5 | 13.5* | 13.5 |
| (R-Y)/(B-Y) | | | 6.75 | 6.75* | 6.75 |
| 양자화 비트 수 | 8 | 8 | 8 | 10* | 10 |
| [오디오] 샘플링 주파수[kHz] | 48 | 48 | 48 | 48 | 48 |
| 양자화 비트 수 | 20 | 20 | 20 | 20 | 20 |
| 채널 수 | 4 | 4 | 4 | 4 | 4 |
| 기록부호화 방식 | $M^2$ | 신 8-14 | S-NRZ | 신 8-14 | S-NRZI 부분 응답 |
| 오류정정 | 리드 솔로몬 | 리드 솔로몬 | 리드 솔로몬 | 리드 솔로몬 | 리드 솔로몬 |
| 드럼 지름[mm] | 96.494 | 76 | 75.020 | 76 | 81.4 |
| 유효 권선붙이 각[°] | 178.2 | 178.1 | 257 | 176.9 | 173.8 |
| 드럼 회전 수[Hz] | 90 | 90 | 150 | 90 | 90 |
| 헬리컬트랙 수[개/필드] | 6 | 6 | 10 | 12 | 6 |
| 방위각[°] | ±15 | ±20 | 0 | ±20 | ±15 |
| 테이프 속도[mm/s] | 131.7 | 83.88 | 286.588 | 167.228 | 96.7 |
| 상대속도[m/s] | 27.3 | 21.4 | 35.7 | 21.3 | 22.90 |
| 트랙피치[$\mu$m] | 35.2 | 20.0 | 45.0 | 20.0 | 21.7 |
| 최단기록파장[$\mu$m] | 0.79 | 0.77 | 0.9 | 0.64 | 0.692 |

\* 샘플링 주파수를 Y=18MHz, R-Y/B-Y=9MHz로 한 경우, 양자화 비트 수는 8비트가 된다.

(b) 카메라　카메라와 관련해서는 1989년에 처음으로 디지털 프로세싱을 이용한 제품이 발표된 이래 신호 처리부에 디지털 기술을 도입한

제품이 점차 등장하고 있다. 카메라의 경우 다이내믹 레인지가 넓고, 감마 등의 비선형 처리가 많다는 점에서 10비트로 A/D변환한 후 1 3~16비트, 수 십 MHz샘플링으로 내부신호처리를 하는 것이 증가하게 되었다.

(c) 편집시스템    프로그램제작에 있어서의 디지털화의 흐름 속에서 최근 특히 주목받고 있는 것 중의 하나가 비선형 편집이다. 디지털화된 영상신호는 막대한 데이터량을 갖는다는 점에서 그것을 기록하는 데에는 자기테이프를 이용하는 것이 일반적이며, 프로그램 편집도 VTR을 사용하는 것이 상식이었다. 그런데 최근의 고능률 부호화 기술을 배경으로 영상신호를 컴퓨터의 디스크나 반도체 메모리에 기록하여 재생할 수 있게 되었다. VTR테이프의 경우 일단 편집이 종료해 버리면 나중에 중간에 장면을 삽입하거나 삭제하기가 어려웠지만 디스크와 메모리에서는 프로그램상의 어떠한 위치에 대해서도 자유롭게 나중에 삽입, 삭제, 교환이 가능하다. 여기에서 장래의 VTR 테이프상에서의 편집을 선형이라 하고 디스크나 메모리상에서의 편집을 비선형이라고 칭하고 있다. 현시점에서 JPEG 등을 이용한 수~수 십 분의 1의 압축기술과 축적 미디어로서 기가바이트 규격의 하드디스크를 사용하는 것이 주류를 이루고 있으며, 압축비와 디스크용량에 따라서도 다르지만 축적시간은 몇 분에서 몇 시간까지로 넓은 범위에 걸쳐 있다.

또한 일부에서는 다른 기종 사이에서 디지털 미디어 데이터 등을 교환하기 위한 규격으로서 OMFI(Open Media Framework Interchange)가 제안되고 있다.

어느 쪽이든 간에 비선형 편집은 현시점에서는 화질 문제, 렌더링 속도, multi-task, 네트워크화 실현 등 여러 가지 과제는 남아 있지만 가까운 장래에 비약적으로 발전할 가능성을 안고 있는 디지털화 응용기술 중의 하나이다.

**(2) 시스템의 디지털화**    단체기기의 디지털화가 진행되는 가운데 지금까지 디지털 시스템은 방송국 안에서 부분적으로 구축되어 왔다. 그런데 최근에 들어 디지털 인터페이스가 규격화되는 등 주변환경이 정비됨에 따라 종합 디지털 시스템이 실현되고 있다. 종합 디지털 시스템화의 이점으로

는 A/D 혹은 D/A변환을 반복함으로써 열화가 없고 고품질을 유지할 수 있다는 점, 시스템의 시간에 따른 열화가 적고 안정성, 신뢰성이 향상된다는 점, 다양한 보조정보를 이용한 부가 서비스와 시스템의 운행, 보수에 대한 개선 효과 등을 들 수 있다.

여기에서는 종합 디지털 시스템의 핵이 되는 루팅 스위치를 중심으로 시스템으로서의 디지털화에 대해 살펴 보도록 하겠다.

(a) **디지털 시스템의 위상관리**  종전의 아날로그 루팅 스위치에서는 입력신호를 스위치의 입력시점에서 동위상이 되도록 엄격히 조정할 필요가 있었다. 특히 대규모의 루팅 시스템을 설계할 때에는 각 입력신호의 위상을 조정하기 위한 고정 또는 자동가변 디스플레이 등을 다수 필요로 하여 많은 에너지가 소모되었다. 최근의 디지털 스위치에서는 입력단에서 ±수 십$\mu$s의 입력 윈도우를 가지고, 입력신호가 이 범위의 위상이면 엄밀한 조사는 필요없게 된다.

한편 디지털 루팅 스위치에서는 내부의 전파지연(propagation delay, 보통 0~수$\mu$s)을 고려할 필요가 있다. 또한 비동기의 입력신호에 대해서는 스위치에 들어가는 시점에서 프레임 동기장치에서 내부동기에 합치시켜 두는 것은 아날로그 스위치의 경우와 마찬가지이다(그림 10.1 참조).

한편 디지털 시스템의 기준 동기신호에 대해서는 아날로그의 경우와 동일한 블랙버스트 신호가 이용되는 경우가 많다. ITU-R권고 711에서는 컴포넌트 디지털 스튜디오에서 이용되는 동기기준신호를 규

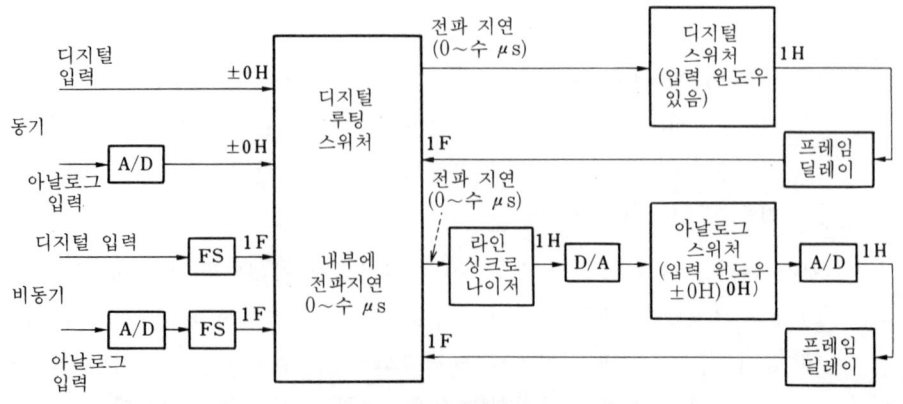

**그림 10.1  루팅 스위처의 위상관리**

**표 10.2  ITU-R권고 711에서 규정하는 아날로그 동기기준신호**

| 신호형식 | 블랙신호(컬러 버스트는 옵션) |
|---|---|
| 신호진폭 | 동기 펄스 300mV<br>컬러 버스트 300 mV(p-p) |
| 동기 펄스의 극성 | 음 |
| 수평동기신호 | 상승시간은 210ns 이내(진폭의 10~90% 사이에서 측정) |
| 지터 | ±2.5ns(1필드 평균) |
| 임피던스 | 75Ω |
| 커넥터 | 표준 BNC 타입 |

정하고 있는데, 이것에 의하면 권고 656에 적합한 디지털 신호 혹은
권고 711의 부록에서 규정한 아날로그 기준신호를 사용하도록 권고
하고 있다. 표 10.2는 권고 711 부록의 개략이다.

(b) 대규모 루팅 스위치의 예    여기에서는 디지털 시스템의 예로서 최
근 실용화된 대규모 루팅 스위치를 소개하고자 한다. 본 시스템은 일
본에서는 지금까지 거의 유례가 없는 올 컴포넌트 디지털 시스템으로
나중에 후술할 직렬 디지털 전송기술이 이용되고 있다. 특정적인 것
은 하나의 영상과 4채널의 음성을 1개의 직렬 데이터로 다중화하고
있다는 점, 또한 대규모의 루팅 스위치 4시스템을 타이라인이라 불리
는 것으로 결합하여 상호 신호 교환을 하고 있다는 점 등이다(그림
10.2 참조).

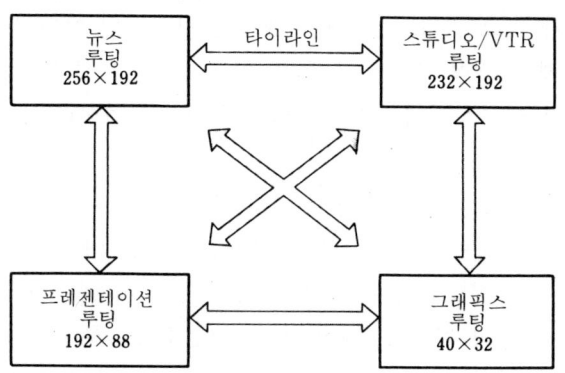

(숫자는 입출력 크로스포인트 수를 나타낸다.)

**그림 10.2  대규모 루팅 시스템의 예**

## [2] 콤퍼지트 시스템과 컴포넌트 시스템

컬러TV 신호를 부호화할 경우 NTSC와 PAL이라는 복합 컬러TV 신호를 그대로 직접 부호화하는 '콤퍼지트 부호화'와 휘도 신호와 색차 신호(혹은 R, G, B 등 3원색 신호)를 각각 부호화하는 '컴포넌트 부호화' 등 2종류가 있다.

여기에서는 각 부호화 방식의 개요와 부호화 파라미터에 대해 설명한다.

(1) **콤퍼지트 부호화**  표본화 정리에 의하면 영상신호와 같은 연속함수를 그 대역의 2배 이상의 주파수로 표본화 하면, 그 표본값에서 원래의 신호를 완전히 복원할 수 있다고 되어 있다. 그런데 이것은 원 신호가 이상적인 필터에서 완전히 대역이 제한되어 있다는 것이 전제로 될 때 가능한 것으로, 실제의 영상신호회로에서 2배 정도의 표본화 주파수를 이용했을 경우 주파수 성분에 의한 반환 왜곡을 생성하기 때문에 보통 이 이상의 높은 표본화 주파수가 선택된다. 또한 콤퍼지트 부호화에 있어서 표본화 주파수를 선택할 경우에는 색부반송파 주파수 $f_{sc}$와 표본화 주파수 $f_s$사이에서 발생하는 비트 방해에 대해서도 고려하지 않으면 안 된다. 비트 주파수 $f_b$는 다음 식으로 표시된다.

$$f_b = \mid k \times f_{sc} - f_s \mid \ (k 는 \sim 임의의 \sim 정수) \ (는 임의의 정수)(10.1)$$

여기에서 표본화 주파수 $f_s$를 색부반송파 주파수 $f_{sc}$의 정수배로 선택함으로써 비트 주파수 $f_b$는 0 또는 색부반송파 주파수의 정수배가 되어 비트 방해를 줄일 수 있다. 처리 속도 등의 문제에서 초기에는 표본화 주파수를 색부반송파의 3배로 하는 경우도 많았지만, 최근에는 대부분의 기기가 4배가 되고 있다. 이것에 의해 화질향상뿐만 아니라, 표본화 주파수를 $3f_{sc}$로 했을 경우 주사선마다 표본화 위상이 반주기 벗어나는 것에 대해 $4f_{sc}$에서는 주사선마다의 표본화 위상이 일치한다는 장점을 살릴 수 있다.

한편 영상신호의 양자화 비트 수에 대해서는 양자화 잡음에 의한 화질 열화를 검지할 수 없도록 하기 위해서는 8비트 이상이 필요하다는 것이 주관평가 등을 이용한 실험 결과로 알 수 있으며 최근의 기기에서는 10비트로 하는 경우가 많다. 또한 양자화 비트 수와 $S/N$의 관계에 대해서는 다른 문헌을 참조하기 바란다.

(2) **컴포넌트 부호화**  컴포넌트 부호화의 경우 (1)항에서 설명한 색부반송파

주파수의 정수배라는 제약은 없지만 수평주사 주파수 $f_H$의 정수배를 채용하는 쪽이 적합하다. 또한 525시스템과 625시스템에서 공통점을 갖게 한다는 관점에서 컴포넌트 부호화의 표준화 주파수가 국제 규격으로서 다음과 같이 정해졌다.

525시스템에서의 수평 주파수 $f_{H(525)}$ 및 625시스템에서의 수평 주파수 $f_{H(625)}$는 각각 다음 식으로 주어진다.

$$f_{H(525)} = \frac{4.5\,\text{MHz}}{286} \tag{10.2}$$

$$f_{H(625)} = 625 \times 25 \tag{10.3}$$

이러한 정배수의 최소값은 식(10.2), 식(10.3)을 각각 143, 144배 한 2.25MHz이다. 결과적으로 그때까지 525권이 주장하고 있던 14.3MHz와 625권이 주장하고 있던 12MHz의 중간에 있는 값으로서 2.25MHz의 6배인 13.5MHz가 국제 규격으로 선택되었다.

한편 컴포넌트 부호화의 경우 휘도 신호와 색신호의 표준화 주파수에 대해서도 검토가 더해진 결과, 다양한 부호화 패밀리가 존재한다. 대표적인 것은 일반적으로 '4 : 2 : 2'로 잘 알려져 있는 휘도 신호를 13.5MHz, 색차 신호를 그 반인 6.75MHz로 표준화한 것인데, 이 밖에도 R, G, B 등 3원색을 각각 13.5MHz로 표준화한 '4 : 4 : 4' 등이 있다.

**(3) 부호화 파라미터의 규격**  지금까지 설명한 TV신호의 부호화 파라미터는 ITU-R을 비롯해 SMPTE와 EBU에서 규격화되어 있는 것이 있는데, 여기에서는 그 중에서 대표적인 것을 소개하고자 한다.

콤퍼지트 부호화에 대해서는 각국에서 다양한 복합 컬러TV신호방식이 이용되고 있다는 점에서 ITU-R에서는 특별히 규격화되어 있지는 않다. NTSC신호에 대해서는 부호화 파라미터로서 ANSI/SMPTE-244M 규격으로 규정되어 있다. 이 개요는 **표 10.3**과 같다.

한편 컴포넌트 부호화에 대해서는 ITU-R권고 601에서 4 : 2 : 2 및 4 : 4 : 4 패밀리에 대해 규정되어 있는데 그 개요는 **표 10.4**와 같다.

**(4) 콤퍼지트 시스템과 컴포넌트 시스템의 실제**  일본의 디지털 시스템에 대해서는 방송국, 포스트프로 모두 그 대부분이 콤퍼지트 시스템을 채용하고 있다. 일부의 포스트프로에서는 CM제작 등 합성이나 특수 효과와 같은 복잡한 화상의 2차 처리를 요구받을 경우에는 컴포넌트 시스템을 이

표 10.3  ANSI/SMPTE244M에서 규정하는 콤퍼지트 부호화 파라미터

| 입력신호 | NTSC | |
|---|---|---|
| 1라인당 샘플 수 | 910 | |
| 표본화 구조 | Orthogonal | |
| 표본화 주파수 | $4f_{sc}$ | |
| 표본화 위상 | I, Q축(+123°, +33°) | |
| 부호화 형식 | Uniformly quantized PCM<br>8 또는 10비트/샘플 | |
| 양자화 스케일<br>백레벨<br>블랭킹<br>싱크칩 | 8비트 시스템<br>C8<br>3C<br>04 | 10비트 시스템<br>320<br>0F0<br>010 |
| 금지 코드 | 00 | 000<br>001<br>002<br>003 |
| | FF | 3FC<br>3FD<br>3FE<br>3FF |

(ANSI/SMPTE244M-1993 참조)

용하는 경우도 있지만, 전체적인 숫자면에서는 적다. 화상의 합성이나 특수 효과를 이용할 경우 휘도신호와 색신호로 나누어 처리하는 것이 많다는 점에서 콤퍼넌트 시스템이 유리하기는 하지만, 기기 비용과 운용면에서 콤퍼지트 시스템과 비교하면 현재로서는 많은 난점이 남아 있다.

그렇지만 최근에는 컴포넌트 직렬 전송기술이 실용화된 점, 컴포넌트 VTR의 저렴화 등 컴포넌트 시스템으로의 환경정비가 이루어지고 있고, 일부 해외 방송국에서 전부 컴포넌트 시스템을 도입한 예도 있다. 금후에는 각 이용자의 요구에 맞춘 컴포넌트와 콤퍼지트 양 시스템이 구별되어 사용될 것이다.

### 표 10.4 ITU-R권고 601에서 규정하는 컴포넌트 부호화 파라미터

(4 : 2 : 2)

| | 525/60 시스템 | 625/50 시스템 |
|---|---|---|
| 부호화된 신호<br>$Y$, $C_R$, $C_B$ | (감마 보정필 신호에서 얻은)<br>$E'_Y$, $E'_R - E'_Y$, $E'_B - E'_Y$ | |
| 모든 주사선당 샘플 수<br>휘도 신호($Y$)<br>색차 신호($C_R$, $C_B$) | 858<br>429 | 864<br>432 |
| 샘플링 구조 | 격자상<br>라인, 필드, 프레임별로 동일한 위치를 반복한다. $C_R$과 $C_B$의 표준화 위치는 각 주사선에 대해 기수번째의 Y와 동일한 위치로 한다. | |
| 표본화 주파수<br>휘도 신호<br>색차 신호 | 13.5MHz<br>6.75MHz | |
| 부호화 형식 | 동일 양자화 PCM<br>휘도 신호, 색차 신호 모두 1샘플당 8 또는 10비트 | |
| 디지털 유효 라인당 샘플 수<br>휘도 신호<br>색차 신호 | 720<br>360 | |
| 아날로그와 디지털 의 수평<br>타이밍관계<br>(디지털 유효 라인의 마지막에서<br>아날로그의 $0_H$까지의 기간) | 16T<br>(T : 휘도 신호의 클록) | 12T<br>(T : 휘도 신호의 클록) |
| 영상신호 레벨과 양자화 레벨<br>양자화 스케일<br>휘도 신호<br><br>색차 신호 | 0~255<br>흑을 16, 피크의 흰색을 235로 하는 220 양자화 레벨<br>신호레벨은 때에 따라 235를 넘는 경우가 있다.<br>양자화 스케일의 중심부로, 신호 0을 128에 대응시킨<br>225양자화 레벨 | |
| 사용하는 부호어 | 0 및 255는 동기에 사용하기 때문에 영상신호로는 1~254까지가 사용가능 | |

(ITU-R권고 601-3 참조)

## [3] 음성신호의 디지털화

음성신호의 디지털화는 1960년대 후반부터 구미지역을 중심으로 지연장치와 잔향 부가장치로서 발표가 잇따랐다. 그 후 1970년대에 들어 PCM녹음, 나아가서는 방송프로그램 중계와 같은 분야에서도 음성의 디지털화가 진행되어 현재는 널리 이용되고 있다. 여기에서는 음성 디지털화의 기본구성 및 음성의 디지털 기록에 대해 살펴보겠다.

**(1) 음성의 디지털화**   그림 10.3은 음성 디지털화의 기본 구성을 나타낸 것이다. 마이크로폰 등에서 아날로그로 입력된 음성신호는 '전처리', '표준화·양자화', '디지털 신호처리'라는 세가지 과정을 거쳐 디지털화된다. 전처리 과정에서는 디지털화에 따른 양자화 잡음을 백색화하기(입력신호와 잡음의 상관을 없애기) 위해서 '디저'라 불리는 일종의 잡음을 부가한 후에 양자화하는 방법이 있다. 이것은 양자화 스텝 폭 $\Delta$에 똑같이 분포하는 잡음상의 신호(디저 신호)를 양자화에 앞서 중첩하고 양자화한 뒤의 신호에서 이것을 뺌으로써 양자화 잡음을 폭 $\Delta$에 똑같이 분포하는 전력 $\Delta^2/12$의 백색성 잡음으로 할 수 있는 방법이다.

또한 최근에는 예측 부호화, 엔트로피 부호화, 적응형 부호화, 서브밴드 부호화, 압축 등과 같은 각종 고능률 음성부호화방식이 실용화되고 있다. 게다가 심리청각 효과를 이용하여 부호화 품질을 높인 방법도 이용되

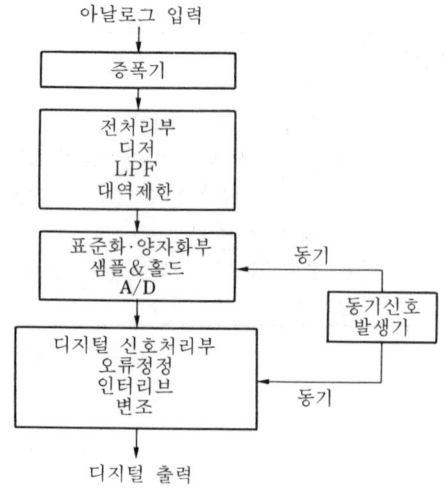

**그림 10.3  음성 디지털화의 기본 구성 예**

고 있다. 이러한 것에 대한 자세한 사항은 지면 관계로 생략한다.

(2) **음성의 디지털 기록**   음성을 디지털로 기록하기 위한 테이프리코더(이하, DTR)에는 크게 나누어 회전헤드방식과 고정헤드방식이 있다. 회전헤드방식에 대해서는 당초에 VTR 기구를 이용한 제품이 여러 개 발표되어 규격화도 이루어졌지만, 보급에는 이르지 못했고, 현재는 1985년에 통일 규격이 작성된 R-DAT가 업무용을 포함하여 세계 곳곳에 널리 침투해 있다. 한편 고정헤드방식에 대해서는 테이프상의 기록 패턴은 통일되었지만, 신호포맷이 통일되지 않아 현재 두 개의 방식(PRODIGI 및 DASH)이 병존하고 있다. 또한 고정 헤드 방식인 S-DAT는 규격화는 이루어졌지만 제품화단계에는 이르고 있지 않다.

또한 샘플링 주파수에 대해서는 현재 DTR에 사용되고 있는 주요한 것으로 32, 44.1, 48kHz 등 세 종류가 있다. 이 가운데 48kHz는 IEC와 ITU-R에서 방송국용 스튜디오 표준규격으로 16비트 직선 양자화와 함께 채용되고 있다.

# 10.2  디지털 인터페이스

## [1] 현행 TV의 디지털 인터페이스

방송국의 디지털화에 있어서 각 디지털 기기를 상호 교환하여 종합 시스템으로 구축해 가는데 있어서 디지털 인터페이스는 매우 중요한 문제이다. 여기에서는 ITU-R권고 656에서 규정된 현행 TV의 디지털 인터페이스에 관한 해설을 중심으로 병렬, 직렬 각 인터페이스의 개요에 대해 설명한다.

또한 권고 656에서는 4 : 2 : 2 컴포넌트에 관해서만 규정되어 있지만, SMPTE에서는 콤퍼지트에 관한 규격도 존재한다. 이러한 것들을 정리한 것이 표 10.5이다.

(1) **병렬 인터페이스**   ITU-R권고 656에는 현행 TV의 4 : 2 : 2 병렬 인터페이스에 대한 자세한 사항이 규정되어 있다. 병렬 인터페이스란, 기기간에 디지털 신호를 전송하기 위해 27MHz의 클록 신호를 보내는 1쌍의 신호선과 8비트인 경우는 8쌍, 10비트인 경우는 10쌍의 신호선을 이용하여 각

**표 10.5 현행 TV의 디지털 인터페이스의 주요 규격**

|  | 콤퍼지트 | 컴포넌트 |
|---|---|---|
| 병렬 | ANSI/SMPTE244M | SMPTE125M<br>ITU-R권고 656 |
| 직렬 | SMPTE259M | SMPTE259M<br>ITU-R권고 656 |

데이터를 병렬로 전송하는 것이다. 즉 10비트의 디지털 신호를 전송하기 위해 11쌍의 신호선을 사용한다. 병렬 인터페이스에서는 신호선이 여러 개 필요하다는 점과 데이터 스큐(시간적인 왜곡)의 영향을 받기 쉽다는 등의 결점은 있지만 수신측에서 데이터를 재생하기 위한 클록 신호를 별도로 보낸다는 점과 워드 동기가 용이하다는 점, 회로도 비교적 간단하다는 점에서 스튜디오 내에서의 기기간 단거리 접속에는 적합하다. 전송거리는 평형선(트위스트 페어선)을 이용하여 등화기 없이 최대 50m, 그것에 적합한 등화를 하여 200m라는 것이 권고 656에 기술되어 있다. 또한 커넥터에 대해서는 25핀 D 서브 커넥터이다. 전송되는 신호는 영상 데이터 외에 타이밍 기준신호, 보조신호가 있다.

(a) **영상 데이터**　데이터를 식별하기 위해 영상 데이터 중 8비트 시스템에서는 00과 FF가, 10비트 시스템에서는 상위 8비트가 0 또는 1이 되는 워드(000~003 및 3FC~3FF)가 금지되어 있다. 또한 영상 데이터 워드는 아래와 같은 순서로 시분할 다중화 된다(비트레이트는 27 메가워드/s).

　　　$C_B$, $Y$, $C_R$, $Y$, $C_B$, $Y$, $C_R$, …

　여기에 $C_B$, $Y$, $C_R$이라는 워드 시퀀스는 동일 화면위치의 색차 및 휘도 신호 샘플이며, 그것에 이어지는 $Y$는 다음 휘도만의 샘플이다.

(b) **타이밍 기준신호**　병렬 인터페이스에서는 수신측에서 동기를 확립하기 위해 디지털 유효라인의 직전에 놓여진 SAV(Start of Active Video)와 디지털 유효 라인 직후에 놓여지는 EAV(End of Active Video)라는 두개의 타이밍 기준신호가 규정되어 있다. SAV와 EAV는 각각 4워드 시퀀스로 성립하며 그 내용은 아래와 같다.

　　8비트 FF, 00, 00, XY

10비트 3FF, 000, 000, XYZ

맨 처음의 3워드는 고정형의 프리앰블이며, 오인식을 방지하기 위해 영상 데이터에는 출현할 수 없는 데이터로 이루어져 있다. 그것에 이어지는 4워드째는 필드 번호, 블랭킹 기간을 나타내는 플래그, SAV와 EAV의 구별, 오류 검출과 정정에 이용된다.

디지털 샘플과 그 다중방법 및 SAV, EAV 등의 배치 관계도는 권고 656 그 외의 참고문헌에 있기 때문에 여기에서는 생략한다.

(c) **클록 신호**　27MHz의 구형파로 권고 656에서는 아래와 같이 규정되어 있다.

　펄스 폭 : 18.5±3ns

　지터 : 1필드 기간 평균 3ns미만

(2) **직렬 인터페이스**　현행 TV의 직렬 인터페이스로는 ITU-R 권고 656, SMPTE 259M에서 규정된 '10비트 스크램블 NRZI 방식'과 일본 내에서 일부 이용되고 있는 '10B1C 방식' 등 2종류가 실용화되고 있다. 직렬 인터페이스를 이용함으로써 병렬 인터페이스에서는 불가능했던 1개의 케이블로 장거리 전송을 할 수 있게 되었다.

(a) **10비트 스크램블 NRZI 방식**　그림 10.4는 동축 케이블을 이용한 직렬 인터페이스 개념을 나타낸 것이다.

병렬 데이터 및 클록은 직렬 인코더에 입력된 후 라인 드라이버로 전송로에 송출된다. 수신측에서는 케이블의 특성을 보강하기 위한 파형 등화기를 거쳐 PLL경로로 클록을 추출하고, 디코더에서 병렬 데이터로 되돌린다. 최근에는 자동등화가 가능(예를 들어 5C2V에서 200m)한 제품도 실용화되고 있다. 한편 광케이블인 경우에는 전기/광

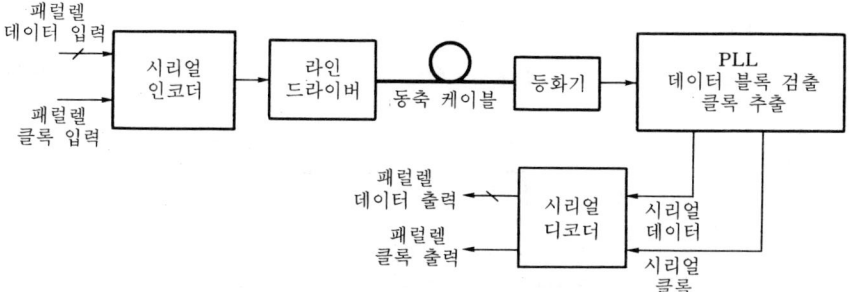

**그림 10.4　동축 케이블을 이용한 직렬 인터페이스의 개념도**

변환 드라이버를 사용하게 된다. 이 경우 등화기는 필요없다.

10비트의 직렬 인터페이스에서는 병렬에 비해 10배의 처리속도가 요구되는 데다가 하나의 워드의 시작과 끝을 검출할 필요가 있다. 본 방식에서는 워드의 LSB에서부터 차례로 송출한다는 것이 정해져 있기 때문에 LSB의 인식이 필요해진다. 이것을 '워드 동기'라 부르는데, 이것에는 (1)항에서 설명한 동기정보의 일부가 이용되고 있다. 구체적인 예를 보면, 디코더 안에 30비트의 길이를 가지는 검출기를 설치하고, 병렬일 때와 마찬가지로 3FF, 000, 000을 검출한 직후의 비트를 LSB로 판단하여 그것을 기준으로 10비트마다 워드로 단락짓는 동기방법이 있다. 워드 동기가 일단 확립되면 그 뒤는 10비트씩 카운트하면 된다.

본 방식에서는 또한 데이터를 NRZ부호에서 NRZI부호로 변환하여 극성 프리로 하고 있는 것이 특징이다. NRZ에서는 신호 레벨의 하이와 로에서 각기 1과 0을 나타내는 것에 대해 NRZI에서는 1클록 구간 내에서 레벨에 이전(0에서 1, 또는 1에서 0)이 있었던 때가 1을, 없었던 때가 0을 나타낸다. 이것은 NRZ가 극성관리를 필요로 하는 것에 대해서 NRZI에서는 신호의 극성이 반전되어도 데이터의 내용이 변하지 않는 즉, 극성관리가 필요없게 된다.

한편 클록의 검출에는 비트셀의 변화점을 기준으로 하면 되는데, 직렬 인터페이스의 경우 입력 데이터 열에서 클록을 재생하기 위해 데이터가 변하지 않는 상태가 오래 계속되면 (전술한 NRZI방식에서는 레벨 이전이 없는 상태가 계속되면 0이 연속된다) 클록을 재생하기 어려워진다. 이것을 피하기 위해 스크램블 NRZI방식에서는 송신측에서 데이터 열로 스크램블을 걸어 같은 부호의 연속을 피하는 방안이 나오고 있다.

그림 10.5는 NRZ와 NRZI의 비교를, 그림 10.6은 SMPTE259M에

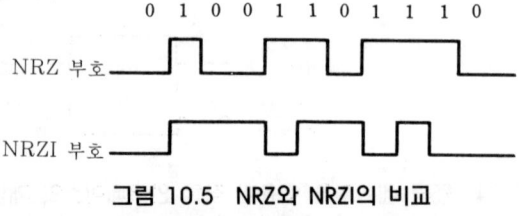

**그림 10.5  NRZ와 NRZI의 비교**

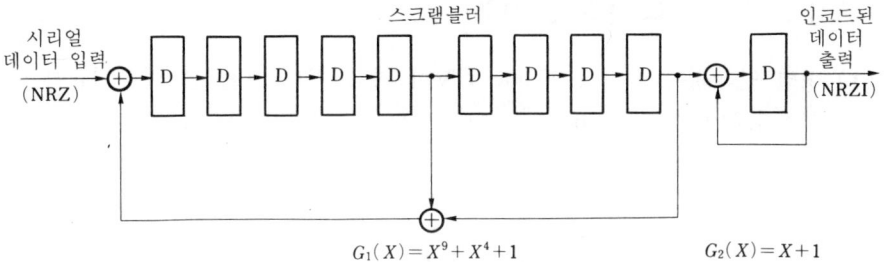

그림 10.6 스크램블 NRZI 인코더의 구성 예(SMPTE259M에서)

기록된 인코더의 구성 예를 나타낸다. 여기에서 "D"는 D타입 플립플롭, "⊕"은 XOR(배타 논리회로)를 나타내고 있다.

SMPTE259M에서는 콤퍼지트 신호의 스크램블 NRZI에 대해서도 규정되어 있다. 콤퍼지트인 경우의 특징은 타이밍 기준신호로서 TRSID라 불리는 신호를 수평동기신호의 평탄한 부분에 삽입하고 있는 것이다. 수신측에서는 이것을 검출하여 라인동기, 필드동기를 확립한다. TRS는 3FF, 000, 000, 000 등 4워드로 구성되어, 1워드의 ID가 이것에 이어서 전송된다. ID워드는 유효 비트가 8이며, 하위 3비트에서 컬러필드 시퀀스를, 상위 5비트에서 1~31의 라인넘버를 나타낸다.

(b) **10B1C방식**   10B1C방식의 특징은 10비트 병렬 데이터의 LSB를 반전시켜 11비트째에 보수 부호비트(C비트)로서 부가하는 것이다. 직렬 데이터로 변환할 때 LSB와 C비트의 반전관계를 유지한 채 스크램블을 걸고, 거기에 NRZI부호화한 후 전송한다. 본 방식에서는 C비트를 부가함으로써 종합 비트레이트가 스크램블 NRZI방식에 비해 1할 증가하지만, 11비트 주기로 반드시 극성이 반전하는 점이 존재하기 때문에 신호내용에 관계없이 같은 부호의 연속을 억제할 수 있게 된다. 또한 이 부호반전의 규칙성을 체크만 해도 신호감시를 할 수 있기 때문에 전송로의 비트 오류율을 비교적 간단히 측정할 수 있다. 게다가 C비트검출이 화소 단위의 워드 동기검출이 된다는 점에서 단시간 안에 워드주기를 확립할 수 있다는 장점을 가진다.

## [2] HDTV의 디지털 인터페이스

(1) **병렬 인터페이스**　1125/60HDTV의 병렬 인터페이스는 방송기술개발협의회(BTA) 규격 S-002로서 1992년에 규정되었다. S-002 규격에서는 HDTV의 디지털 부호화 파라미터, 디지털 인터페이스에 관한 신호의 공통규정, 병렬 인터페이스 그 자체에 대한 상세한 사항이 기재되어 있다.
영상신호는 $Y$, $P_B$, $P_R$ 및 $G$, $B$, $R$ 등 두 형식을 대상으로 하며 샘플링 주파수는 $Y$, $G$, $B$, $R$이 74.25MHz, 색차 신호가 37.125MHz이며 8비트 또는 10비트에서 직선 양자화된다. 비트레이트는 74.25Mega Word/s이며 $Y$, $P_B$, $P_R$의 신호형식에서는 색차 신호는 시분할 다중하여 전송된다. 또한 커넥터는 93핀 멀티 커넥터로서 전송거리는 무등화로 20m로 되어 있다. 자세한 것은 규격본문을 참조하기 바란다.

(2) **직렬 인터페이스**　HDTV를 직렬 전송하는 경우 8비트 시스템에서는 1.188Gb/s, 10비트 시스템에서는 1.485Gb/s라는 매우 고속의 비트레이트가 요구된다. 이 때문에 HDTV의 직렬 전송, 특히 수 십미터 이상의 거리를 전송하기 위해서는 광섬유의 사용이 중요한 기술요소가 된다. 1995년에 제정된 BTA규격 S-004에서는 HDTV의 직렬 부호화와 동축 케이블 인터페이스 및 광섬유 인터페이스에 대해 규정하고 있기 때문에 자세한 것은 규격본문을 참조하기 바란다.

## [3] 음성의 디지털 인터페이스

음성 디지털 직렬 인터페이스의 국제 통일규격으로 AES/EBU인터페이스 규격이 있다. 그 프레임 포맷은 **그림 10.7**과 같다. AES/EBU포맷에서는 음성 2채널을 1쌍의 채널 페어로 하여 전송한다. 이 그림과 같이 192개의 연속하는 프레임을 1블록으로 하여 신호를 구성하고, 1프레임은 다시 2개의 서브프레임으로 구성된다. 또한 하나의 서브프레임은 32비트로 구성되는데 그 내역은 아래와 같다.

　　　　　동기 프리앰블 － 4비트
　　　　　예비 － 4비트
　　　　　오디오 데이터 － 20비트
　　　　　validity flag (V) － 1비트
　　　　　사용자 데이터(U) － 1비트

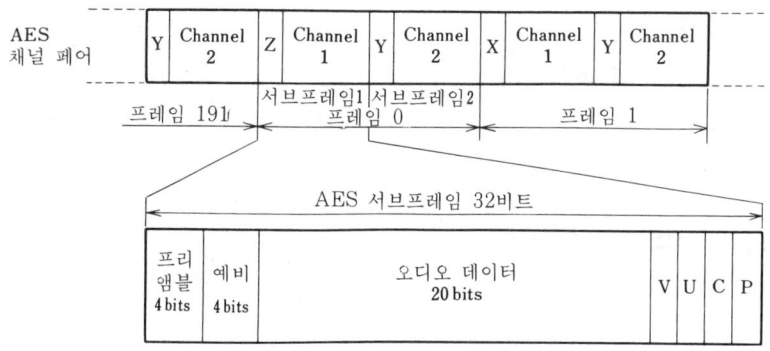

**그림 10.7  AES/EBU 포맷**

       채널 스테이터스(C) — 1비트
       패리티 비트(P) — 1비트

동기비트에 해당하는 프리앰블에는 X, Y, Z 등 세 종류의 비트 패턴이 있다. X는 서브프레임 1을, Y는 서브프레임 2를 나타내는데 특히 블록 개시에 해당하는 서브프레임 1에 대해서는 프리앰블은 Z가 된다. 또한 표본화 주파수는 채널 스테이터스로 결정된다. 그림 10.7에서는 오디오 데이터에 대해서 20비트가 할당되어 있는데, 예비의 4비트도 사용함으로써 최대 24비트까지의 오디오 데이터를 전송할 수 있다. AES/EBU 포맷은 ITU-R권고 647에서, 그리고 일본에서는 EIAJ의 CP-340규격으로도 규정되어 있다.

# 10.3  프로그램 전송의 디지털화

## [1] 프로그램 전송의 종별

프로그램 전송의 디지털화를 고려할 경우, 그 전송 목적이 무엇인가에 따라서 각기 다른 조건 설정이 필요하다. 프로그램 전송에는 크게 나누어 다음의 세 종류가 있다.

  ① 소재전송 : 수신 후에 많은 신호가공처리를 동반하는 프로그램 전송(FPU 등)

  ② 1차 배분 : 수신 후에 경미한 신호가공처리를 동반하는 프로그램 전송(방

송국간의 프로그램 전송 등)

③ 2차 배분 : 수신 후에 신호가공처리를 하지 않는 프로그램 전송(각 가정으로의 프로그램 배분 등)

이들 가운데 특히 소재전송과 1차 배분에서는 전송 후의 가공처리 및 다단전송에 의한 열화의 적산가중 등을 고려할 필요가 있다.

## [2] FPU의 디지털화

최근의 프로그램 제작이 대형화됨에 따라 각 방송국이 프로그램을 공동 제작할 기회가 많아지고 있어 디지털 FPU의 공통규격화가 강력히 요구되고 있다. FPU의 경우 다중경로와 페이딩과 같은 악조건을 극복하기 위해 소스코딩 외에도 COFDM변조와 다치변조의 가능성, 자동등화, 아날로그 FPU와의 주파수 공용 등이 주요한 기술 테마가 되고 있다.

## [3] SNG의 디지털화

SNG에 디지털 기술을 도입함으로써 하나의 위성 트랜스폰더로 여러 개의 프로그램을 전송하는 소위 다채널 전송과 낮은 $C/N$상황하에서의 양호한 전송 등을 할 수 있다. 현재 다양한 실험이 실시되고 있고 일부는 실용화도 되고 있지만, 부호화 및 변조방식은 각 사가 독자적인 방식을 채택하고 있어 앞으로의 통일된 규격화가 요망된다. 국제적으로는 ITU-R의 WP4-SNG(종래의 CMTT/5)에서 HDTV를 포함한 국제 통일규격을 마련하기 위한 심의가 활발히 이루어지고 있다.

## [4] 방송국간 전송의 디지털화

프로그램의 방송국간 전송은 종전의 동축 케이블이나 무선에 의한 아날로그 전송에서 광섬유 등을 이용한 디지털 전송으로 이행되고 있다. ITU-R에서는 비트레이트140Mb/s(권고 721)에서의 소재전송 규격이 규정되어 있지만 MPEG로 대표되는 주변기술의 급속한 진보에 의해 금후의 새로운 전개가 주목된다.

# 10.4 향후의 전망

본 장에서는 단체기기의 디지털화로 막을 연 방송국의 디지털화에 대해 그 개요를 소개했다. 방송국 시스템을 디지털화하는데 있어서 우선 생각해야 할 것은 '디지털화에 의한 장점'이다. 종전의 아날로그 신호를 단순히 디지털 신호로 치환하는 것 뿐만 아니라, 디지털 이 아니면 불가능한 점을 크게 이용해야 할 것이며, 이것은 앞으로의 중요한 테마 중의 하나가 될 것이다. 여기에서는 지면 사정상 생략했지만, 직렬 전송에 있어서의 에러검출을 위해 송신측에서 생성한 CRC 워드를 수신측에서 생성한 CRC워드와 비교하여 오류를 측정하는 EDH(Error Detection and Handing)라 불리는 방식과 보조신호를 이용한 회선감시, 부가정보 전송 등 디지털화에 의한 장점을 최대한 살리기 위한 방안도 검토되고 있다.

종합 디지털 시대도 바로 눈앞에 다가온 것 같지만, 극복해야 할 기술적인 과제도 많이 남아 있어 앞으로의 검토가 요망된다.

# 참고문헌

（1） 猪瀬　博編：“PCM 通信の基礎と新技術”, 産報（1968）

（2） “特集 最新の放送技術”, テレビ誌, **46**, 4（April 1992）

（3） Huckfield, et al.：“Digital Betacam—The Application of State of the Art Technology to the Development of an Affordable Component DVTR”, 18 th Int. Television Symp. and Technical Exhibition, Montreux, Switzerland（June 1993）

（4） R. Scott：“The D 5 1/2” Component Digital Recording System”, 18 th Int. Television Symp. and Technical Exhibition, Montreux, Switzerland（June 1993）

（5） R. Asada, et al.：“Broadcast Camera Using Digital Signal Processing”, Int. Broadcasting Convention, Brighton, IEE 327（Sept. 1990）

（6） 池田俊夫, 佐脇清一：“ビデオ制作におけるノンリニア編集の技術動向と今後”, CHROMA, **9**, 4, pp. 18-29（April 1994）

（7） CCIR Recommendation 711-1 “Synchronizing Reference Signals for the Component Digital Studio”, Geneva（1992）

（8） A. B. Kesteren：“System Design Consideration for the Digital Routing Switcher at the Canadian Broadcasting Centre”, Int. Broadcasting Convention, Amsterdam, IEE 358（July 1992）

（9） J. Wonsowicz：“Design Considerations for Television Facilities in the CBC’s Toronto Broadcast Centre”, SMPTE J., **102**, 11, pp. 1007-1011（Nov. 1993）

（10） NHK 放送技術研究所編：“ディジタルテレビ技術”, 日本放送出版協会（1990）

（11） CCIR Recommendation 601-3 “Encoding Parameters of Digital Television for Studios”, Geneva（1992）

（12） CCIR Report 629-4 “Digital Coding of Colour Television Signals”, Geneva（1990）

（13） ANSI/SMPTE 244 M-1993 “System M/NTSC Composite Video Signals-Bit-Parallel Digital Interface”（Aug. 1993）

（14） 小原正晴：“CCIR ディジタルテレビジョン 4：2：2 インタフェース”, テレビ誌, **40**, 6, pp. 442-448（June 1986）

（15） 二階堂誠也, 山崎芳男監修：“サウンドエンジニアのためのディジタルオーディオ”, 兼六館出版（1987）

(16)  日本オーディオ協会編："ディジタルオーディオ事典", オーム社 (1989)

(17)  杉山昭彦："音響信号の高能率符号化", テレビ誌, **48**, 4, pp. 447-454 (April 1994)

(18)  CCIR Recommendation 656-1 "Interfaces for Digital Component Video Signals in 525-line and 625-line Television Systems Operating at the 4 : 2 : 2 Level of Recommendation 601" Geneva (1992)

(19)  SMPTE 259 M "10-bit 4 : 2 : 2 Component and 4 fsc NTSC Composite Digital Signals-Serial Digital Interface", SMPTE J., **102**, 2, pp. 174-178 (Feb. 1993)

(20)  放送技術開発協議会規格："BTA S-002 1125/60 方式 HDTV 映像信号の符号化とビット並列インターフェース規格"(May 1992)

(21)  放送技術開発協議会規格："BTA S-004 1125/60 方式 HDTV 信号のビット直列インターフェース規格"(April 1995)

# Digital Broadcasting

## 부록

### 위성용 디지털 방송 기술기준

# A.1 디지털 방송 방식의 표준화

영상·음성신호의 고능률 부호화 방식의 국제규격화와 주요 회로의 IC화 등의 디지털 방송에 직접 관련된 기술진보로 인해 일본에서 디지털 방송 방식을 실현하기 위한 기술개발과 시스템검토가 계속되어 왔다. 통신위성을 이용한 다채널 디지털 방송의 사업화 구상도 나왔으며, 1994년 7월에는 우정성 전기통신 기술심의회로부터 디지털 방송의 기술적 조건을 심의받았다. 약 1년의 심의를 거쳐 1995년 7월에 일본에서의 위성디지털 방송에 관한 기술기준이 발표되었다. 이 발표를 기초로 제정된 위성디지털 방송방식의 개요에 대해 소개하고자 한다.

# A.2 일본의 디지털 방송 방식의 기술기준

## [1] 디지털 방송 방식의 구성

디지털 방송에서는 1채널의 방송파로 3~4개의 TV프로그램을 동시에 보낼 수 있는데 이러한 방송을 다채널 방송이라 부르고 있다. 그림 A.1은 다채널방송의 계통으로 여러 개의 TV프로그램, 음성프로그램, 데이터프로그램을 다중하여 송신하는 상태를 보여주고 있다.

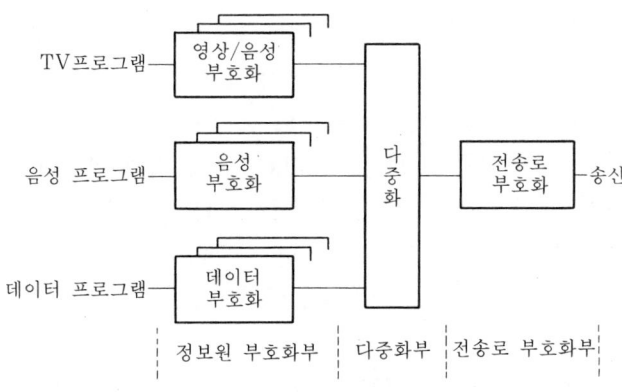

그림 A.1  디지털 방송의 계통

방송방식은 이들 계통 각부의 기술기준을 규정하고 있는데 크게 나누어
① 영상·음성신호를 디지털화하는 정보원 부호화부
② 디지털화된 신호를 통합하는 다중화부
③ 오류정정부호를 부가하여 변조하는 전송로 부호화부
의 3부로 구성되어 있다.

방송매체에는 지상·위성·케이블TV(CATV)가 있고, 더 나아가 위성에는
12.2 ~ 12.75GHz의 주파수대를 위성통신과 위성방송으로 공용하는 위성방송(CS
방송)과 11.7 ~ 12.0GHz의 방송전용 주파수대에서 실시하는 BS 방송 등이 있다.
방송설비와 수신기 회로부품의 공통화 입장에서는 가능한 한 방송매체간 기
술기준을 통일하는 것이 바람직하며 정보원 부호화부와 다중화부는 특별한 지
장이 없는 한 원칙적으로 동일방식이 채용된다. 한편 전송로 부호화부는 각 매
체간에 전송대역폭과 전파 전반 등의 조건이 크게 다르기 때문에 통일하기는 어
려워 개별적으로 최적인 기술방식이 선정된다.

## [2] 기술기준의 주요 파라미터

표 A.1은 위성 디지털 방송 방식의 주요 파라미터를 나타낸 것이다.
대상은 위성방송인데 영상·음성 부호화 방식, 다중방식에 대해서는 지상방
송, CATV에도 적용된다. 방식의 적용 범위가 12.2 ~ 12.75GHz대인 점에서 전송
로 부호화부는 CS 방송에 대한 규정이며, BS방송에 대해서는 향후의 과제로 남
아 있다.

## [3] 정보원 부호화 방식

고능률 부호화 방식으로서 국제 표준으로 되어 있는 MPEG-2비디오 및
MPEG-2오디오는 통신·방송·패키지 등 각 분야에서 국내외적으로 널리 채용
되고 있다. 일본의 디지털 방송방식에서도 통신·패키지와의 신호의 상호유통
성과 방송방식의 국제 정합성 면에서 MPEG-2에 준거한 방식이 채용되고 있다.
**(1) 영상 부호화 방식**　　　MPEG-2 비디오에서는 부호화 조건이 다른 몇 개의
프로파일과 레벨이 설정되어 있다. 일본의 기술기준에서는 프로파일과 레벨은
특별히 제한하지 않고 방송사업자의 자유에 맡기고 있으며, 부호화할 영상신호
에 대해 표 A.2의 영상 파라미터가 지정되어 있다.
영상신호로는 보통 주사선 수가 525개이며 어스펙트비가 4 : 3인 화면에 덧붙여

16 : 9의 와이드 TV를 들 수 있다. 특징적인 것은 비월주사와 순차주사의 양 방식이 규정되어 있다는 점으로 이것에 의해 고품질화가 가능하다.

### 표 A.1  위성 디지털 방송방식의 주요 파라미터

| | |
|---|---|
| 방식의 적용범위 | 12.2 ~ 12.75GHz, 27MHz 대역폭 |
| 영상 부호화 방식 | MPEG-2 Video(ITU-T H. 262, ISO/IEC 13818-2) |
| 음성 부호화 방식 | MPEG-2 Video(ISO/IEC 13818-3, 11172-3) |
| 데이터 부호화 방식 | 임의 |
| 다중방식 | MPEG-2 Systems(ITU-T H.222.0, ISO/IEC 13818-1)에서 규정된 패킷 다중 방식, 전송제어방식을 채용 |
| 전송프레임과 동기 | TS8패킷마다 동기 부호가 반전하여 1개의 전송프레임 형성 |
| 에너지 확산 | M계열 15차 PN신호를 동기를 제외한 프레임신호에 가산 |
| 오류정정 외 부호 | 단축화 리드솔로몬(204, 188) |
| 인터리브 | 주기가 12인 내장방식 |
| 오류정정 내부호 | 천공FEC에서 부호화율 1/2, 2/3, 3/4, 5/6, 7/8 가변 |
| 파형정형 | 롤 오프율 0.35, 레이즈드 코사인 특성으로 송신루트를 배분하는 것으로 하고, 송신측에서 $x/\sin(x)$인 어퍼처 보정 |
| 변조방식 | QPSK |
| 전송 비트레이트 | 42.192Mb/s |
| 정보 비트레이트 ( )는 부호화율 | 19.4Mb/s(1/2),   25.9Mb/s(2/3),   29.2Mb/s(3/4),   32.4Mb/s(5/6), 34.0Mb/s(7/8) |

### 표 A.2  영상 파라미터

| 수평주사의 반복 주파수 $(f_H)$ [Hz] | 화상의 반복 주파수 | 주사방식 | 화면의 횡축비 | 표본화 주파수 | |
|---|---|---|---|---|---|
| | | | | 휘도 [MHz] | 색 [MHz] |
| 31468.53 | $f_H$ /525 | 순차 | 4 : 3 또는 16 : 9 | 27 | 13.5 |
| 15734.27 | $f_H$ /525 | 순차 또는 1개 걸러서 | 4 : 3 또는 16 : 9 | 13.5 | 6.75 |
| 12587.41 | $f_H$ /525 | 순차 | 4 : 3 또는 16 : 9 | 10.8 | 5.4 |

(2) **음성 부호화 방식**  부호화 방식은 MPEG-2 오디오에 준거하는 범위에서 자유롭지만 음성 신호원으로서는

표준화 주파수 :  32kHz, 44.1kHz, 48kHz

음성모드 : 모노럴에서 최대 5채널(3전방/2후방) 스테레오까지의 11모드가 규정되어 있다.

(3) **데이터 부호화 방식**  데이터 방송은 문자방송과 PC용 소프트웨어 전송, 장래적으로는 ISDB로의 발전 등 디지털 방송에 기대되는 서비스이다. 데이터 방송은 이제 막 실마리를 잡은 상태로, 앞으로의 기술진전과 다양한 서비스발전에 유연하게 대응할 수 있도록 그 부호화 방식은 방송사업자의 자유에 맡겨지고 있다.

## [4] 다중화 방식

다중화는 MPEG-2 Systems에 준거한 패킷 다중방식에 따르고 있다. 이 시스템에는 기록 등 기본적으로 전송오류가 없는 계통에 적용하는 PS(Program Stream)와 유선·무선 등 전송오류를 피할 수 없는 계통에 적용하는 TS(Transport Stream)가 규정되어 있는데, 방송에서는 후자가 적용되어 디지털 방송의 기술기준도 TS에 대해서만 제정되어 있다.

(1) **전송 패킷과 부호화 데이터의 전송**  다중의 기본 단위는 188바이트 고정길이의 TS 패킷이며, 그림 A.2와 같은 구조로 헤더부와 데이터부로 구성된다. 헤더부에는 패킷 동기부호와 패킷 식별자(PID) 외에 데이터부에서 전송하는 신호에 관한 정보가 포함된다. 또한 데이터부에는 선두에서부터 최대 184바이트까지의 길이로 데이터 동기용 기준시계 등의 시스템 정보를 전송하는 어댑테이션 필드라 부르는 영역을 둘 수 있으며, 목적에 따라서 나누어 사용할 수 있다.

부호화된 영상이나 음성은 시간적으로는 연속된 신호이지만, 부호화시의 신호처리나 수신측에서의 정보제시에 적당한 길이로 나누어 이것에 헤더를 부가한 가변길이가 패킷으로 데이터 그룹신호를 구성한다. 데이터 그룹형성을 위해 부호화되는 정보의 특성에 맞게 사용하는 PES(Packetized Elementary Stream)와 섹션 형식이라 불리는 데이터 구성이 표준화되어 있다.

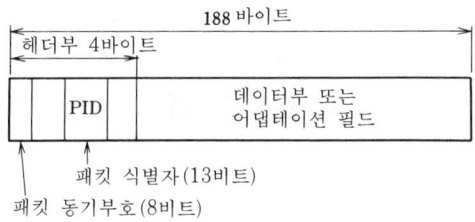

그림 A.2 TS 패킷의 구조

데이터 그룹화된 신호는 TS 패킷의 데이터부에서 전송되는데, TS패킷 데이터부의 길이가 184바이트 이하이기 때문에 일반적으로 일련의 데이터 그룹신호는 동일한 PID의 값을 가지는 대부분의 TS 패킷으로 분할 전송된다.

(2) **전송제어**  수신측에서는 원하는 데이터 그룹의 TS 패킷을 PID에 의해 추출하여 복호한다. PID의 추출은 MPEG-2 Systems에 준거한 전송제어신호 PSI (Program Specific Information)에 의한 간접지정방식에 따르고 있다.

PSI로는 아래의 4신호가 있으며 각기 개별 TS 패킷으로 전송된다. 또한 PSI와 관련해서는 PMT 이외에는 PID를 고정적으로 할당한 직접 지정방식을 채용하고 있다.

① NIT(Network Information Table) : 네트워크를 구성하고 있는 모든 전송채널의 주파수, 위성의 궤도위치, 변조방식 등의 송신정보와 각 채널별 프로그램 번호 정보

② PAT(Program Association Table) : PAT가 전송되고 있는 전송채널에서의 프로그램 번호와 그것에 관계하는 PMT의 PID와의 대응정보

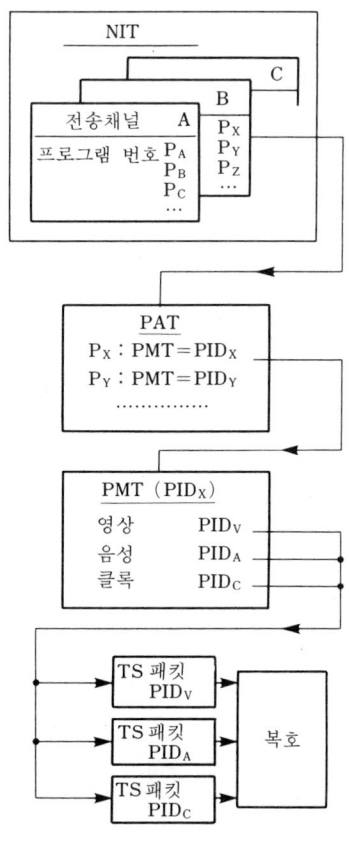

그림 A.3 PID 간접제어의 개념(프로그램 번호 PX를 수신)

③ PMT(Program Map Table) : 프로그램을 구성하는 데이터 그룹이 전송되고 있는 TS의 PID를 지정

④ CAT(Conditional Access Table) : 유료방송에 관련된 정보 그림 A.3 은 PSI에 의한 간접제어방식의 동작개념을 나타낸 것이다.

수신측은 NIT 정보에서 원하는 프로그램번호 PX가 전송되고 있는 전송채널을 선국한다. 이어서 선국한 채널의 PAT, PMT를 순차 수신하고, PMT에서 지정받는 PID에서 데이터 그룹을 전송하는 TS를 추출하여 복호하게 된다.

## [5] 전송로 부호화부

EP-DVB(European Project-Digital Video Broadcasting)가 제안하고 ITU-R에서 권고화한 위성 디지털 방송방식에 준거한 방식이다. 전송로 부호화부는 전송프레임 처리, 오류정정부호 부가, 디지털 변조 등의 각 부로 구성된다.

**(1) 전송프레임과 신호처리**    TS패킷 다중된 신호는 TS패킷 스트림으로서 전송로 부호화부에 입력된다. 전송로 부호화부에서의 신호처리를 위해서는 TS패킷 스트림을 일정 길이로 구분할 필요가 있는데 이 구분을 전송프레임이라 부른다.

그림 A.4는 전송프레임 내의 신호처리를 나타낸 것인데, 8바이트로 1 전송 프레임을 구성함과 동시에 패킷 동기부호를 8패킷마다 부호 반전하여 프레임 동기부호로 하고 있다.

에너지 확산은 비트스트림에서 "0" 또는 "1"이 연속하는 것을 막기 위

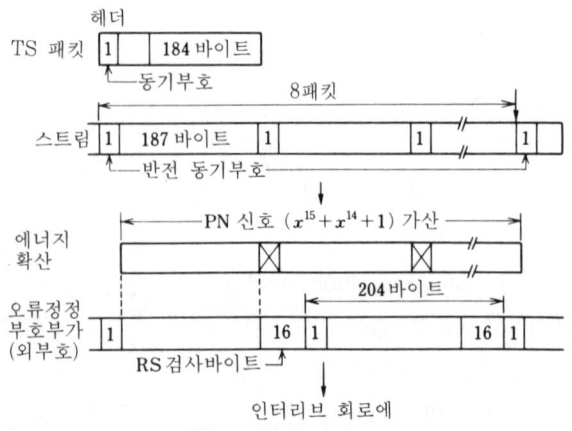

**그림 A.4  전송프레임 신호처리**

한 처리이다.

프레임 주기로 갱신되는 Pseudo Random(PN) 신호를 프레임 동기부호 직후부터 다음의 프레임 동기부호의 직전까지 패킷 동기 바이트를 제외하고 가산한다. PN신호는 전자적으로 생성되는 랜덤 비트스트림에서 그림 속에 나타낸 15차 M계열 다항식으로 생성된다.

**(2) 오류정정방식**    오류정정에는 외부호에 블록부호, 내부호에 길쌈부호 (FEC)를 조합시킨 연접부호를 이용하고 있다. 외부호에는 최근 통신분야에서 널리 실용화되어 복호회로의 IC화도 진행되고 있는 리드 솔로몬 (RS)부호를 채용하며, 16바이트의 검사바이트를 부가한 204바이트 길이 패킷이 비트스트림을 구성한다.

버스트 오류정정능력을 높이기 위해 TS패킷의 각 바이트를 시간적으로 분산하여 전송하는 처리가 인터리브이다. **그림 A.5**는 내장 인터리브 방식의 원리를 나타낸 것이다.

인터리브는 바이트 단위로 실시되는데, 입력바이트는 12바이트에 1회의 비율로 최대 188바이트의 시간지연이 주어진다. 또한 패킷 동기를 확보하기 위해 동기바이트는 인터리브되지 않는다.

내부호에는 부호화율이 1/2인 FEC를 기본으로 **표 A.3**의 처리에 의한 가변 부호화율의 천공부호가 사용된다. 부호율이 높을수록 오류정정능력은 낮아지지만 전송정보량은 많아지기 때문에 방송목적에 맞는 부호화율을 선정할 수 있다.

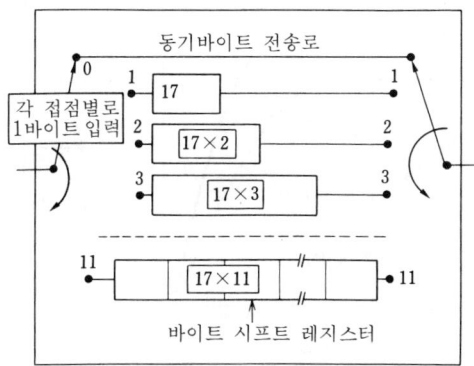

**그림 A.5  내장 인터리브의 원리**

### 표 A.3  천공 부호화 규칙

오리지널 코드($k = 7$), $G_1(X) = 171\text{oct}$, $G_2(Y) = 133\text{oct}$

| | 1/2 | 2/3 | 3/4 | 5/6 | 7/8 |
|---|---|---|---|---|---|
| | | | 부호화율 | | |
| $X*$ | 1 | 10 | 101 | 10101 | 1000101 |
| $Y*$ | 1 | 11 | 110 | 11010 | 1111010 |
| $I$ | $X1$ | $X1Y2Y3$ | $X1Y2$ | $X1Y2Y4$ | $X1Y2Y4Y6$ |
| $Q$ | $Y1$ | $Y1X3Y4$ | $Y1X3$ | $Y1X3X5$ | $Y1Y3X5X7$ |

\* 0 : 전송생략

**(3) 파형정형과 변조**   디지털 변조시에 부호간 간섭을 막으면서 전송대역
외의 불필요한 스펙트럼을 줄이기 위해 **그림 A.6**에 파선으로 표시한 특
성을 가지는 롤 오프 필터가 이용된다. 이 경우 입력 비트가 구형파인 점
에서 어퍼처 보정이 필요하며 그림에 실선으로 나타낸 롤 오프와 어퍼처
보정을 종합한 특성이 주어진다. 변조방식에는 널리 실용화되어 있는
QPSK가 채용되고 있다.

**(4) 전송 비트레이트**   전송 비트레이트는 전송대역폭의 허용값을 만족시
키는 범위에서 가능한 한 높은 것이 바람직하다. 한편으로는 위성탑재 증
폭기의 비직선성에 의한 대역폭 확대와 인접 채널에 대한 간섭 방해에

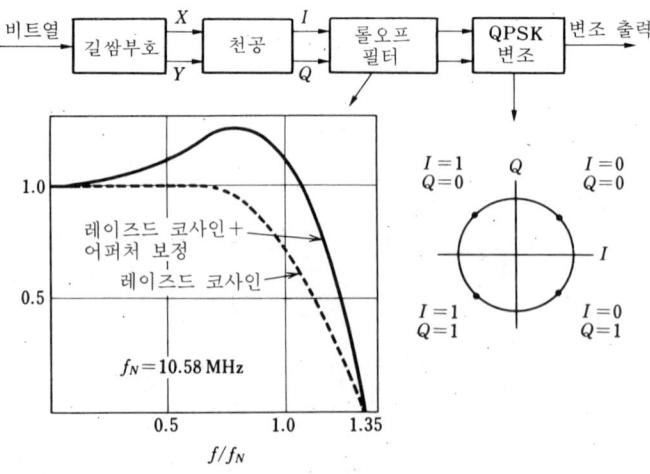

그림 A.6  변조단 신호처리

대해서도 고려할 필요가 있어 양자의 타협점으로 42.192Mb/s가 선정되었다. 오류정정 후의 정보율은 FEC의 부호화율에 따라 달라지는데, 부호화율이 3/4인 때 약 29Mb/s이다.

## [첨부 : 소형 안테나에서의 수신특성]

방송방식 제정에 있어서는 가정용 수신기에서의 수신특성을 평가하여 선택한 기술기준의 타당성이 판정된다. 위성 디지털 방송방식 답신에 있어서도 아래에 개요를 소개하는 소형수신 안테나에 의한 수신특성 시산 결과가 보고되어 있다.

일반적으로 12GHz대를 사용하는 위성방송에서는 강우에 의해 전파가 감쇠하여 수신특성이 열화된다. 특히 강력한 오류정정방식을 사용한 디지털 전송방식에서는 약간의 감쇠로도 비트 오류율이 크게 증가하여 경우에 따라서는 수신불능 상태가 될 수도 있다. 소정의 수신품질을 얻을 수 있는 1개월의 연장시간과 전체 시간과의 비율을 회선 신뢰도라 부르며, 수신안테나 선정의 중요한 지침이 되고 있다.

위성 디지털 방송방식 답신에 앞서 실시된 실험결과에서 FEC부호화율이 3/4일 때의 필요한 CN비는 6dB라고 한다. 이 소요 CN비에 대한 소형 안테나에 의한 수신특성의 계산결과는 **그림 A.7**과 같은데, 비교적 송신능력이 작은 CS방송에서도 45cm정도의 안테나로 99.5% 이상의 신뢰도를 얻을 수 있다는 것을 알 수 있다. 또한 그림 A.7은 전국 평균에 대한 것으로 강우가 많은 지역이나 수신 전력이 낮아지는 지역에 대해서는 개별적인 검토가 필요하다.

위성 EIRP 54dBW/수신 안테나 부엽 특성 29~25 log φ
시스템 마진 : 수신 CN비 −6dB

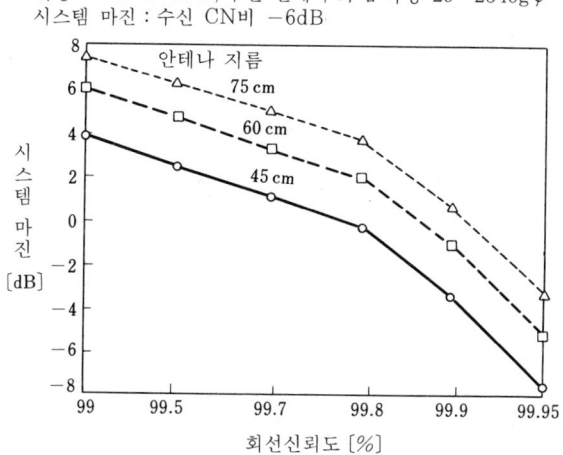

**그림 A.7  소형 안테나에서의 회선신뢰도**

# 감수자·집필자 약력

## 감수자

### 西澤 台次 (니시자와 타이지)

1965년, 東京工業大學 理工學部 電子工學科 졸업. 同年, NHK에 입사. 松江방송국을 거쳐, 1969년, 同방송기술연구소에 근무. 하이비전, EDTV, 디지털TV, 방식교환 등의 연구에 참여. 현재, 同연구소 소장. 정회원.

### 田崎 三郎 (타자키 사부로)

1961년, 大阪府立大學 工學部 電氣工學科 졸업. 1972년, 愛媛大學 工學部 電子工學科 교수가 되어 현재에 이른다. 벡터 양자화를 중심으로 한 정보원부호화, 디지털기록기호처리방식, 디지털음성인식방식 등의 연구에 참여. 1975~1976년, 미국 스탠포드 대학 객원교수. 공학박사. 정회원.

## 1장

### 吉野 武彦 (요시노 타케히코)

1966년, 早稻田大學 理工學部 電氣通信學科 졸업. 同年, NHK에 입사. 新潟방송국을 거쳐, 1970년, 정지화 방송방식, 화상신호의 고능률부호화방식, 위성디지털방송방식의 개발에 참여. 현재, 기술국계획부장, 공학박사. 정회원.

## 2장

### 西澤 台次 (앞에 게재)

## 3장

### 松本 修一 (마츠모토 슈이치)

1979년, 北海道大學大學院 電子工學 전공 석사과정 수료. 同年, KDD 연구소에 입사. 이후, TV신호의 고능률부호화방식의 연구·개발에 참여. 현재, 同연구소 화상통신그룹리더. 공학박사. 정회원.

中島 康之 (나카지마 야스유키)

1982년, 早稻田大學大學院 理工學部 電氣工學 전공 석사과정 수료. 同年, KDD에 입사.

현재, 同연구소 멀티미디어통신 그룹 주임연구원. 동화상부호화 및 동화상검색에 관한 연구 및 개발에 참여. 1985~1986년, 미국 메사추세츠 공과대학 객원연구원.

## 4장

杉山 昭彦 (스기야마 아키히코)

1981년, 東京都立大學 工學部 電氣工學 전공 석사과정 수료. 同年, NEC에 입사. 적응필터알고리즘, 오디오부호화의 연구에 참여. 1987학술연도, 콩코디아 대학(캐나다·몬트리올) 객원연구원. 현재, IEEE Trans on Signal Processing Associate Editor.

## 5장

河合 直樹 (카와이 나오키)

1978년, 東京工業大學大學院 電子시스템 전공 석사과정 수료. 同年, NHK에 입사. 新潟방송국을 거쳐, 1981년부터, 同방송기술연구소에 근무하고 있으며, 현재, 同연구소 디지털 방송방식 연구부 주임연구원. 방송위성을 이용한 신 방송방식, 다채널 PCM 음성방송, ISDB의 연구 등에 참여. 정회원.

## 6장

井上 徹 (이노우에 토오루)

1969년, 京都大學 工學部 電氣工學科 졸업. 同年, 三交電氣(주) 중앙연구소에 입사. 1975~1977년, 미국 COMSAT 연구소에 국제직원으로서 근무. 오류정 정부호관련 연구개발에 참여.

현재, 同社 AV 통괄사업부 영상정보 시스템 통괄사업부 축적시스템부 참여. 공학박사.

## 7장

田崎 三郎 (앞에 게재)

## 8장

### 山田 宰 (야마다 오사무)

1967년, 早稻田大學 理工學部 電氣工學科 졸업. 同年, NHK에 입사. 1971년부터, NHK 방송기술연구소에서, 정지화방송, 문자방송, 위성계·지상계 디지털방송 등 신방송방식의 연구 실용화에 참여. 현재, 同연구소 차장. 공학박사. 정회원.

### 加藤 久和 (카토오 히사카즈)

1982년, 東京工業大學大學院 電氣電子工學 전공 수료. 同年, NHK에 입사. 甲府방송국을 거쳐, 1985년부터, 同방송기술연구소에 근무. 이후, 위성방송시스템, ATV 방식, 디지털 전송방식 등의 연구에 참여. 정회원.

### 齊藤 正典 (사이토우 마사후미)

1979년, 東京大學 工學部 電子工學科 졸업. 同年, NHK에 입사. 岡山방송국을 거쳐, 1982년부터, 同방송기술연구소에 근무. 이후, 데이터 방송, 유료방송, 디지털 방송 전송방식의 연구에 참여. 정회원.

### 黑田 徹 (쿠로다 토오루)

1972년, 東京工業大學大學院 석사과정 수료. 同年, NHK에 입사. 長野방송국을 거쳐, 1985년부터, 同방송기술연구소에 근무. 이후, EDTV, FM다중방송, 지상 디지털 방송의 연구에 참여. 정회원.

## 9장

### 吉村 俊郎 (요시무라 토시로)

1977년, 東京大學 工學部 電子工學科 졸업. 同年, NHK에 입사. 京都局, 기술본부를 거쳐, 1987년부터, 방송기술연구소에 소속. 위성 데이터 방송, ISDB 이용기술의 연구에 참여. 현재, 디지털 방송방식 연구부 주임연구원. 未來방송특별연구프로젝트 겸함. 정회원.

## 10장

### 中田 安優 (나카다 야스마사)

1976년, 京都大學 工學部 電子工學科 졸업. 同年, (주)후지텔레비전에 입사.

녹화부, (주)日本VTR 센터에 출향, 영상부, 제작기술센터, 방송기술부 마스터를 거쳐, 1992년부터, 기술국기술개발실 기획개발부에 근무. 최신기술에 관한 조사, 연구개발에 참여.
정회원.

## 부록

### 仁尾 活一 (니오 코이치)

1955년, 東京工業大學 電氣工學코스 졸업. 同年, NHK에 입사. 松山, 高知방송국을 거쳐, 1959년부터, 同방송기술연구소에 근무하며 위성방송 등의 연구에 참여. 1987년, (주)東芝에 입사하여, 小向工場에 근무. 정회원.

# 찾 아 보 기

( ㅇ )

## 전기자기학 (전자 기사 시리즈 1)

기술검정연구회 編/4·6배판/298p/정가 10,000원

주요 목차 ☞ 벡터 해석/정전계/도체계와 정전 용량/유전체/전기 영상법/전류/정자계/전류의 자기 현상/자성체와 자기 회로/전자 유도/전자계

## 회로(망) 이론 (전자 기사 시리즈 2)

기술검정연구회 編/4·6배판/374p/정가 10,000원

주요 목차 ☞ 기본 소자/정현파 교류/기본 교류 회로/교류 전력/결합 회로/일반 성형 회로망/다상 교류/대칭 좌표법/비정현파 교류/2단자 회로망/4단자 회로망/분포 정수 회로/과도 현상/Laplace 변환/부록

## 전자 (반도체) 회로 (전자 기사 시리즈 3)

기술검정연구회 編/4·6배판/274p/정가 10,000원

주요 목차 ☞ 증폭 회로의 기초 사항/트랜지스터의 바이어스 회로/트랜지스터 저주파 증폭 회로/전계 효과 트랜지스터 증폭 회로/궤환 증폭 회로/동조 증폭 회로/전력 증폭 회로/직류 증폭기 및 연산 증폭기/전원 회로/발진 회로/변조 및 검파 회로/펄스 회로/디지털 회로

## 전자 공학·재료 (전자 기사 시리즈 4)

기술검정연구회 編/4·6배판/318p/정가 10,000원

주요 목차 ☞ 현대 물리 기초 및 양자 역학/원자 구조 및 전자 현상/고체 내에서의 전자 운동/Fermi-Dirac의 분포 함수/전자의 방출/반도체의 특성/PN 접합/트랜지스터/특수 반도체 소자/IC(집적 회로)/도전 재료/저항 재료/반도체 재료/유전 현상과 절연 재료/자기 재료/기타 재료

## 자동 제어·전자 계측 (전자 기사 시리즈 5)

기술검정연구회 編/4·6배판/346p/정가 10,000원

주요 목차 ☞ 제1편 자동 제어-서론/Laplace 변환/전달 함수/Block 선도 및 신호 흐름 선도/제어 계통의 시간 응답/안정도/근궤적법/제어계의 설계/시퀀스 제어의 원리/제2편 전자 계측-측정의 기초/직류 및 저항의 측정/지시 계기 및 디지털 측정 등

## ISDN응용 그림·해설

박한종 著/4·6배판/280p/정가 10,000원

ISDN을 '어떻게 하면 자유자재로 활용할 수 있을까?' 라는 측면에서 접근하기 쉽게 그림을 사용하여 해설하였다. 또한, 핵심적인 내용을 이해하기 쉽게 '원포인트 해설'로 구성하였다.

## 유선·무선 설비 (실기 대비)

민경찬 著/4·6판/278p/정가 12,000원

본서는 전자 통신에 관련된 학과에서 실습 교재로, 실무 경험이 없는 분들에게는 실무 지침서로 활용할 수 있도록 하였으며, 유선 및 무선 설비 실기 출제 기준에 따라 문제를 배열하였다. 부록에는 기술사 출제 문제 및 기사 과년도 출제 문제를 실어 실무 및 기술사 준비에 도움이 되도록 하였다.

## OP 앰프회로 디지털회로

김상진 著/4·6판/162p/정가 6,000원

이 도서는 독자가 실제로 회로를 조립하여 실험할 수 있도록 하였으며, 해설문과 도면 및 사진을 배치하여 한눈에 이해할 수 있도록 하였다.

## 노이즈 방지와 대책

정혜선 譯/신국판/360p/정가 12,000원

'잡음-목적하지 않는 모든 신호'를 방지하기 위한 모든 수단에 대해 기술한 책으로서 단순한 경험 위주가 아닌 이론적 뒷받침을 통해 하나의 사례가 여러 상황이나 증상에 응용할 수 있는 효과를 꾀하고 있다.

## 디지털 계측제어

정혜선 譯/4·6배판/348p/정가 10,000원

디지털 계측의 기초를 비롯하여 연구 개발, 철강 산업, 자동차 산업, 전자 산업, 정보 산업, 항공 사업 등 다양하고 풍부한 응용 예를 실어 디지털 계측에 관한 지식을 흥미를 갖고 배울 수 있도록 하였다.

**한길 한뜻으로 기술 서적 출판 26년**

한 권의 책 속에 신기술의 미래가 있음을 도서 출판 성안당은 늘 생각합니다.

# 전자 분야

## ⚙ 성안당

서울특별시 영등포구 신길6동 4579번지
TEL:844-0511(代) FAX:844-8177

---

### 진공관 앰프 제작 길라잡이

이찬영 著/4·6배판/212p/정가 13,000원

진공관의 기초지식에서 부터 제작에 이르기 까지
그리고, 제작 또는 사용중인 제품 중에서 부분 변화
로 다각적인 사운드와 업그레이드 방법들을 상세히
풀이하여 매니아 또는 초보자를 위한 지침서로 꾸
몄다. 또한, 현재 자주 사용되는 관구의 규격과 대
체 방법 등을 기술하였으므로 그동안의 오해와 편
견을 해소하는데 도움이 되었으면 하는 바램이다.

### 기계 제어를 위한 센서 기술 입문

자동화기술 편집부 譯/신국판/1887p/정가 8,000원

기계 제어에 이용되는 센서를 해설하고, 마이크로
프로세서를 이용한 처리와 제어를 전제로 센서 인
터페이스에 관해 제시하였다. 또한 이것들을 종합
하여 시스템을 작성할 때의 예로서 시퀀스 제어계,
디지털 서보계 및 로봇의 감각 제어라고 하는 기본
적인 최신의 토픽스를 설명하였다.

---

### 유선 통신 기기 (유선설비 기사 시리즈 2)

전구연 著/4·6 배판/516p/정가 12,000원

유선 통신 분야에 종사하는 공학도, 기술자 및 유선
설비 기사·산업기사 시험에 대비하는 수험자를 위
해 각 문항마다 자세한 해설을 실었으며, 초보자도
이해하기 쉽도록 각 장마다 요점 정리를 간략하게
제시하였다. 특히 2차 필기 시험에 대비한 요점 정
리에 중점을 두었다.

### 무선설비기사 2급실기 (작업형)

이해영 著/변형판/276p/정가 12,000원

새로 개정된 무선설비 산업기사 실기 시험에 적합
하도록 구성하였고 국내외 자료를 참고하여 현재
대학의 전자·통신과의 실험과의 회로를 기준으로
구성하였다. 또한 수 차례 검증된 오류없는 회로 선
정으로 대학 통신 실험서나 산업기사 실기에 대비
하였다. 단순한 이론보다 현장감 있는 실무 지식에
중점을 두어 기초와 응용력 배양에 주력하였다.

---

### 반도체 회로

이종덕 번역판 監修/신국판/660p/정가 17,000원

반도체 기초 강좌
① 반도체란 무엇인가-다이오드, 트랜지스터 반도
체 소자의 구조와 동작을 학습한다.
② 다이오드-트랜지스터의 활용 방법과 취급상의
요점을 학습한다.
③ FET와 사이리스터 반도체 소자의 동작과 활용
상의 요점을 학습한다.

### 스위치 모드 파워 서플라이

김희준 著/4·6배판/312p/정가 10,000원

시스템의 심장부라 할 수 있는 스위치 모드 파워 서
플라이(Switched Mode Power
Supply:SMPS), 본 서는 전문대, 대학, 대학원의
석사 과정을 위한 교과서로 구성하였으며, SMPS
에 관한 입문서로서 현장에서 충분한 기술을 연마
한 분에게는 지식의 정리에 활용할 수 있도록 꾸몄
다.

---

### 원칩 마이컴 활용 핸드북

정혜선 譯/4·6배판/264p/정가 10,000원

원칩 마이컴은 여러 가지 주변 회로(RAM, ROM,
타이머)를 1개의 칩에 집적시킨 획기적인 소자이
다. 범용 CPU와 메모리, 주변 LSI 등으로 구성하
면 상당히 복잡하게 될 시스템이라도 간단하게 실
현할 수 있다. 본문은 원칩 마이크로 컴퓨터 입문/
하드웨어와 소프트웨어의 개발 수법/각사 원칩 마
이크로 컴퓨터의 개요와 실용 예 등으로 이루어졌
다.

### 케이블 선로 공학 (유선설비 기사 시리즈 3)

전구연 著/4·6배판/516p/정가 10,000원

유선 통신 분야에 종사하는 공학도, 기술자 및 유선
설비 기사·산업기사 시험에 대비하는 수험자를 위
한 지침서로서 각 장마다 요점 정리를 문항 순서에
맞도록 간략하게 정리하였으며 2차 실기 시험에 대
비한 요점 정리를 보다 폭넓게 정리하였다.

---

### 원칩 마이컴 PIC16C5X 핸드북

신칠호 譯/4·6 배판/300p/정가 7,000원

PIC16C5X 시리즈는 기존의 원칩 마이컴과는 체계
를 달리하는 새로운 시대의 새로운 원칩 마이컴으로
서 무한한 가능성과 우수성을 가지고 있다. 본 서는
PIC16C5X 하드웨어의 구조에서부터 실무에 바로
적용할 수 있는 프로그램까지 쉽게 설명하였다.

### 전자 회로

박한종 譯/4·6배판/230p/정가 8,000원

본 서는 전자 회로의 기본이 되는 반도체 성질에 관
한 것부터 이것을 응용해서 만든 다이오드나 트랜
지스터의 이해까지 자세하게 소개하였다. 또한 사
진이나 그림을 충분히 넣어 각종 회로의 기초 지식
을 시각적으로 배울 수 있도록 배려하였다.

---

## 정보 전송 공학/개론

전구연 著/4·6배판/510p/정가 10,000원

정보통신 분야에 종사하는 공학도와 기술자 및 정보통신기사, 정보통신산업기사에 대비하는 수험자를 위하여 기초 이론은 물론 이것을 응용한 실제의 문제 전반에 걸쳐 산업인력공단 출제기준에 의한 과목별 출제 기준에 입각하여 주·객관식 문제를 폭넓은 해설과 더불어 체계적으로 수록하였다.

## 센서제작 아이디어 (일렉트로닉스 시리즈)

월간 전자기술편집부 譯/4·6배판/316p/정가 10,000원

센서란 무엇인가? 인간을 예로 들면 빛을 감지하는 눈, 소리를 듣는 귀, 냄새를 맡는 코, 그리고 촉감을 느끼는 손 등도 훌륭한 센서이다. 본서는 여러가지 현상을 전기 신호로 변환하는 각종 센서를 사용해, 아이디어가 풍부한 제작 실례를 소개하고 있다. 주요내용은 다음과 같다. ◆테스터의 그레이드업 ◆도통 체커 ◆만능 실험용 전원 ◆전자 퓨즈 ◆용량계 ◆적산 시간계 ◆리모트 온도계 ◆전자모래시계 ◆고온 디지털 온도계 ◆습도계 ◆대기압계 이외 총 50여종의 제작실례를 소개한다.

## 통신 이론

양윤석 共著/4·6배판/320쪽/정가 12,000원

이 책은 1·2장에 푸리에 급수, 푸리에 변환 및 시스템 특성 3·4장에 진폭 변조와 각 변조 설명 5·6장에 아날로그 펄스 변조의 종류 및 특징과 여러 변조 시스템의 성능 분석 7·8장에 정보의 통계적 이용과 해석을 위한 랜덤 과정 및 디지털 전송 부호의 종류와 특징 9·10장에 디지털 전송 부호의 종류와 특징 11장에 디지털 변조 방식과 특징 12장에 스펙트럼 확산 통신 방식의 종류와 특징 13장에 여러 가지 코드의 특징과 착오 제어 방법 등을 설명하였다.

## 전자 공학 입문

박한종 譯/신국판/280p/정가 9,000원

본 서는 초보자를 위해 계획된 것으로, 전자 공학의 기초에서부터 응용까지를 이해하기 쉽게 그림이나 삽화로써 집필하였다.
본문의 구성 ☞ 전자 회로의 소자/전자 회로의 기초/여러 가지 전자 회로/전자 계측/자동 제어/음향 기기/전기 통신 등

## 디지털 전자 회로 ①

김행구 著/4·6배판/286p/정가 12,000원

본서의 특징은 완벽한 수험 대비를 위해 출제 기준에 맞추어 각 장으로 구성하였으며, 각 장마다 '80년대부터 최근까지 출제되었던 과년도 문제를 철저히 분석 수록하여 응용 문제에 쉽게 접근할 수 있도록 하였다.

## 무선 통신 기기 ②

이해영 著/4·6배판/568p/정가 15,000원

이 책은 무선설비기사 자격증을 취득하고자 하는 학생이나 국·공기업체 입사 및 승진시험에 알맞도록 다양하게 편성하였고 또한 비전공자를 포함한 모든 분들께 무선통신 기술의 초보적 지식과 전문적인 테크놀러지 배양에 보다 만전을 기하도록 하였다.

## 전자계산기일반 ④

강길범 著/4·6배판/434p/정가 10,000원

각 장마다 다양한 예상문제를 수록하여 시험에 대비하는 모든 분들이 보다 많은 문제를 풀어봄으로써 실전에 대비하도록 하였다. 또한 출제 기준에 맞추어 문제를 난이도에 따라 적절히 배치하였으며, 최근 과년도 문제를 수록하여 시험 문제의 흐름을 한눈에 알 수 있도록 하였다.

## 안테나 공학

이해영·성태경 共著/4·6판/404p/정가 10,000원

이 책은 정보통신 분야에 종사하는 분만 아니라 전자, 전산 등 비전문 분야에 이르기까지 기술배양에 필요한 기본이론과 전문지식을 효과적으로 습득할 수 있도록 고려하였고, 특히 무선설비기사 자격증을 취득하고자 하는 학생이나 국·공기업체 입사 및 승진시험에 알맞도록 다양하게 편성하였다.

## 전자 디스플레이

張鎬延 외 2人/4·6배판/352p/ 정가 15,000원

이 책은 평판패널형 전자 디스플레이의 여러 종류인 LCD(액정 디스플레이), PDP(플라스마 디스플레이), ELD(일렉트로 루미네센스 디스플레이), VFD(형광표시관 디스플레이), LED(발광다이오드 디스플레이)와 지금까지 이용되어 온 CRT(브라운관 디스플레이)는 물론 대화면 디스플레이와 입체 디스플레이에 대하여 기초에서부터 응용까지 개략적이고 간결하게 정리 해설하였다.

## 무선 통신 기기 공학

이해영·강길범·한진옥 共著/4·6배판/386쪽/정가 15,000원

특징은 무선통신 기술배양에 필요한 기초이론과 전문지식을 효과적으로 습득할 수 있도록 하였다. 특히 전문대학 및 4년제 대학 2,3학년의 교재로서 기초전공에 맞도록 집필하였으며 통신 종사자, 유사 관련 종사자 특히 비전공자를 위한 무선통신 기술의 초보적 지식과 전문적인 기술 배양에 보다 만전을 기하도록 하였다.

감역자 : 박재홍/ 한국전자통신연구원 방송기술연구부 부장
　　　　박기식/ 한국전자통신연구원 표준시스템 팀장
역　자 : 정희영/ 한국전자통신연구원 표준연구센터 선임연구원
　　　　노기향/ 충남대학교 일어일문학과 박사과정

# 디지털 방송

**정가 10,000원**

서기 2000년 3월 25일 초판1쇄인쇄
서기 2000년 3월 29일 초판1쇄발행

검 인
생 략

지은이 : 西澤 台次·田崎 三郎 監修
　　　　社團法人 映像情報 미디어 學會 編
엮은이 : 한국전자통신연구원
펴낸이 : 이 종 춘

펴낸곳 : 🔺 성안당

본 사
서울특별시 영등포구 신길6동 4579
전 화 : ( 02 ) 844 - 0513
팩 스 : ( 02 ) 844 - 6513
등 록 : 1973.2.1 제13-12호

당사 부담 서비스 : 080-544-0511
**www.cyber.co.kr**

물류 및 영업본부

전 화 : ( 02 ) 844 - 0511(대)
　　　　(0344) 903-3380(대)
팩 스 : ( 02 ) 844 - 8177
　　　　(0344) 901-8177(대)

© 2000  성안당
ISBN 89-315-3143-5